南京大学逻辑学文丛 第二辑

张建军◎主编

确证难题的逻辑研究

顿新国◎著

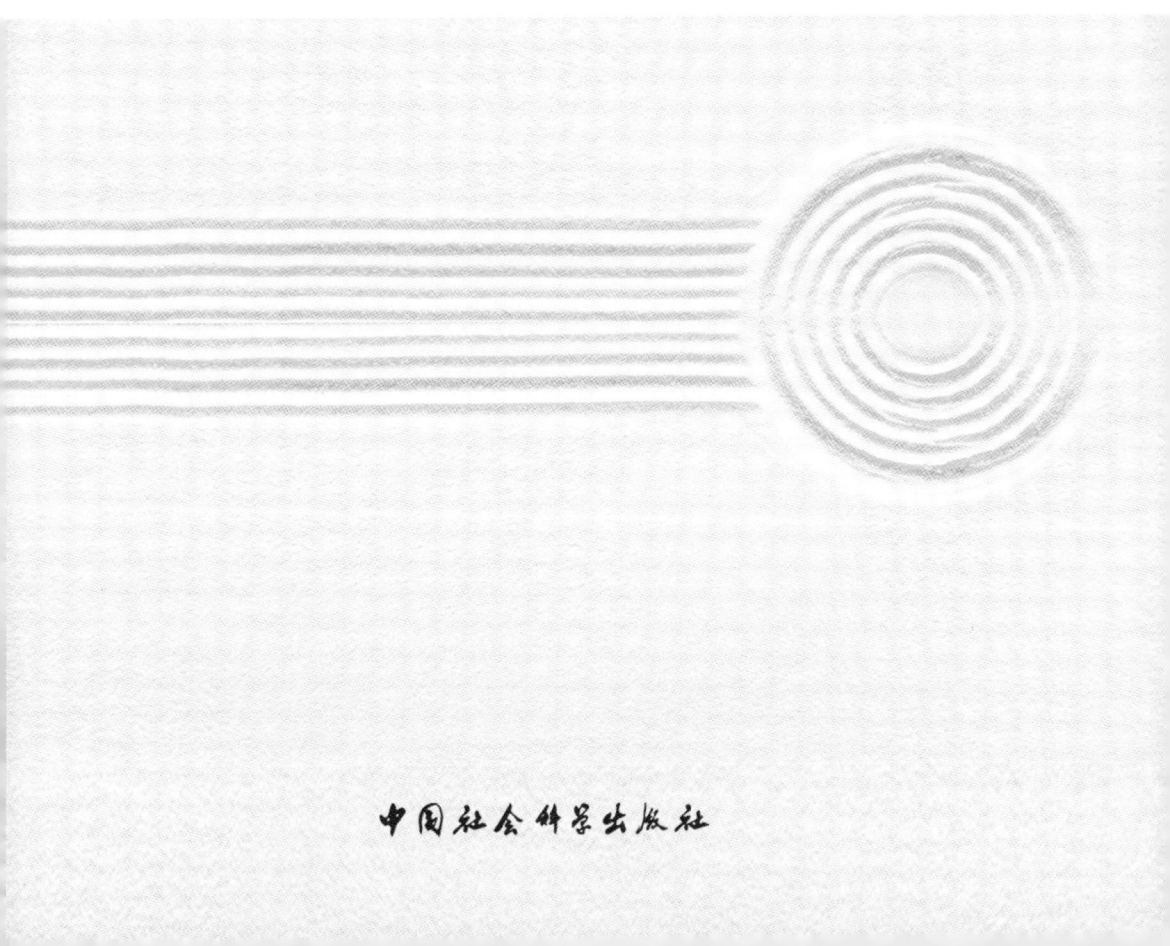

中国社会科学出版社

图书在版编目(CIP)数据

确证难题的逻辑研究 / 顿新国著 . —北京：中国社会科学
出版社，2019.11
ISBN 978-7-5203-4266-7

Ⅰ.①确… Ⅱ.①顿… Ⅲ.①归纳—研究 Ⅳ.①B812.3

中国版本图书馆 CIP 数据核字(2019)第 061209 号

出 版 人	赵剑英	
责任编辑	冯春凤	
责任校对	张爱华	
责任印制	郝美娜	

出　　版	中国社会科学出版社	
社　　址	北京鼓楼西大街甲 158 号	
邮　　编	100720	
网　　址	http://www.csspw.cn	
发 行 部	010-84083685	
门 市 部	010-84029450	
经　　销	新华书店及其他书店	

印　　刷	北京君升印刷有限公司	
装　　订	廊坊市广阳区广增装订厂	
版　　次	2019 年 11 月第 1 版	
印　　次	2019 年 11 月第 1 次印刷	

开　　本	710×1000　1/16	
印　　张	17	
插　　页	2	
字　　数	275 千字	
定　　价	98.00 元	

凡购买中国社会科学出版社图书，如有质量问题请与本社营销中心联系调换
电话：010-84083683

目　　录

《南京大学逻辑学文丛》序言

南京大学哲学系逻辑学科具有深厚的历史传统，著名学者刘伯明、汤用彤、熊十力、牟宗三、唐君毅、胡世华、何兆清、王宪钧、陈康、倪青原、殷海光等曾在原国立中央大学哲学系（及其前身）和金陵大学哲学系从事逻辑教学与研究，数学系莫绍揆等著名数理逻辑专家也长期关心与支持哲学系逻辑学科的发展。1960 年南京大学恢复哲学专业之际即设立了逻辑学教研室，改革开放以来特别是 1982 年获得逻辑学硕士学位授权以来，南大逻辑学科获得了长足发展。2001 年开始招收逻辑学方向博士生，2003 年获得逻辑学专业博士学位授予权，并以本专业为主体设立"南京大学现代逻辑与逻辑应用研究所"。作为哲学一级学科重要分支学科，2008 年入选江苏省重点学科，2011 年入选江苏省优势学科工程，2017 年入选教育部"双一流"学科建设工程。自 1960 年以来，先后在南京大学哲学学科从事逻辑学教学工作的有林仁栋、郁慕镛、李廉、李志才、郑毓信、吕植壮、王义、张建军、蔡仲、杜国平、王克喜、潘天群、顿新国、陶孝云、张力锋、袁永锋。亦曾聘请美国学者 R. C. Koons，澳大利亚学者 G. Priest，日本学者金子守，法国学者 O. Brenifier，挪威学者 O. Asheim，台湾地区学者刘福增、王文方等开设长短期逻辑课程。逻辑学位点设立以来，李廉、李志才、郁慕镛、张建军先后担任学科带头人；先后担任逻辑学专业硕士生导师的有李廉、李志才、郁慕镛、张建军、杜国平、王克喜、潘天群、顿新国、张力锋；先后担任博士生导师的有张建军、潘天群、王克喜、顿新国、张力锋。迄今逻辑学专业共授予硕士学位 110 人（含美国留学生 1 人）；授予博士学位 50 人。现有在读硕士研究生 17 人，在读博士研究生 21 人（含香港地区留学生 1 人）。逻辑学专业亦接受哲学博士后流动站合作研究人员，已出站 9 人。人才培养成绩显著，硕士、博士毕业生和博士后出站人员中已有一批中青年教学科研骨干活跃于学术界。从事其他领域工作的毕业生也以较强的理论素养、社会责任感和实际工作能力获得了广泛好评。

多年来，南大逻辑学科同人以高度的使命感和敬业精神从事逻辑教育工作。在哲学专业本科逻辑教学，逻辑学专业研究生教学，全校逻辑通识课、文化素质课教学，以及多层次逻辑教育与社会服务等方面均做出了比较突出的贡献。与此同时，本学科也一直致力于推动师生的逻辑理论与应用研究工作，取得了一系列在学界具有广泛影响力的研究成果，逐步形成了自己的研究特色，得到海内外学界广泛好评。特别是"南京大学现代逻辑与逻辑应用研究所"成立以来，本学科适应当代逻辑科学发展趋势，致力于组织专兼职研究人员和研究生展开问题导向的跨学科、多视角交叉互动研究，设立了六大主要攻关领域：1. 现代演绎逻辑与归纳逻辑研究；2. 逻辑与哲学的交叉互动研究（含逻辑哲学、辩证逻辑研究）；3. 逻辑与科学方法论（含人文社科方法论）的交叉互动研究；4. 逻辑与认知科学及人工智能的交叉互动研究；5. 逻辑与语言学的交叉互动研究（含非形式论证研究）；6. 逻辑的社会文化功能及多层次逻辑教学现代化研究。近年又开拓出"思想分析与哲学践行"的研究方向。经过十几年发展，在学术研究和人才培养上都取得了诸多新的进展，形成了一支年富力强、学风严谨、富有活力的学术团队，国内外学术交流日趋活跃，研究方向具有明显特色与优势，学科整体水平在国内同学科中位居前列。

南京大学现代逻辑与逻辑应用研究所成立以来，逻辑学科专职教师共主持国家社科基金项目11项（含重大项目、重点项目各1项），教育部人文社科基金项目4项（含重点基地重大项目2项），中央军委科技委前沿创新项目1项，江苏省社科基金项目4项，国家和江苏省博士后基金项目12项；入选"国家哲学社会科学成果文库"并获国家社科规划办表彰1项，获"金岳霖学术奖"4项，获教育部、江苏省和中国逻辑学会优秀成果奖励15项；张建军入选中央"马工程"课题组首席专家，杜国平、王克喜、顿新国先后入选课题组主要成员，潘天群、顿新国先后入选教育部"新世纪优秀人才"支持计划，张力锋入选江苏省"三三三工程"培养对象；张建军获南京大学"人文研究贡献奖"，顿新国、袁永锋、张力锋先后获南京大学"人文研究青年原创奖"。

　　《南京大学逻辑学文丛》旨在展示南大逻辑学科的研究特色及系列成果，以与海内外学界及广大读者交流。首批书目四册为南大逻辑学科时任四位专任教授的论文自选集，由中国社会科学出版社于 2013 年出版；第二批书目四册为本学科三部代表性专著和一部论文选集。各部著作的内容简介见作者所写"后记"。请学界同人与识者继续予以关注，并欢迎展开交流、切磋与合作研究。

　　感谢江苏省优势学科工程项目对本文丛的支持，感谢中国社会科学出版社冯春凤编审和出版社同人的悉心帮助和精心审校。

南京大学哲学系逻辑学科带头人
南京大学现代逻辑与逻辑应用研究所所长
张建军
2018 年 11 月于南京

导　言

　　本书是对包括归纳悖论、非相干合取、非相干析取、旧证据等问题在内的确证难题的系统性逻辑研究。归纳悖论是在归纳确证（又称科学确证）语境中发现的一系列悖论的总称，主要包括学界所称的乌鸦悖论（又称确证悖论、亨佩尔悖论）、绿蓝悖论（又称古德曼悖论）和彩票悖论（又称凯伯格悖论）。由于归纳悖论是确证语境下的最严峻难题，更重要的是研究表明归纳悖论实质是关于确证的理论性难题，因此，本书将归纳悖论明确指认为确证难题，并将归纳悖论作为研究的重心。

　　在 20 世纪上半叶逻辑经验主义盛行的年代，归纳确证是科学哲学和归纳逻辑这两个研究领域共同的核心研究课题。特别是在这两者的交叉领域科学方法论中，证据对假说的归纳确证问题更是研究的重心。最早对归纳确证的系统化逻辑研究主要体现在卡尔·亨佩尔（Carl G. Hempel）于1945 年发表的《确证之逻辑研究》和归纳逻辑学家鲁道夫·卡尔纳普（Rudolf Carnap）1950 年的著作《概率的逻辑基础》之中。这两项成果代表了归纳确证之逻辑研究的两大研究进路，前者代表归纳确证研究的定性进路，后者代表确证研究的量化进路，即概率意义上的确证度进路。

　　此后的归纳确证研究基本上沿着这两条进路发展。早期定性进路的归纳确证研究占据主导地位，涌现的代表性理论主要包括亨佩尔的事例确证理论和克拉克·格莱默尔（Clark Glymour）的拔靴带确证理论以及确证的一系列假说—演绎模型。归纳悖论主要是在这一研究进路中被发现，例如确证悖论和绿蓝悖论就是如此，彩票悖论也可看作在对其量化解决中被发现。20 世纪 80 年代各种形式的贝叶斯确证理论逐步占据主导地位。这些理论的共同策略是用概率来表征证据对假说的支持程度，即确证度，但它们在对概率本身的哲学解释上有分歧。这些解释主要有逻辑主义、认知主义、主观主义等，从而形成了主观贝叶斯和客观贝叶斯这两大量化确证流派。各种贝叶斯确证理论的核心任务之一是消解归纳悖论。

归纳悖论与归纳确证密不可分。从狭义来看，归纳确证主要研究作为证据的观察陈述与待检验假说之间的逻辑关系，探讨何种形式的观察陈述对何种形式的假说陈述提供确证，以及如何刻画这种确证程度。这种研究的目标是为判定某个假说是否以及多大程度得到经验观察陈述的支持提供一个形式判据，其目的是为相信或接受某个假说之合理性提供辩护。因此，归纳确证研究的实质是为基于经验而相信某个假说这一心智活动提供认识论上的辩护。归纳悖论就是这一辩护活动所遇到的理论难题。

从更一般的研究视角来看，归纳确证可以看作当代知识论中的核心课题——知识和信念辩护问题。认知主体在对某个命题采取相信和知道等认知态度时合理性何在？一个认知主体有什么认知上的理由相信某个命题或认为该命题是他的知识？这种理由或根据与相信、接受、知道等命题态度之间的逻辑关系和结构是什么？显然，这些问题是关乎人类认知理性的根本问题，应该并且实际上也是当代认识论的最核心问题。关于信念和知识辩护问题，在知识论上涌现了基础主义、融贯主义、语境主义、证据主义、可靠论和因果论等多种主义和流派。在这个意义上，归纳确证可以看作是与它们平权的一种信念和知识辩护路径。

通过对归纳悖论的研究，不仅有望消解归纳确证领域遇到的难题，为构建好的确证逻辑提供启示，而且对一般意义上的知识和信念辩护问题具有重要的借鉴与启发作用。因此，归纳悖论研究具有非常重要的理论意义。

一　归纳悖论研究概况

归纳悖论是对亨佩尔发现的确证悖论、古德曼发现的绿蓝悖论和凯伯格发现的彩票悖论的统称。自 1945 年亨佩尔发现确证悖论以来，归纳悖论的研究已先后形成了两次高潮。第一次高潮出现在 20 世纪 50—70 年代，研究的重点是确证悖论；第二次高潮出现在 20 世纪 80 年代，研究的重点转向绿蓝悖论和彩票悖论。随着 21 世纪初形式知识论（formal episte-mology）的兴起，归纳悖论研究正在知识论进路下掀起以确证悖论为重心的第三次高潮。

在前两次研究高潮中，对归纳悖论的研究大体上可以分为三个层次。

（1）具体悖论的具体解悖方案研究。该层面的研究主要针对具体悖论的构造过程，揭示、质疑矛盾等价式导出过程中所依赖的重要前提或假定，从而在形式技术层面使矛盾等价式得不到建构，达到消解悖论的目的。

（2）具体解悖方案的哲学研究。该层面的研究主要是对各悖论背后所隐含的哲学意蕴进行开掘，对各种解悖方案的哲学说明与叩问。

（3）一般方法论研究。这一层面研究的主要问题包括归纳悖论的内涵、良好解悖方案所要满足的一般标准、归纳悖论研究的重要价值等。

归纳悖论的一般方法论层面的研究几乎处于空白。雷歇尔（Nocholas Rescher）对此稍有涉猎，但他未加界定地使用"归纳悖论"（inductive paradoxes）这一术语。国内外其他学者在提及这个术语时往往也是如此。这就是说，归纳悖论的内涵、构成要素、研究的层次等还没有被明确地揭示和澄清，甚至连归纳悖论的外延也有争议。一般说来，"归纳悖论"是指确证悖论、绿蓝悖论和彩票悖论。国内研究归纳悖论的学者陈晓平把休谟问题也当作悖论放在"归纳悖论"条目下。悖论一经发现就需要我们对其进行解决。在何种情形下我们可以说某个悖论被解决？这就要求我们对悖论的解决有一些基本的要求和标准。不少逻辑学家和哲学家对狭义逻辑悖论的解悖标准进行了研究，但很少看到有关归纳悖论的解悖标准或要求的论述。鉴于归纳悖论和狭义逻辑悖论的异质性，有必要建构一套适合归纳悖论的解悖标准。这一领域长期以来被国际国内学界忽视，因此关于归纳悖论解悖标准的研究亟待加强。

这一层面还须对归纳悖论的本体性质、基本特征、研究的发展趋向等进行研究。现有研究成果一方面没有揭示归纳悖论本身的性质（它属于何种类型的悖论？），没有对归纳悖论进行严格界说；另一方面没有把握到纷繁复杂的诸多方案之间的逻辑—历史关联，从而没能揭示归纳悖论研究的主动脉、发展趋向以及归纳悖论研究的新视域或新范式。

属于一般方法论研究层面的还有归纳悖论的方法论功能研究。归纳悖论至少在促进科学逻辑和科学哲学理论的发展及自然科学理论的发现、发展和创新等方面有重要方法论价值。但就我所掌握的文献来看，没有人专门对这一问题进行探讨。可以说这一方面的研究目前还是盲点。

第二层次的研究也很薄弱。尽管在提出各自解决方案的同时，不少学者对这些方案给予了一定程度的哲学关注，为它们的合理性进行了或多或少的哲学辩护，但这种哲学关注的深度和广度远远不够。这种哲学关注往往并不是为了揭示归纳悖论产生的深层哲学根源，而只是对解悖方案的具体技术起工具性、器质性辅助作用；它们没有揭示归纳悖论的哲学意蕴，更没有对它们作整体上的把握，从而也没有形成类似于狭义逻辑悖论研究所揭示的某种"统一模式"。

西方学界在归纳悖论研究方面的进展主要在第一层面，即对具体悖论的解悖方案研究。纵观归纳悖论研究的发展历史，我们发现，尽管学界提出的方案繁多，但它们均与归纳悖论所关涉的领域密切相关，这些方案大体上分属以下四大类：科学方法论方案、概率归纳逻辑方案、语言论方案和知识论方案。

对确证悖论和绿蓝悖论的处理，科学方法论方案比较盛行。确证悖论的科学方法论解悖方案主要是通过揭示前提隐含的附加信息，或者澄清"确证""等值"等概念来达到消解悖论的目的。这类方案的主要成果是：澄清"确证"是一个三元的语用概念；归纳确证应该关注经验证据与被检验假说在内容上的相干性。这一类方案主要包括心理主义消解方案、相干证据方案等。绿蓝悖论的科学方法论解悖方案主要是诉诸假说选择的两大流行的方法论标准，即简单性标准和可证伪性标准。但这两类解决方案遭遇到对表达系统、求解目的等的相对性难题。

这四类方案中目前居于优势地位的是概率归纳逻辑方案，特别是贝叶斯概率逻辑方案。这种方案被广泛地用来解决确证悖论。贝叶斯概率逻辑解悖方案的要义是，运用贝叶斯认识论，把被检验假说经由经验证据所获得的确证度解释为认知主体对被检验假说为真所具有的信念度。这就凸显出确证悖论的合理相信悖论性质。该类方案认为，认知主体是相对于一定的背景知识，在某些经验证据的条件下来相信假说为真的。这些背景知识和经验证据构成了认知主体的背景信念，亦即他所处的确证情境，情境的改变会导致认知主体信念状态的变化。在不同情境之下，对某个信念可以进行更新或修改，从而归纳确证成为一个动态的、可修正的认知实践活动。这说明贝叶斯概率逻辑方案与情境理论密不可分。尽管贝叶斯概率逻辑方案被广泛认可为确证悖论的标准解决方案，但它在解决绿蓝悖论时并不成功。

语言论方案主要用来处理绿蓝悖论。这类方案的共同策略是通过否认谓词"绿蓝"的可投射性来否认绿蓝假说的可投射性，从而不能根据绿蓝假说进行预测，进而达到消解悖论的目的。它们认为谓词"绿蓝"不可投射的主要原因是它是时间定位性词项、它不牢靠。自然属性方案则从内涵的角度说明绿蓝谓词不表达自然属性，而不表达自然属性的谓词是不可投射的。本书对这两类代表性方案进行深入批判，表明它们不能有效地解决绿蓝悖论，在此基础上，提出需转换解悖范式，将解悖的焦点从假说包含的绿蓝谓词的不可投射性转到假说因是否得到现有经验证据的确证而是否具有可投射性上。

知识论方案是晚近发展起来的一类新型方案，它主要用来处理彩票悖论。特别地，20 世纪 90 年代以后，在《英国科学哲学杂志》《综合》《哲学评论》等国际权威杂志发表的多篇文章中所讨论的解决方案更明显地属于知识论路径。知识论路径上的最新成果是信念集的一致性标准方案。这一类方案试图通过表明关于抽彩活动的信念集是不一致的或者是自毁的，进而要求不能接受该信念集中的任何信念，从而达到消解悖论的目的。但为了避免一个错误信念而抛弃该信念所处信念集中所有信念显然代价太大。

归纳悖论的具体解决方案繁多，这些具体方案基本上是从不同角度针对不同悖论而提出来的。它们具有很强的针对性，基本上只具体处理某一个悖论，并没有构成对归纳悖论的统一解决。这样就不可避免地形成了对各个归纳悖论分开孤立地研究的局面。在某种程度上，这种状况是因为这三大悖论的发现有先后，不同的时期学界所关注的焦点也不一样；另一方面是研究者没有意识到归纳悖论的知识论悖论特质，因而也就没有对这三者之间的内在关联给与恰当的关注。这种分立研究境况在三大归纳悖论全部发现之后依然没得到改善，就是研究者研究视域"遮蔽"的明证。

尽管这一层面的诸多研究成果在形式技术上能对某个悖论进行消解，但没有哪一个悖论的哪一个方案得到学界公认。该层面的研究呈现"文献繁多而散乱，重复又缺乏关联"的态势：学界没有系统梳理繁多的解决方案，没有关注同一悖论诸多方案之间内在的逻辑—历史关联；没有对归纳悖论的哲学意蕴进行深入叩问；孤立地研究三大归纳悖论，从而没能把握三大悖论内在的逻辑—历史关联；缺乏对各种解悖方案令人信服的哲学说明和辩护。

国内学界对归纳悖论的研究相对薄弱，基本上处于对西方第一层面研究的译介和评析阶段，具有独创性的新颖解决方案并不多见。国内的归纳悖论研究迟始于 20 世纪 80 年代，王军风、鞠实儿、朱志方、刘华杰、任定成等学者撰文就单个具体悖论进行了探讨。相对来说，国内研究得较多的是确证悖论，而对绿蓝悖论和彩票悖论的研究则很少。江天骥、任晓明、熊立文等在其专著中对归纳悖论进行了介绍。最重要研究成果是陈晓平的《归纳逻辑与归纳悖论》。该著作对 20 世纪 80 年代之前有关研究成果做了细致梳理并提出了一些独到见解，但由于成书较早而欠缺对最新研究成果的分析和整体把握，且有必要在归纳悖论的实质、悖因、研究趋向等方面作进一步研究。本书重点关注 20 世纪 80 年代之后的研究成果，结合这些新成果，分别对三大归纳悖论给出自己新颖的解决方案。

另外，国内外对确证逻辑及其面临的难题的研究稍显薄弱。西方学界对确证的逻辑研究主要有定性和量化两个进路。定性进路的研究成果主要有：亨佩尔的事例确证逻辑、克拉克·格莱默尔的拔靴带确证理论、科恩的归纳层级支持理论和近年来吉姆斯（Ken Gemes）、格雷姆斯（Thomas R. Grimes）对假说—演绎确证模型的自然公理化革新。量化进路最重要的研究成果是卡尔纳普的确证度理论和当代主观贝叶斯对确证的置信度研究。国内对确证逻辑的主要研究成果是任晓明的《当代归纳逻辑探赜》和张大松的《科学确证的逻辑与方法论》。前者系统评述了科恩的归纳层级支持理论的合理性，而后者从科学方法论的角度对几种主要的科学确证理论进行了系统研究。另外，邓生庆和任晓明在《归纳逻辑百年历程》中对确证的逻辑进行了较系统的阐述。严格说来，这些成果是用现代逻辑方法对确证的逻辑性质进行研究，而不是对利用证据支持或确证关系进行的推理的研究。

二　归纳悖论是一个悖论度逐层提高的合理相信悖论家族

国内外学界对"归纳悖论"的所指并不明确且有分歧，对归纳悖论这一概念的内涵更是几乎没有讨论和澄清。西方学界很少使用"归纳悖论"这一术语。一方面因为西方学者对归属于归纳悖论的那些悖论都是进行单个的分立研究，而没有把它们当作一个整体来进行研究；另一方面，国内外学界对归纳悖论的所指有分歧。悖论研究专家斯恩伯利（R. M. Sainsbury）把乌鸦悖论和绿蓝悖论统称为"确证悖论"，并把它们归在"合理相信悖论"这一类①。雷歇尔则明确析出"归纳悖论"这一类，并明确其元素为确证悖论、绿蓝悖论和彩票悖论②。陈晓平把休谟问题当作休谟悖论也归入"归纳悖论"这一类③。尽管以上学者没有给出对归纳悖论的严格界说，但他们对归纳悖论的所指基本统一——它主要是指确证悖论、绿蓝悖论和彩票悖论。

归纳悖论因"归纳"而与归纳问题、休谟问题密切相关。休谟问题通常被解读为归纳合理性的辩护问题。按照布莱克（Max Black）对归纳问题的梳理，归纳合理性的辩护问题包括归纳局部辩护的比较问题，而这一问题又包括"为什么一个归纳结论由于比另外一个得到更多的支持就应该得到优选"这一子问题④。不难见得，归纳结论的支持问题用科学哲学术语表述就是科学确证问题。

根据"可证实性"路径的确证理论，如果一个假说得到了很好确证，那么它可以被合理相信。因此，好确证理论必须提供所与经验证据是否确证被检验假说的判断标准。在科学哲学中广为承认的确证标准之一是尼科德（Jean Nicod）标准⑤。亨佩尔发现，根据尼科德标准中的确证条件和等值条件，我们可以得出这样一个结论：非黑的非乌鸦是乌鸦假说"所有乌鸦都是黑的"的确证性证据。这意味着，一只粉红的鞋、一根白色的粉笔都确证"所有乌鸦都是黑的"⑥。这一结论显然违反我们的日常直觉，不具有直觉合理性。这构成了确证的直觉悖论。另一方面，根据尼科

①　R. M. Sainsbury, *Paradoxes*, Cambridge：Cambridge University Press, 1988, pp. 73 – 93.

②　Nicholas Rescher, *Paradoxes：Their roots, range, and resolution*, Chicago：Open Court, 2001, pp. 222 – 230.

③　陈晓平：《归纳逻辑与归纳悖论》，武汉大学出版社 1994 年版，第 175—267 页。

④　Max Black, "The Problem of Induction", Edwards（ed.）, *The Encyclopedia of Philosophy*, The Macmillan Company & The Free Press, 1967, p. 170.

⑤　Jean Nicod, *Foundation of Geometry and Induction*, London：Routledge, 1930, p. 219.

⑥　Carl G. Hempel, "Studies in the Logic of Confirmation", *Mind*, Vol. LIV, 1945, pp. 12 – 19.

德标准中的不相干条件，非黑的非乌鸦不确证乌鸦假说。这样，非黑的非乌鸦既确证又不确证乌鸦假说。这就构成了确证的逻辑悖论。确证的直觉悖论和逻辑悖论统称"确证悖论"，学界又称之为"乌鸦悖论"。

确证悖论的发现直接构成了对确证理论的严重挑战。当时学界关于确证悖论产生根源的主导观点是：不相干证据进入确证程序。而某些确证理论在某种程度上可以将"非黑的非乌鸦"这种证据的非相干性解释过去——它只在比"黑乌鸦"这种类型的证据弱得多的程度上确证乌鸦假说。这种观点的典型代表是卡尔纳普的确证度理论①。

古德曼（Nelson Goodman）认为情形并非如此简单。即便承认亨佩尔事例确证理论和卡尔纳普确证度理论，更严峻的确证难题依然存在。早在1946年他就为卡尔纳普的归纳逻辑系统构造了一个绿蓝型反例②。1954年，古德曼把这一反例发展为确证理论中的另一个悖论——绿蓝悖论③。古德曼发现，根据当时的确证理论和他对谓词"绿蓝"的定义（它适用于所有在 t 之前被检验的事物，当且仅当它们是绿的；但也适用于其他事物，当且仅当它们是蓝的），绿假说"所有翡翠是绿的"和绿蓝假说"所有翡翠是绿蓝的"都得到现有同样经验证据——在时间 t 之前被检验过的翡翠都是绿的——的同样确证。如果根据这两个得到同等有力确证的假说进行演绎预测，那么会得出"在时间 t 后的某个翡翠既是绿的又是蓝的"这一矛盾结论。这就表明，这两个假说中最多只能有一个得到了确证，我们必须合理地决断究竟哪个真正得到确证。

表面看来，这两个悖论是在对归纳的局部逻辑辩护过程中产生的，是归纳确证的理论难题。但之所以要求进行确证，是为了给相信或接受被检验假说提供理由。换句话说，归纳确证深层的哲学意蕴是假说的合理相信问题。一个全称假说或命题在没有被证明为真之前，我们只能在某种程度上相信它们为真，在这个意义上，这样的假说或命题都是信念。因此，归纳确证问题就是信念的合理性问题。

---

① Rudolf Carnap, *Logical Foundations of Probability*, Chicago & London: The University of Chicago Press, 1962, pp. 162 – 346.

② Nelson Goodman, "A Query on Confirmation", *The Journal of Philosophy*, 43, 1946, p. 383.

③ Nelson Goodman, *Fact, Fiction, and Forecast*, Cambridge: Harvard University Press, 1983, pp. 72 – 83.

亨佩尔确证悖论和古德曼绿蓝悖论表明在相信全称经验假说时遭遇了悖论。全称假说不可能得到完全的证实，它只能得到一定程度的确证。也就是说，我们只能表明它在一定程度上为真。于是，在确证悖论的众多重要解决方案中有这样一条路径：如果一个假说基于某些证据的概率大于没有这些证据时的概率，那么，该假说就得到了确证，从而认知主体对其有更高的信念度。这些方案以下述桥接原理为共同假定：如果一个假说或命题具有很高的概率，我们就可以合理地对其拥有很高的信念度且合理地接受它。此即所谓的"洛克论点"①，又称信念高概率接受规则。由于洛克论点实际上是整个贝叶斯确证理论共同的核心预设，因此，我称之"洛克预设"。

果真具有高概率的命题就可被合理地相信或接受吗？凯伯格（Henry Kyburg）的彩票悖论②表明贝叶斯确证理论的"洛克预设"遭遇重大难题。彩票悖论大致如下：已知在一次有一百万张彩票的公平抽奖活动中有且仅有一张彩票会中奖。那么，每张彩票不会中奖的概率都高达0.999999。根据"公认的"信念的高概率规则，我们可以合理地相信"第 i 张彩票不会中奖"。在此，i 是 1 到 1000000 之间的任何一个自然数。这就意味着没一张彩票会中奖！这显然与所给条件"有且仅有一张彩票中奖"矛盾。彩票悖论生动地表明：即便具有极高概率的命题也并非完全可合理相信。

三大归纳悖论的历时发现过程向我们表明：归纳悖论是一个整体，它们之间有内在的逻辑—历史关联，它们是合理相信问题在不同层面的具体展开。第二章论证了确证悖论的实质是合理相信悖论。尽管有学者认为古德曼发现的绿蓝悖论和亨佩尔发现的确证悖论等价③，但第三章论证了绿蓝悖论是比确证悖论更深层次的关于确证和合理相信的悖论。学界解决确证悖论的主导范式是利用贝叶斯确证理论来刻画待检验假说基于一定证据的确证度。这种刻画可以分为递增确证和绝对确证。递增确证指的是，如

①　Foley, R., *Working Without a Net*, Oxford: Oxford University Press, 1993, p. 40.

②　Henry Kyburg, *Probability and the Logic of Rational Belief*, Middletown: Wesleyan University Press, 1961, pp. 197 –199.

③　Kenneth Boyce, "On the equivalence of Goodman's and Hempel's paradoxes", *Studies in History and Philosophy of Science*, 45, 2014, pp. 32 –42.

果基于一定证据被检验假说的置信度高于没有该证据时的置信度，那么该证据确证被检验假说。绝对确证是指，如果基于一定证据被检验假说的置信度高于某个临界值，那么该证据确证该被检验假说。这两种确证度概念背后隐含下述"洛克预设"：如果基于一定证据某个假说的概率非常高，那么该假说就得到了很好的确证，是可以合理相信的。凯伯格发现的彩票悖论表明，并非基于一定证据具有很高概率的命题就是可合理相信的。这样，确证悖论、绿蓝悖论和彩票悖论就构成了一个"悖论度"逐层提高的关于合理相信的悖论家族。

三 归纳悖论是语用的知识论悖论

对归纳悖论的整体性系统研究，需要揭示其区别于其他悖论的特质，明确其本体地位，这是真正解决归纳悖论的逻辑起点。

（一）归纳悖论的语用性质

如前所述，确证悖论的形成是由以下几个条件推出的：尼科德标准、确证的等值条件、演绎逻辑的基本推理规则。假说 H 是作为前提引入的，它可以是任何一个具有相同逻辑结构的假说，因此在悖论的产生中不起关键作用。经典演绎逻辑推理规则在二值演绎框架内是逻辑真理，只要我们承认经典演绎逻辑的有效性，它就不是产生悖论的"元凶"。尼科德标准和确证的等值条件是确证理论中广为接受的确证观念，是我们背景信念的一部分。

绿蓝悖论的得出与作为尼科德标准修正版的亨佩尔确证逻辑、谓词"绿蓝"的定义、演绎逻辑法则有关。根据这些条件，我们足以得出"将来的某个翡翠既是绿的又是蓝的"这一相互矛盾的结论。表面看来，谓词"绿蓝"的定义违反直观，它似乎是绿蓝悖论产生的关键要素，但事实并非如此，因为我们可以构造无穷多的类似于绿蓝的谓词。与确证悖论类似，在绿蓝悖论构造中亨佩尔确证判据是关键因素。类似地，"信念的高概率接受"规则在彩票悖论的构造中起关键作用。而这一规则同样非常符合直观，一般理性主体在日常生活当中往往会使用它，因此它属于广为接受的背景信念。

　　按照张建军对逻辑悖论的界说，逻辑悖论包含三个要素：公认正确的背景知识、严密无误的逻辑推导、可以建立矛盾等价式①。考察确证悖论、绿蓝悖论和彩票悖论构造过程不难看出，它们都满足第三个要素——可以构造矛盾等价式；而且这三个悖论的构造过程都是依据严格的经典演绎法则，这就满足了逻辑悖论的第二个要素；另外，尼科德标准、等值条件、亨佩尔确证定义和信念的高概率接受规则在这三个悖论的产生中起了至关重要的作用，而这些规则或标准都高度符合直觉，它们构成了背景信念的组成部分。在这个意义上，三大归纳悖论是逻辑悖论。

　　同时，归纳悖论有自己独特的性质。它和狭义逻辑悖论（或称为演绎逻辑悖论）最明显的区别在于"公认正确的背景知识"的"公认度"不一样。从上述对三大归纳悖论的简要塑述可以看出，作为确证悖论的构成要素之一的"公认正确的背景知识"是尼科德标准和确证的等值条件等广为接受的背景信念。绿蓝悖论的构成要素之一是亨佩尔确证标准等广为接受的背景信念；而彩票悖论的要素之一是广为接受的信念的高概率规则。悖论由以产生的背景信念要素是明确悖论本体性质的关键。这里的"广为接受"体现了归纳悖论的特殊性。这些作为背景信念的要素都是关于信念合理接受的归纳规则。显然，一般的理性主体难以把这些背景信念上升到接受标准或规则的高度。它们是哲学家对科学和日常认知实践活动中所广泛运用方法的归纳总结。因此，"广为接受"只是相对于一定的认知共同体而言。特别地，它是相对于在一定程度上信奉归纳法或归纳原则的共同体而言的。譬如，对于不相信科学确证的波普尔等人来说，尼科德等标准是不成立的，他们不会以之作为背景信念，从而得不出确证悖论。亨佩尔和波普尔同属当代著名的科学哲学家，由于背景信念的不同，对确证悖论有截然不同的态度。这一点构成归纳悖论语用性质的明证。

　　另外，确证悖论在背景信念中明确地使用了"确证"这一概念，而"确证"与"真""可定义性"等语义概念不一样，它不仅关系到语句和它所表达对象之间的关系，而且更主要地关系到在不同的情境中，两组或以上的语句之间的关系问题，并且不同的认知主体对这两者之间的关系往往会有不同的看法。这样，"确证"概念就与理性的认知主体本质地相关

———————

①　张建军：《逻辑悖论研究引论》（修订本），人民出版社 2014 年版，第 28 页。

起来。在这个意义上，确证悖论是一个具有明显语用性质的悖论。

从绿蓝悖论的产生，也可以看出归纳悖论的语用性质。古德曼悖论的形成过程中不仅使用了语用概念"确证"，而且它使用了一个虚构的语词"绿蓝"。这一语词的使用与理性主体密切相关，它是在特定的情境中出现的，有特定的含义，与我们对语言的日常使用不同。正如该悖论的讨论者所说，"它是某个少数民族的语言。"英国学者斯恩伯利更是明确地把确证悖论和绿蓝悖论都归在"合理相信悖论"一类。"相信"是认知主体的一种心智状态，显然与认知主体密切相关，因此，斯恩伯利也意识到了归纳悖论的语用性质。

（二）归纳悖论是知识论悖论

从分类学的角度来看，按照背景知识的公认度以及推导的严格程度不同，悖论可以分为狭义逻辑悖论、哲学悖论和具体学科悖论。如果相对于具有初级理性的认知主体，即相对于进行日常合理思维的认知主体，产生悖论的那些背景信念是被广为接受的，并且推导过程可以得到现代逻辑的严格语形和语义的塑述，那么这个悖论就是狭义逻辑悖论。如果我们把"广为接受的背景信念"的视域从日常合理思维转移到哲学思维，那么，在这一视域下出现的悖论可以称为"哲学悖论"。对归纳悖论而言，"广为接受的背景信念"中的"广为接受"是相对于进行哲学思维的共同体的，因为它是相对于对陈述或命题是否以及在何种情况下可以相信进行哲学思考的理性主体而言的。日常合理思维的认知主体不会去严肃地探讨相信某个陈述或命题的合理标准，他们相信或不相信某个命题往往是出于直觉或实践上的考虑，在他们的头脑里没有明确的判断标准，更不用说对它进行深层的逻辑和哲学探讨。

其次，归纳悖论由以得出的那些广为接受的背景信念是关于信念和知识的获得与接受的。在归纳悖论的构造过程中起关键作用的是一些确证标准，譬如，尼科德标准、确证的等值条件等。由其构造过程可知，三大归纳悖论中的确证悖论和绿蓝悖论主要是在科学确证理论内部出现的。假说确证的深层哲学意蕴是探讨假说或信念的可靠性、真理性。归纳悖论中的彩票悖论更是直接地关于信念合理接受的。无论假说的可靠性、真理性还是信念的合理可接受性都是知识论的重要议题。因此，归纳悖论是知识论悖论。

　　再者，归纳悖论与认知悖论有很多相似之处。归纳悖论和认知悖论都与"知道""相信"等密切相关，它们都是与命题态度有关的悖论。不过它们的区别也是明显的。认知悖论是严格的狭义逻辑悖论，它由以导出的背景知识具有更高的公认度，因为这些背景知识是具有初级理性主体都具有并广为接受的。而且，它可以得到严格的语形和语义的刻画。而归纳悖论由以导出的背景信念只是某些进行哲学思维的理性主体具有，它的公认度要低一些，并且它尚未得到严格的语义刻画。正是这些原因决定了归纳悖论只能是哲学悖论，是关于信念合理性问题的知识论悖论。

　　根据归纳悖论的构成三要素、"广为接受的背景信念"的语用特性及其包含的主要内容，可以对归纳悖论进行如下界说：归纳悖论是关于信念合理性问题的这样一种理论事实或状况，从某些作为背景信念而被广为接受的信念合理接受规则出发，经严密的逻辑推理，可以建立一个矛盾等价式。根据该定义，从其前提"广为接受的背景信念"的特性来看，归纳悖论是一个语用概念；从其前提的内容层面来看，归纳悖论是知识论悖论。

四　归纳悖论研究的趋向

　　通过对归纳悖论研究现状的分析，对归纳悖论本体地位的揭示，以及对三大归纳悖论之间及其解决方案之间内在逻辑—历史关联的廓清，可以指认归纳悖论研究的主要趋向。

（一）研究重心从具体形式技术层面转向一般方法论层面

　　当代归纳悖论的研究基本处于"各个击破"的分立状态。针对不同的具体悖论，各类繁多的解决方案提了出来。譬如，据不完全统计，对绿蓝悖论的解决方案就有二十多种。但没有哪一种方案被公认为解决了三大悖论中的某一个，更不用说全部解决。究其原因，很大程度上与国内外学界对归纳悖论方法论层面研究的缺失有关。由于没有厘清其"悖结"，即不清楚它们究竟悖在何处，所以很难真正地解决它。正如治病的逻辑是找准病因然后对症下药，重审归纳悖论，明确其本体地位，是真正解决归纳悖论的逻辑起点。前文对三大归纳悖论内在逻辑历史关联的考察及语用知识论悖论这一本体地位的指认，只是抛砖引玉，以期方家把研究重心暂时转移到一般方法论层面的研究。

一般方法论层面的研究还包括解悖标准的研究。在何种意义上我们可以说某个方案解决了归纳悖论？这是解悖标准问题。一般说来，良好解悖方案要能排除掉已知的所有悖论且还没发现能产生新的悖论，要能尽可能保留已有的研究成果；另一重要要求与归纳悖论的知识论悖论特质洽合，即它必须得到充分的哲学辩护，要与认知活动中的深层直觉吻合。归纳悖论的创新功能研究也属于一般方法论层面的研究。深入开掘归纳悖论的创新杠杆作用，有助于在反思平衡现有确证理论基础上，构建能解决信念合理接受难题的新理论。

（二）解悖进路从情境缺场转向情境敏感

分析三大归纳悖论解悖方案的逻辑—历史关联，可以揭示归纳悖论研究的主动脉是从情境缺场进路转向情境敏感进路。

最初，亨佩尔对确证悖论的解决方案认为科学确证是纯句法概念，与情境毫不相干。后来，以亚历山大（H. G. Alexander）[1]、胡克（C. A. Hooker）[2] 和麦基（J. L. Mackie）[3] 等人为代表的相干性方案辨明了确证对情境的相对性和依附性。在此基础上，作为确证悖论最重要研究成果的贝叶斯型方案[4]使得确证悖论的合理相信难题的属性露出了端倪。但无论确证悖论的相干性方案还是贝叶斯型方案都把确证看作是外在于情境的——它只对情境具有相对性。在这个意义上说，它们都是情境迟钝的。

绿蓝悖论的解悖历史有点类似于确证悖论。它最初的解悖方案是语言

① H. G. Alexander, "The Paradox of Confirmation", *The British Journal for the Philosophy of Science*, Vol. IX, 35, 1958, pp. 227–233.

② C. A. Hooker and D. Stove, "Relevance and the Ravens", *The British Journal for the Philosophy of Science*, 18, 1967, pp. 305–315.

③ J. L. Mackie, "The Relevance Criterion of Confirmation", *The British Journal for the Philosophy of Science*, 20, 1969, pp. 27–40.

④ P. Vranas, "Hempel's Raven Paradox: A Lacuna in the Standard Bayesian Solution", *The British Journal for the Philosophy of Science*, 55, 2004, pp. 545–560.

论方案。语言论方案主要包括时空性方案①和牢靠性方案。在这些方案看来，假说选择是无情境的。早期以概念空间方案②为代表的自然属性方案也不涉及情境。科学方法论路径的简单性方案和可证伪性方案在竞争假说之间的选择标准上也是无情境的。主流的贝叶斯型方案③也被用来解决绿蓝悖论，但正如前面所说，贝叶斯型方案是情境迟钝的。值得指出的是，笔者给出了一个自然属性因果制约方案，该方案明显属于情境敏感型方案。

彩票悖论的解决方案发展进程也是如此。最初凯伯格的概率分离接受方案是通过弱化演绎闭合原则和一致性原则进行的，它是对逻辑规则的弱化，完全不考虑情境，而认识效用规则方案④则把信念接受问题看作是相对于一定的情境的，属于情境迟钝路径的方案。近年来发展起来的融贯标准方案⑤⑥把待决信念放在一定的信念集中来探讨，根据待决信念与它所属信念集中其他信念的相互关联来决定它是否可以被合理接受。这样，融贯标准方案就不是把信念接受看作是相对于一定情境，而是"内在于"一定的情境之中。这种方案就已经是情境敏感的了。特别地，都汶（Igor Douven）的概率性自毁集方案⑦更是把信念接受与认知主体高度地相关起来，认为信念接受是认知主体在时间 t 的某种信念状态下的认知行为。该方案已经是一个不折不扣的情境敏感方案。

---

① S. F. Barker & Peter Achinstein, "On the New Riddle of Induction", Catherine Z. Elgin (ed.), *Nelson Goodman's New Riddle of Induction*, New York: Garland Publishing, Inc, 1997, pp. 59 – 70.

② Peter Gardenfors, "Induction, Conceptual Spaces and AI", *Philosophy of Science*, Vol. 57, No. 1, 1990, pp. 78 – 95.

③ John Earman, "Concepts of Projectivity and the Problem of Induction", Douglas Stalker (ed.), *Grue! The New Riddle of Induction*, Chicago: Open Court, 1994, pp. 97 – 116.

④ I. Levi, "Information and Inference", *Decision and Revisions*, Cambridge: Cambridge University Press, 1984, pp. 60 – 72.

⑤ Sharon Ryan, "The Epistemic Virtues of Consistency", *Synthese*, 109, 1996, p. 130.

⑥ Dana K. Nelkin, "The Lottery Paradox, Knowledge, and Rationality", *The Philosophical Review*, 109, 2000, pp. 373 – 375.

⑦ Igor Douven, "A New Solution to the Paradoxes of Rational Acceptability", *The British Journal for the Philosophy of Science*, 53, 2002, pp. 391 – 410.

（三）　研究范式从逻辑范式转向聚焦于证据的知识论范式

详尽梳理三大归纳悖论的解决方案，可以发现它们分属三大进路：首先是以贝叶斯概率归纳逻辑为核心的逻辑进路；其次是语言论进路；最后是科学方法论进路。显然，这一现状与对归纳悖论本性的认识有关。在研究者们看来，确证悖论是典型的逻辑问题，绿蓝悖论是逻辑问题或语言问题，彩票悖论因其由演绎闭合原则引起也经常被解读为逻辑问题。逻辑问题应由逻辑解决，于是归纳悖论的主导研究范式是逻辑。

如果前面对归纳悖论的知识论本性的指认正确，那么作为知识论悖论的归纳悖论理应在知识论范围内得到解决。相应地，研究范式也应该从逻辑转向知识论。同时，逻辑范式的不成功也反衬应该实现研究范式的转换。彩票悖论的最新研究进展表明，不少学者如都汶等已经尝试在知识论路径上来解决彩票悖论。

更进一步，研究范式应转换为聚焦于证据的范式，这是由归纳悖论是关于归纳确证和合理相信的悖论这一本性决定的。归纳确证本质上是证据和待检验假说之间的一种支持关系，证据是确证关系的关系项，即便更广泛意义上的合理相信也必定基于一定的证据，因此，证据对归纳悖论产生及解决的重要意义不言而喻。当前关于归纳悖论的研究很少关注证据，而是聚焦于确证关系的另一个关系项假说。例如，第三章关于绿蓝悖论解悖方案的系统考察，表明绿蓝悖论现有研究范式是假说范式。这些聚焦于假说的解悖方案之不成功凸显了转换研究范式、聚焦于证据的必要性。第三章给出的基于证据的消解方案正是在这一范式转换上的尝试。对证据的实质性要求的研究、对证据的知识论本性的研究，以及证据在传递性、合取和析取等逻辑运算下的封闭性等逻辑性质的研究将是归纳悖论研究乃至当代以辩护为核心的知识论研究的重要突破口。

五　主要内容与成果

本书是关于确证难题的专题思想史研究，将采用"本体（作为确证难题核心的归纳悖论是什么）—实然（分析评述现有研究成果）—建构（构建确证逻辑的原则）"的整体研究路径。首先利用逻辑与历史相结合

的方法对三大归纳悖论的产生和解决进行详尽历史考察，对研究成果进行
严格的逻辑分析，有助于抓住归纳悖论的实质，抽象出归纳悖论研究的发
展趋势，进而利用现代逻辑和情境理论，构建具有语用认知性质的理论
（信念）确证原则。其次，在对归纳悖论的研究中，采用分析与综合相统
一的方法，既对三大归纳悖论分立地进行分析，又在分立研究的基础上进
行综合，把它们当作一个整体来考察；反过来，这种综合的结果有助于对
单个悖论的进一步分析和解决。另外，在对单个悖论各解悖方案进行分析
的基础上，对它们作进一步的综合考察，有助于发现这些方案之间的内在
逻辑历史关联，把握到当今归纳悖论研究的发展趋势。通过分析各个别悖
论产生的直接根源，对之进行综合，有助于揭示归纳悖论产生的深层哲学
根源。具体来说，本书的结构及研究的主要内容如下。

　　第一章对归纳悖论与当代归纳逻辑之间的关系进行探讨。归纳悖论因
为含有"归纳"而可能与归纳逻辑、归纳问题密切相关。为了明确归纳
悖论的性质及其哲学意蕴有必要从源头上厘清归纳悖论与归纳逻辑之间的
具体关系，这就需要对归纳悖论发现时的归纳逻辑的本体是什么、认识论
问题是什么进行探讨，以期揭示它们之间的内在逻辑关系，进而获得关于
归纳悖论归属性质的认识。通过简要考察归纳逻辑的发展简史和研究现
状，可以发现当代归纳逻辑在本体上实质是关于假说之归纳确证的逻辑，
而归纳确证在 21 世纪属于形式知识论的一个重要分支。譬如，在斯坦福
百科全书关于形式知识论的词条中明确说科学理论确证，更具体来说，确
证悖论是形式知识论研究的典型案例。[①] 当代归纳逻辑研究的主要认识论
问题是概率的解释问题，特别是概率的主观贝叶斯解释，而这种解释正好
是对认知主体对一个假说或命题之信念度的刻画。这进一步佐证我们关于
当代归纳逻辑是假说（信念）之确证的逻辑的认识。而归纳悖论是在归
纳确证语境下发现的，因此，归纳悖论可以被指认为关于合理相信的知识
论悖论家族，进而给出了自己对归纳悖论的独特界说。

　　第二章是关于确证之证据相干性难题的研究。证据相干性难题是通过
确证悖论这一案例具体展现的。通过对确证悖论构造过程的精确塑述，表

---

　　① Jonathan Weisberg, "Formal Epistemology", https：//plato. stanford. edu/entries/formal－epistemology/

明它是关于科学假说确证的悖论性难题。亨佩尔诊断确证悖论之产生与确证的尼科德标准、确证的等值条件和特殊后承条件密切相关，但作者在本章表明，从亨佩尔通过修正尼科德标准来避免确证悖论而提出的确证理论（即他给出的确证的形式定义）出发，可以产生同样的确证悖论。确立确证悖论的严格性之后，本章系统考察了确证悖论研究史上具有代表性的主要解决方案，特别是学界占主导地位的心理主义方案、证据的概率相干性方案、贝叶斯型解决方案，对它们进行条分缕析，对其成就得失给出了评论。这些代表性方案给出的主要相干标准是假说和证据在概率上正相干，概率相干是一个形式判据，而不是经验的认知判据。科学家或一般认知主体在确定两者之间是否相干的时候不是基于概率的计算，而是基于其他更符合直观的标准。在此基础上，明确指出解决确证悖论的可行路径是语用的认知路径，并给出了该路径上的一个基于证据和假说在关于性（about-ness）上的同一性的认识论方案。根据该方案，证据和假说所谈论的主旨（subject matter）相同才能表明它们在认知上相干。因此，"非黑的非乌鸦"不是假说"所有乌鸦是黑的"的相干证据。它不确证乌鸦假说，于是确证悖论被消解。

第三章是关于确证之可投射性难题的研究。这一难题是通过绿蓝悖论得到具体展现的。从古德曼对绿蓝悖论的构造可知，根据亨佩尔的确证理论，证据陈述"翡翠 a 是绿的"与绿假说"所有翡翠是绿的"和绿蓝假说"所有翡翠是绿蓝的"都相干，但却会导致"某个翡翠 x 在某个时刻之后既是绿的又是蓝的"这一悖论性结论。进一步分析表明，绿蓝悖论的悖结在于绿蓝假说是否具有可投射性。对代表性方案所给出的非时空定位性、牢靠性、自然属性等可投射性标准的分析，论证这些现有方案都不是好的解决方案。于是，对自然属性路径上的方案进行改进，给出了一个可投射性的自然属性因果制约标准。同时发现，现有方案的共同之处是解悖的假说范式，即它们认为绿蓝悖论的悖结在于包含绿蓝谓词的绿蓝假说因不具可投射性而不可被确证。基于所有这些方案的不成功，有必要转换解悖的视角，从假说范式转换到证据范式，并给出了一个基于证据的新颖消解方案。根据这一方案，古德曼对绿蓝悖论的构造不成立，因为他当作证据的观察陈述并非绿蓝假说的证据。

第四章是对确证之洛克预设难题的研究。这一确证难题是凯伯格以抽彩活动为例得出一个悖谬性结果而具体展现的。本章主要考察了概率论路径和知识论路径上的一些代表性方案。这些方案体现的一个趋向是彩票悖论的研究已经走向知识论路径。本章沿着这些成果所指引的知识论路径，在修正概率自毁集方案的基础上给出了一个强贝叶斯型方案，并对此作了较强的哲学辩护。作者还转换研究视角，在断言这一言语行动视角下对彩票悖论和序言悖论进行对比分析，给出了一个断言视角下的新方案。这一言语行动视角的新方案展现了作为心智状态的信念态度与断言行动之间的鸿沟，可能成为未来研究的新生长点。

第五章是对代表性确证理论中的其他典型确证难题的研究。本章较详细地考察事例确证逻辑和确证的各种假说—演绎模型和贝叶斯确证逻辑，重点讨论了这些最具代表性的确证逻辑所遇到的难题，特别是贝叶斯确证逻辑的旧证据问题。在此基础上提出了一些构建确证逻辑的设想。科学确证是一项经验认识活动，对这一活动进行描述和刻画需引入行动论视角。确证逻辑是当代归纳逻辑研究的核心话题，归纳逻辑讨论个体或某类个体与属性的具有关系，而演绎逻辑讨论的是个体和个体在外延上的关系，因此在方法论上应摒弃现有确证逻辑研究中的演绎主义倾向。确证是经验认知活动，确证逻辑主要研究证据和假说之间的关系，因此，好的确证逻辑应精确刻画假说和证据在关于性上的同一性。由于主体对世界的认知目的主要是形成关于世界的规律性认识和对世界中的现象进行解释，因此，恰当的确证逻辑应能包容真理性与解释性。从根本上来是说，认知主体的理性认识都是基于证据的，确证逻辑的研究重心应转向对作为关系项之一的证据的本体论、认识论和逻辑的多维研究。

自 2002 年以来，我学习和研究确证难题及与其相关的逻辑与哲学问题已 16 年，先后在《哲学研究》《哲学动态》《自然辩证法研究》《自然辩证法通讯》等重要学术刊物上发表相关研究成果 30 余篇。本书是对本人相关学习和研究结果的阶段性总结，某些章节收录和删改了已发表的部分成果，在此对为这些成果付出辛勤劳动的编辑表示感谢。

第一章　当代归纳逻辑与归纳悖论

从归纳悖论发现的语境可知，归纳悖论与归纳逻辑密切相关，特别是与悖论发现时期的当代归纳逻辑密切相关。归纳问题在归纳逻辑从古典到现代的演进中起至关重要的作用，因此，本章将归纳问题放在对归纳逻辑发展简史的考察之中。结合对当代归纳逻辑的本体和认识论问题的系统考察和分析，以期揭示归纳悖论的哲学意蕴、归属性质，对其进行独特界说。事实上，这也是令人满意地解决归纳悖论的理论前提。

第一节　当代归纳逻辑是信念确证的逻辑①

近年来，国内学界关于逻辑的本体问题有着持续而激烈的争论。一般说来，逻辑主要分为演绎和归纳，因此关于逻辑本体问题的争论也主要集中在这两个方面：（1）演绎逻辑是否可修正？②（2）归纳逻辑是不是逻辑？③对问题（2）的回答依赖对以下两个问题的回答：（2.1）何谓逻辑？或者逻辑的定义和判定标准是什么？（2.2）归纳逻辑是什么？更具体地，归纳逻辑的本性及主要研究对象和任务是什么？显然，这些问题都是根本

---

① 本节主要内容曾发表在《哲学动态》2010年第1期，收入时稍有改动。

② 国内学界关于演绎逻辑可修正性的讨论主要以陈波、王路和任晓明为代表。陈波：《逻辑哲学引论》，1990年，人民出版社；《奎因哲学研究》1998年，生活·读书·新知三联书店；《逻辑哲学导论》，2000年，中国人民大学出版社；《一个与归纳问题类似的演绎问题》，《中国社会科学》2005年第2期；《逻辑的可修正性再思考》，《哲学研究》2008年第8期；王路：《逻辑的观念》，2000年，商务印书馆；"逻辑真理是可错的吗？"《哲学研究》2007年第10期；任晓明：《逻辑是可修正性的吗？》，《哲学研究》2008年第3期。

③ 由于逻辑观不同，有人把归纳逻辑看作逻辑，而有人认为逻辑是"必然地得出"，因此归纳逻辑不是逻辑。显然这是从技术层面来探讨归纳逻辑的本体问题。

的逻辑哲学问题。尽管对于何为演绎逻辑无多大争议，但归纳逻辑却无论如何不是一个非常明确和固定的概念，而目前关于归纳逻辑本性的讨论多限于常识地谈论它是或然性推理。

归纳逻辑与归纳密不可分。归纳在逻辑技术层面上叫归纳逻辑；在哲学层面上叫归纳哲学，其主要任务是应对归纳问题。对归纳问题有很多不同的解读，因此有必要澄清归纳问题究竟是什么。通过对归纳逻辑发展简史的考察和对归纳问题的认识论解读，昭示当代归纳逻辑是以归纳确证为核心任务的合理相信或信念辩护理论。

一　归纳逻辑的认识论之源

为了准确地把握当代归纳逻辑观念及其发展趋势，有必要把它放在历史长河中进行考察，以期在澄清归纳问题的基础上达到反思平衡。西方哲学史上对归纳的讨论一直交织着两个维度：推理或论证技术之维和认识论之维。

（一）归纳的逻辑之维

"归纳"是对希腊文$\grave{\epsilon}\pi\alpha\gamma\omega\gamma\acute{\eta}$的翻译。亚里士多德第一个使用拉丁文 epagôgê 这一特定技术性术语指谓现在称之为"归纳"的东西，他也是第一个对归纳推理的本性进行论述的哲学家。在亚里士多德的著作中，归纳被看作主要是一种从某类事物具有某种属性的单个（某些）事例到其所有事例的推理。其基本程式为：观察到某些 S 是 P，（并且迄今为止还未遇到反例）所以，所有 S 是 P。这就是通常所说的枚举归纳法。这一种推理模式自亚里士多德以降直到整个中世纪非常流行，甚至当代还有不少人持这一归纳观。譬如，牛津英语词典就把归纳定义为"从观察到的个别事例推出普遍定律或原理的过程"。这一推理程式的局限性显而易见。首先，对于某些具有全称条件形式的陈述，这种推理程式难以刻画其如何被推导出。例如，牛顿力学中有这样一个定律"如果不受外力作用，物体将保持静止或匀速直线运动"，我们无法找到这样的观察事例来如此归纳地推出该定律。其次，归纳推理中有一大类是预测推理，譬如，我们从太阳至今每天升起推出明天太阳会升起，我们从到目前为止每次吃面包都滋养我们的身体推出下一次吃面包也会滋养我们的身体，显然枚举归纳法不能刻画这种推理。再者，它对统计推理也无能为力，而统计推理是日常生活和科学研究中经常用到的一种推理形式。

17 世纪培根创立以"三表法"为核心的排除归纳法，狭隘的枚举归纳法得到了一定的克服。但培根归纳法并没有处理统计推理。18 世纪的密尔在培根的基础上发展出了更复杂和精致的"求因果五法"这一归纳技术。大家熟知的是这两种古典归纳逻辑中包含的具体推理法则。

归纳逻辑向现代的演进与数学概率论密不可分，概率论的发展可以说是归纳逻辑发展的源动力和基础。17 世纪中期帕斯卡（Blaise Pascal）和费玛（Pierre de Fermat）首先对概率进行数学研究，但其理论主要用于对风险的评估等实践问题。19 世纪早期拉普拉斯（Pierre de Laplace）表明如何将概率推理运用到科学和日常问题的更广阔领域。在这一发展过程中，不少研究者把概率当作一种逻辑。布尔（George Boole）在《思维法则》一书中明确地把概率处理为逻辑的一个部分。文恩（John Venn）在《机遇的逻辑》一书中对概率又作了逻辑解释。概率论的兴起和发展为建立归纳推理的更一般框架打下了坚实基础，并使得归纳推理的范围大幅度拓广成为可能。

归纳逻辑现代化的诱因主要是现代演绎逻辑的飞速发展及其成就与威力。19 世纪下半叶到 20 世纪初，弗雷格、罗素和怀特海等人的工作表明演绎逻辑可以严格的形式系统的方式得到表达，这就是量化逻辑或谓词逻辑。完全形式化的演绎系统可以表达数学和自然科学中所有有效的演绎推理。在其中，推理的有效性只取决于所涉命题的逻辑结构。形式系统的这种强大威力激励许多逻辑学家把归纳推理也建构为这样一种较严格的形式系统。他们甚至有更大的雄心，把演绎推理和归纳推理整合成一种更普遍的新逻辑，演绎推理只是这种新逻辑的特例。其基本策略是把演绎逻辑的蕴涵扩充为部分蕴涵或概率蕴涵。这种蕴涵可以利用概率理论被表达为条件概率。这实际就是现代概率归纳逻辑。对归纳逻辑形式化做出最大贡献的无疑是卡尔纳普，这一方面的主要成果是他的《概率的逻辑基础》。不难看出，这种归纳逻辑比以前的归纳逻辑范围更宽广。

以上简单勾勒表明，技术维度的归纳从古典向现代演进的过程中，不仅其应用范围越来越广，并且越来越数学化、形式化。而数学化和形式化正是当代演绎逻辑的根本特征。可以说，当代的归纳在技术维度上已经"演绎化"。那么，归纳留下来的就只能是其认识论特质。

（二）归纳的认识论之维

归纳在其产生之时就具有很显明的认识论特征。亚里士多德认为，科学知识是从非解证的第一原理解证地获得的，而关于这些第一原理的知识却是通过归纳获得的。亚里士多德分别在《论辩篇》《前分析篇》和《后分析篇》对归纳进行了讨论。最重要的讨论出现在《后分析篇》第 II 部分第 19 节，亚里士多德在这儿把归纳说成是"通过展示出隐含在已经明确知道的个别之中的一般来给予新知识"。在进行归纳时，我们是通过一种直觉行为，从单个事例的探讨中抽象出一个普遍真理。而单个的知识只有通过感官知觉才可能获得，这一点对亚里士多德学说是非常根本的。[1]这个意义上的归纳与知识的获取密切相关，对认识论有非常重要的意义。

从亚里士多德开始对归纳的定义、分类、主要功能和本性进行研究以来，古希腊就有了关于归纳的争论。斯多葛学派因为它不能为我们提供关于事物的知识而反对归纳；伊壁鸠鲁学派是使用归纳的坚定支持者；皮浪主义者认为归纳至少可以作为日常生活的向导，换句话说，归纳也可以为我们提供知识，——尽管这种知识不是理论性的。

中世纪的邓·司各脱在讨论归纳时提出了这样一个问题：我们能确信通过归纳达到的任何全称结论吗？[2] 显然，邓·司各脱关注的是全称结论的确定性问题，即是否能相信全称结论，是否能把它接受为知识。

培根的归纳法是在批判亚里士多德三段论逻辑的语境中发展起来的。他说根据简单枚举进行的归纳是"粗鄙的和愚蠢的""孩子气的"。他对这种归纳最基本的反对意见是它只能导致猜测而不能获得确定的知识，加之当时科学技术的长足进步更是要求创造一种能帮助发现新知的工具，于是，排除归纳法主要是作为知识发现的工具。因此，培根的"终极关怀"仍然是知识，排除法是获得知识的更可靠的方法、规则。在这个意义上，他继承了亚里士多德作为认知论的归纳。

莱布尼兹对归纳的态度比较复杂。在有的地方，他坚持归纳绝不能教给我们任何完全普遍的知识。譬如在《人类理解新论》中，莱布尼兹表

---

[1] G. H. Von Wright, *The Logic Problem of Induction*, Oxford: Basil Blackwell, 1957, p. 8.

[2] 转引自 J. R. Milton, "Induction Before Hume", *The British Journal for the Philosophy of Science*, 38, 1987, p. 57.

达了这一观点：不管有多少事例确证一个普遍真理，但它们并不足以确立它的全称必然性。但在反驳洛克对我们获得关于实在的普遍真理的悲观分析时，莱布尼兹说："我们差不多像知道太阳每天升起一样确定地知道，……这是经验的确定性和事实"，即莱布尼兹认为规律性的观察能产生确定性。"在我们仅根据经验而不是通过分析和观念之间的联系习得命题的情形下，我们正确地达到了确定性（精神的或物理的）但不是必然性。"① 莱布尼兹对归纳是否产生确定性的有关论述无疑有点冲突，但值得指出的是，莱布尼兹对归纳的这些论述表明，他主要关注的是归纳论证结论的必然性、确定性。

洛克对归纳的态度也与他的知识观念有关。洛克明确地区分了知识和信念或意见。他认为知识之所以是知识就是因为它们必定是确定的，而信念则没有这种确定性。洛克并不反对归纳或类比这类非解证性论证，而只是坚持认为这种推理得到的结论只能是意见不是知识，"可能那些爱追问并有较强观察力的人……根据各种各样的观察会正确地猜出经验没有给与它们的东西。但这仍然是猜测；它只能是意见，没有知识所必备的那种确定性。"② 这句话清楚地表明，洛克坚持的是归纳结论不是知识。

值得注意的是，洛克实际上已经注意到了归纳具有确证功能。他在下面一段话中描述了"不完美观察"从发现到被确证的过程："有些卓越的人从单个事实中获得一些材料和线索，将它们记在心中，并用他们在将来历史中发现的东西来确证或修正这些不完美的观察。当它们得到关于殊相的足够多且谨慎的归纳的辩护时，这些不完美的观察就可能会被确立为可以依赖的规则。"③

以上粗略考察表明，休谟以前的哲学家大都关注归纳结论是否是知识，确定性是重要衡量标准，是拒斥或接受归纳结论的依据。这样，对知识资质要求的严格程度对是否接受归纳结论有决定性影响。如果我们把确定性分层或弱化，原来不是知识的命题就可能成为另一层次上的知识。譬如，伽桑迪认为可以谈论可错的知识和意见；罗素也多次表达了这样的观

① 转引自 J. R. Milton, "Induction Before Hume", *The British Journal for the Philosophy of Science*, 38, 1987, p. 58.

② Ibid. , p. 61.

③ Ibid.

点，"看来我们所要得出的结论就是知识是一个程度上的问题"①；"我认为知识是一个程度上的问题。"② 当代知识论的发展也确证了这一预言。

二　归纳问题是归纳逻辑的认识论源动力

18 世纪，苏格兰哲学家休谟发表了一个著名的怀疑论论证，史称休谟问题或归纳问题。在哲学史上，归纳问题不是一个非常明确的概念，关于归纳问题的内涵有很大分歧。为了应对归纳问题的挑战，"归纳逻辑"得到了持久的关注并在不同的维度获得长足的发展。归纳问题的原典表述是，"说到过去的经验那我们不能不承认，它所给我们的直接的确定的报告，只限于我们所认识的那些物象和认识发生时的那个时期。但是这个经验为什么可以扩展到将来，扩展到我们所见的仅在貌相上相似的别的物象；则这正是我所欲坚持的一个问题。"③ 怎样问的清楚了，问题在于他问的是什么？休谟质问的可能是这两个中的某一个：1. 这个扩展过程依据的规则是什么？如果这个扩展过程是一个推理过程，那么这种推理的合理性何在？这就是通常所谓的"归纳问题"，可以称之为归纳的逻辑问题；2. 我们为什么相信、接受这种扩展结论？这一问题可以称为归纳的信念辩护问题。

（一）归纳问题是关于归纳过程的逻辑问题簇

逻辑学家和哲学家们大都关注的是扩展过程的合理性问题，这实质是归纳的逻辑问题。譬如，芬兰著名的逻辑学家冯·赖特（G. H. Von Wright）把归纳问题分为三个。第一个是他所说的"归纳的逻辑问题"，即归纳论证的有效性问题；第二个是"归纳的心理学问题"，即从观察进行归纳的实际起源问题，如对发现现象流中的定律起本质作用的心理条件问题、科学方法论的实践规则问题；第三个是使用归纳论证的辩护问题。④ 著名的归纳逻辑学家斯基尔姆（Brian Skyrms）则把归纳问题看作归纳逻辑系统问题。他认为传统的归纳问题有两个主要问题：A. 科学的归纳逻辑系统的构造问题；B. 使用该系统而不是其他归纳逻辑系统的合

① 罗素：《人类的知识》，张金言译，商务印书馆 2001 年版，第 159 页。

② 同上书，第 509 页。

③ 休谟：《人类理解研究》，关文运译，商务印书馆第 1997 年版，第 33 页。

④ G. H. Von Wright, *The Logic Problem of Induction*, Oxford：Basil Blackwell, 1957, p. 2.

理辩护问题。① 美国科学哲学家亨佩尔把归纳问题分为两个子问题：1. 描述问题，即对归纳程序进行描述；2. 辩护问题，即对归纳程序进行辩护。②

凯茨（Jerrold J. Katz）对归纳问题的看法似乎有点冲突。一方面，他在《归纳问题及其解决》一书中认为归纳问题和推理规则密切相关："归纳问题是我们怎么知道这样的推理（归纳推理，——引者）是值得信赖的；另一方面我们怎么知道我们的（归纳）之桥在某天不会倒塌？问题是为隐藏在我们从事物的过去行为推出它们的将来行为这一推理背后的原则进行辩护。"③ 他这里把归纳问题当作是归纳推理、归纳原理的辩护问题。但凯茨在同一著作的后面部分似乎认为归纳问题是规则的可投射性问题，而这一问题实质是一个知识论问题。

豪森（Colin Howson）是一个激进的"过程论者"。他把归纳问题看作是归纳推理的合理性问题。他的基本观点是：我们现在拥有的归纳逻辑可以等同于现在所谓的贝叶斯概率逻辑。④ 在给定合适前提的情况下，这种逻辑表明归纳推理过程是相当逻辑合理的，但是它并不对这些前提进行辩护。

正是由于归纳的逻辑问题所关注的具体细节不同，归纳逻辑的研究呈现出纷繁芜杂的态势。研究现状表明并没有哪一种推理模式或规则得到公认，也没有人构建和发展出新的归纳推理模式或规则。因此，我们可以换一个维度对归纳问题进行解读。

（二）归纳问题是归纳结论的合理相信问题

情境理论告诉我们，任何事件都处在一定的情境中。考察休谟提出问题时所处的学术情境有助于理解归纳问题的实质。西方哲学在 16、17 世纪发生了认识论转向。这一时期哲学讨论的主要问题是：人类知识的根本

---

① Brian Skyrms, *Choice and Chance*, California: Wadsworth Publishing Company, Inc. , 1975, p. 23.

② Carl G. Hempel, *Aspects of Scientific Explanation and Other Essays in the Philosophy of Science*, New York: Free Press, 1965, p. 53.

③ Jerrold J. , Katz, *The Problem of Induction and Its Solution*, Chicago: The University of Chicago Press, 1962, p. 4.

④ Colin Howson, *Hume's Problem: Induction and the Justification of Belief*, Oxford: Clarendon press, 2000, p. 3.

源泉是什么？何种知识具有无疑的确定性和真理性？人类认识是否有一定的范围或界限？这些问题都是认识论的中心问题。

唯理论者笛卡尔认为，感觉经验是不可靠的，真正的知识起源于人类先天具有的理性能力和天赋观念。从一些自明的天赋观念出发，按照数学式的演绎方法就可以推出人类的知识体系，由此得出的知识是完全可靠的。理性演绎是获得普遍必然性知识的唯一正确的方法。经验论的奠基人培根则认为，感觉经验完全可靠，人的知识起源于感觉经验。这一观点与当时的自然科学实践一致，牛顿力学的巨大成功使得经验论有许多追随者，如霍布斯、洛克和贝克莱等人。

休谟关于知识来源的观点最直接地来自洛克的观念论。洛克把观念设想为思想的材料，是心灵"运行"时所要用的东西。这样，洛克就必须探究我们的全部观念是从哪儿来的。这事实上就是问：什么使思想并因而使知识成为可能？洛克的回答很简单：我们的观念全部来自经验。但休谟不像洛克那样把全部的"心灵对象"称作观念，而是称作"知觉"。他把知觉又分为两类——印象和观念。这样，他就把我们感觉或经验时所包含的东西和思维时所包含的东西区分开来。在休谟看来，思维或反省的结果就是观念，而思维的材料则是感觉或经验时所意识到的那些东西，即印象。印象直接地来自感觉经验，而观念则是通过印象间接地来自经验。在知识的来源上，休谟就追随了洛克而背弃了笛卡尔。

在知识分类问题上，休谟的分类理论是建立在对观念间的"关系"的分析基础之上的。休谟认为原始的知觉知识构成知识的基本材料，只有当心灵对各种观念进行比较和推理，使各种观念在思想中发生"关系"时才形成知识。休谟的这一观点与洛克关于"知识是观念间的关系"的观点有密切关系。但与洛克不同的是，休谟对知识的区分不是依据于它们的来源，而是依据它们的确定性和可靠性。这一点显然受唯理论的集大成者莱布尼兹的影响。莱布尼兹说，我们有两种真理，一种是"推理的真理"；一种是"事实的真理"。推理的真理包括逻辑和数学的真理，它们是确定的、必然的。事实的真理是关于经验事实的实在性真理，它们是或然的，其反面是可能的。在谈论关于实际事情的知识时，休谟反复说"自然的途径是可以变化的""各种事实的反面是可能的，因为它们从来不会包含任何矛盾。"①

　　休谟继承了洛克的经验主义观念论，并按照确定性标准对知识进行分类。按照这一标准，那些超出经验之外的知识是非解证性的、或然的。对于接受笛卡尔的演绎确定性观点的休谟来说，他的发难点必定在"关于将来实际事情的知识"，用休谟的术语就是"扩展"的知识或结论。换句话说，两大认识论流派争锋的学术情境使得休谟必然问的是：有什么能担保我们可以接受这种扩展的知识或结论？

　　另外，休谟的表述语言也提示他怀疑的是扩展的结论或知识。休谟对扩展结论的怀疑表现在他的一连串追问："我们关于那个关系所有的一切推论和结论，其基础何在？""由经验而得的一切结论其基础何在？"② 为了增强怀疑的说服力，休谟举了一些例子。譬如，我们以前所食的面包诚然滋养了我，但我们果能由此得出结论说，别的面包在将来也会滋养我吗？"这个结论在各方面看来都不是必然的。"③ 类似的表述还有很多。与他多次用到"结论""推断""必然性"等语词相反的是，休谟在同一章，甚至整本书中几乎没用到"推理过程""归纳"等逻辑术语。休谟不是逻辑学家而是认识论家，他关心的不是逻辑问题，或者说，（归纳）推理的保真性、合理性问题。"归纳的逻辑问题"只是逻辑学家的副产品。

　　从对休谟问题的论证语脉、休谟哲学的学术情境、以及他使用语言的考察，向我们提示休谟如其前辈一样关心的是知识论问题。特别地，他关心的焦点是我们为什么可以相信超出经验的关于实际事情的结论。这一问题由两个问题组成：1. 相信或接受的规则问题，即我们相信某个结论或接受其为知识遵循的是何种规则？2. 规则的合理性问题。这里并不预设合理性是"保真性"，合理性是一个语用概念而不是逻辑句法概念，它与认知主体的实践目的、背景知识等密切相关。

　　在当代确实有一些学者对休谟归纳问题作这种知识论上的解读。例如，巴克尔（S. F. Barker）认为归纳问题指的是这样一个问题：我们有什

<hr />

① 休谟：《人类理解研究》，关文运译，商务印书馆1997年版，第26页。
② 同上书，第32页。
③ 同上书，第33页。

么权利认为将来会和过去相似？或更确切地说，我们有什么权利认为，某些关于已被观察到的事物的信息能够确证某些关于未观察到事物的假说？① 这里，巴克尔明显地把归纳问题和假说确证问题等同。凯茨认为，"归纳问题是我们为什么优选投射过去的规则性的、持续性规则，而不是那些投射过去的非规则性的、持续性规则。它并不是问我们实际用来进行非解证性推理的规则为什么会导致期望某个结论在将来也会成功，它也不是问为什么我们自信地把它接受为行动的指导；"② "归纳问题是为选择一种投射方法而不是其他方法找到合适理由的问题，或者没有这样的理由的问题。"③ 从后文可知，古德曼正是将确证的定义问题看作是假说的可投射性问题，即何种假说可以被投射以及为什么可以投射的问题。这一问题也是他所发现的绿蓝悖论背后的知识论问题。因此，凯茨在此实际上也认为归纳问题是确证问题，从而也是一个知识论问题。

　　从上述对归纳问题的分析不难看出，休谟的归纳问题对归纳逻辑从以推理规则或归纳方法的研究为核心转向以归纳结论的合理信念辩护为核心起着至关重要的作用。这一转向恰好与归纳逻辑从古典到现代的演进契合。正是对归纳问题的知识论解读，使得当代归纳逻辑的核心任务是处理上述信念的辩护问题，而具体承担这一任务的是各种确证理论，有些学者又将之称为确证逻辑（logic of confirmation）。

三　当代归纳逻辑是确证逻辑

　　前面的讨论表明归纳问题实质是信念的合理性或辩护问题。当代归纳逻辑是对归纳问题的解决与辩护的语境中得到发展的，是对信念辩护与接受的刻画。鉴于科学知识在整个信念体系中的核心地位，科学假说或理论的合理接受问题就是信念辩护与接受的核心课题，甚至可以说，当代归纳逻辑的主流和动向是对科学假说的评价与辩护的研究。

　　事实上，归纳逻辑的假说评价与辩护向度在现代归纳逻辑初创时就露出了其端倪。凯恩斯（John Maynard Keynes）认为他的《论概率》处理的

---

① S. F. Barker, *Induction and Hypothesis*, New York: Cornell University Press, 1957, p. 10.

② Jerrold J. Katz, *The Problem of Induction and Its Solution*, Chicago: The University of Chicago Press, 1962, p. 22.

③ Ibid. , p. 41.

是"不能解证地从一个得到另一个的两组命题之间的关系。"他进一步明确地说明了这两组命题："在我们认为知道并称之为证据的一组命题和另一组称之为结论的命题之间的逻辑关系，根据前者所提供的理由，我们指派给结论或多或少的权重……可以称之为概率关系。"① 显然，凯恩斯这段话的一个推论是所有概率都是条件概率，我们不能仅仅说某个假说的概率是多少，而应该说相对于某证据该假说的概率是多少。正如凯恩斯自己所说，"没有任何命题其自身是可几或者不可几的，同一个陈述的概率随它面对的证据而变化。"② 对概率的这种说明恰好表明他关注的焦点是信念的合理性问题，即基于一定的证据，相应假说为真的概率是多少。如果对概率作信念度解释，则凯恩斯关注的是，基于一定的证据，理性认知主体可以在多大程度上相信该假说。凯恩斯还进一步把他的概率归纳逻辑看作是信念度逻辑。他说，"设前提由任意一组命题 h 构成，结论由任意一组命题 a 构成，那么，如果知道 h 为合理相信 a 到程度 α 提供了辩护，则可以说 a 和 h 之间有程度 α 的概率关系。"③ 不难见得，现代归纳逻辑的创始人之一认为归纳逻辑是假说和证据之间的关系，更具体地，是在证据基础上对假说的合理信念度关系。当代确证理论是关于假说的合理相信或辩护的，处理的正是在证据基础上对假说的合理信念度！

　　归纳逻辑形式化的集大成者卡尔纳普也把归纳逻辑看作确证逻辑。卡尔纳普明确说，"演绎逻辑可以看作是关于逻辑后承关系的理论，而归纳逻辑是关于另一个概念 C 的理论，这个概念是客观的和逻辑的，……即确证度。"④ 卡尔纳普在《概率的逻辑基础》一书中主要探讨的正是确证度函数 C。由于确证度函数 C 无法唯一地规定每个状态描述的权重，卡尔纳普在建议给所有的状态描述分配相等的先验概率时，实际上是对所有的状态描述运用"认识的无差别原则"，其结果是所得到概率分配系统是不

---

①　Keynes J. , *A Treatise on Probability*, London: Macmillan, 1921, pp. 5 - 6.

②　Ibid. , p. 7.

③　Ibid. , p. 4.

④　Carnap R. , *Logical Foundations of Probability*, Chicago: University of Chicago Press, 1950, p. 43.

合适的。于是在《归纳方法连续统》①一文中，卡尔纳普改变《概率的逻辑基础》中采用的那种纯粹通过语言的逻辑分析来建立普遍适用的 C 函数理论作为研究归纳推理工具的方法，转而考察在不同的可能状态（状态描述）中，通过对逻辑因素、经验因素权重的不同选择以获得对归纳结论（假说）最高确证度的 C 函数。其基本策略是引入一个表示归纳方法特征的参数 λ，它确定了"逻辑因素"与"经验因素"两者之间的相对权重。显然，无论卡尔纳普的 C 函数确证系统还是后来的连续统 λ 系统都是关于证据对假说的确证的，是对假说之合理相信的形式刻画。

当代归纳逻辑的另一个代表人物科恩（L. Jonathan Cohen）的归纳层级支持理论实际上也是关于证据对假说的确证的理论。②更晚近的一些学者更明确地把归纳概率解释为确证度，譬如 A 的概率被解释为 A 的确证度。③

古德曼（Nelson Goodman）认为传统的归纳问题是归纳推理的逻辑有效性问题，正如演绎逻辑的推理规则是由演绎推理所辩护一样，归纳规则也是得到辩护了的。正如古德曼所言，"通常被认为是归纳问题的东西已经被解决或消解了；我们面临的是还没得到广泛理解的新问题。"④具体说来，"对归纳进行证明的问题已经被对确证进行定义的问题所取代。"⑤而"确证"的任何合理定义都必须满足的一个必要条件是"能够区分可确证性假说和不可确证性假说"，更简单地，能够确定"什么假说可以被它们的正事例确证。"⑥

亨佩尔在 1981 年《归纳问题演进中的转向》一文中明确说，归纳逻辑的新转向是探讨两种归纳规则——构造在所与证据基础上确定假说的概率的规则，以及构造接受的规则，该规则作为我们期望和行动的基础，决

---

①　Carnap R. , *The Continuum of Inductive Methods*, Chicago：The University of Chicago Press，1952.

②　L. Jonathan Cohen, *The Probable and the Provable*, Oxford：Oxford University Press，1991.

③　Roeper, P. & H. Leblance, *Probability Theory and Probability Logic*, Toronto：University of Toronto Press，1999, p. xi.

④　Nelson Goodman, *Fact*, *Fiction*, *and Forecast*, Cambridge：Harvard University Press，1983, p. 59.

⑤　Ibid. , p. 81.

⑥　Ibid. .

定在所与证据基础上哪一个假说会被接受。^① 前者已被卡尔纳普当作归纳逻辑的中心任务。对于第二个问题，亨佩尔的建议是，如果在相干证据基础上某假说的概率超过 1/2 或某个更高的概率，那么该假说是可接受的。显然，如果把接受定义在概率的基础上，那么归纳逻辑的这两个新转向就在假说的概率接受意义上得到了整合。

当然并非所有归纳逻辑学家都同意对归纳逻辑作认识论上的合理相信或接受解读。主观主义概率论者杰弗里（Richard Jeffrey）认为，接受或拒斥某个假说并不是科学家的任务，科学家的合适角色是为社会中的理性认知主体提供假说的概率。杰弗里的观点显然并不令人信服。譬如，他为认知主体提供假说的概率所依据的概率理论不就是他所接受的假说之一吗？再者，假说的概率是在经验证据的基础上赋予的，则杰弗里必定接受了这些经验证据。

无论如何，亨佩尔指出的归纳逻辑这一转向在当代似乎得到了某种程度的公认。霍索恩（James Hawthorne）在 2005 年为《斯坦福哲学百科全书》撰写的"归纳逻辑"词条认为，归纳逻辑的适当性标准是：随着证据的增加，真证据陈述汇集对某假说的支持程度应该表明一个假假说可能为假而真假说为真。近些年来，哲学家和逻辑学家对归纳逻辑研究的焦点是用概率理论来表征证据陈述对假说的支持程度。显然，这不过是概率确证理论的另一种表述。无独有偶，菲尔森（Branden Fitelson）在为《科学哲学百科全书》撰写的"归纳逻辑"词条也认为，"归纳逻辑的目标是刻画一种量化的归纳强度或确证关系 C。"

从上述对归纳问题的信念合理接受的认识论解读，以及当代归纳逻辑实际研究的核心问题来看，归纳逻辑与归纳问题是完全恰合的，它们是对同一问题在不同层面的讨论与刻画。我们可以指认当代归纳逻辑是确证基础上的信念之合理性或辩护理论。

通常认为，演绎逻辑的重要功能是知识的系统化，归纳逻辑的重要功能是形成命题，而辩证法则是概念的形成工具。系统化的关键在于推理过程的有效性；命题最重要的特征是合理性和真理性；概念的形成则是一个

---

① Carl G. Hempel, "Turns in the Evolution of the Problem of Induction", *Synthese*, Vol. 46, 1981, p. 392.

越来越具体和深化的螺旋式的认识过程。显然，辩证法的认识论特征最为明显，演绎的逻辑推理特征最明显，归纳则兼具这两者。但就归纳的关注焦点来看，其认识论特征似乎更为重要。在这个意义上，归纳逻辑不是逻辑而是认识论，是对命题（特别是全称命题）的真理性及相信它的合理性进行评价的理论。这正是科学认识论中的核心课题——确证理论。当代确证理论一个显明特征是利用数理逻辑和概率论等形式工具，具有较强的形式色彩，正因为此，它被很多学者看作确证逻辑。20世纪末21世纪初兴起的形式知识论（formal epistemology）正是利用这些形式工具来进行精细的知识论研究，但我们并不认为它们是逻辑。在这个意义上，确证理论或确证逻辑（logic of confirmation）是形式知识论的分支，从而当代归纳逻辑在本体上属于形式知识论。

第二节　归纳概率的哲学阐释[①]

归纳逻辑自身的哲学问题包括本体问题和认识论问题。第一节论证了当代归纳逻辑实质是确证逻辑，是关于假说或信念辩护的确证理论。在假说确证理论中占主导地位的是量化进路的确证理论。这一路径理论的主要特点是利用概率对证据给予假说的确证程度进行刻画，显然这种确证关系中的概率究竟应作如何理解是一个关键问题。这一问题实际上就是归纳概率逻辑中"归纳概率"的阐释问题。正如著名归纳逻辑学家斯基尔姆斯（Brain Skyrms）所说，"归纳逻辑一个仍然突出的问题是归纳概率究竟是什么？"[②]

概率在日常语言中有多种涵义。其中一种涵义认为，概率相对于获得的证据而不依赖关于世界的未知事实或信息，显然，这种意义上的概率与归纳推理有关，特别地，它与科学确证意义上的归纳逻辑密切相关，因此，我们称之为归纳概率。纵观归纳概率逻辑发展史，对归纳概率的阐释主要有：逻辑解释（logical interpretation）、频率解释（frequency interpre-

---

[①]　本节主要内容曾以"当代归纳逻辑的认识论问题"为题发表在《福建论坛》2011年第1期，稍有修改。

[②]　Brain Skyrms, *Choice and chance*, California：Wadsworth publishing company, 1975, p. 21.

tation）、性向解释（propensity interpretation）和主观解释（subjective inter-pretation）。目前占主导地位的是归纳概率的主观贝叶斯阐释，但这种解释和其他解释一样面临其自身的一些哲学问题。

一　归纳概率的逻辑解释

对演绎逻辑来说，前提真则结论真，即前提衍推结论；对归纳逻辑而言，前提真结论未必真。例如，假设前提是很多乌鸦是黑的（e），而结论是所有乌鸦是黑的（h），e真但h并非一定为真。但前提在此确实为结论提供某种支持，我们是否可以认为前提部分地衍推结论呢？这一想法正是概率的逻辑路径的出发点。譬如，凯恩斯说，"对这一假定（前提衍推结论）不需做很大的扩展，我们就可以承认前提部分地衍推结论，或者前提和结论有概率关系。"① 显然，凯恩斯认为概率关系就是部分衍推关系。衍推是一个逻辑概念，因此，凯恩斯对概率做了逻辑解释。

最系统研究概率的逻辑理论的是卡尔纳普。卡尔纳普指出："概率的逻辑概念是经验科学方法论中的一个基本概念，即对基于一组特定证据的假说进行确证的概率，提供一种精确的数量说明。因此我选择了'确证度'这个词作为说明逻辑概率的技术性术语"。② e 对 h 的确证度记为 C$(h, e) = m^*(h \& e) / m^*(e)$。在此，$m^*$是一测度函数。

显然，根据贝叶斯定理，概率理论需要解决的一个重要问题是如何确定一个事件（命题）的验前概率。概率的逻辑阐释对此的基本回答是通过考察可能空间来先验地确定。为此，卡尔纳普对概率之逻辑研究的出发点是构造一个形式语言，在其基础上定义状态描述、结构描述和量程等概念，然后定义 m^*，以便确定一个命题（状态描述）的验前概率。举例说明如下：在一个只含有a，b，c三个个体常项和一个原始谓词F的简单形式语言中，其所有可能的状态描述为：Fa & Fb & Fc 、¬ Fa & Fb & Fc、Fa & ¬ Fb & Fc 、Fa & Fb & ¬ Fc、¬ Fa & ¬ Fb & Fc、¬ Fa & Fb & ¬ Fc、Fa & ¬ Fb & ¬ Fc 、¬ Fa & ¬ Fb & ¬ Fc。其结构描述有四种，即（1）"所有个体都是F"；（2）"所有个体都不是F"；（3）"有两个个体是F且有

① Keynes J., *A Treatise on Probability*, London: Macmillan, 1921, p. 52.

② 卡尔纳普：《卡尔纳普思想自述》，陈晓山等译，上海译文出版社 1985 年版，第 116 页。

一个个体是¬ F"；（4）"有一个个体是 F 且有两个个体是¬ F"。

卡尔纳普对每个结构描述（又叫可能空间）给予相同的权重，相应地，每个结构描述中的状态描述又被赋予相同的权重。譬如，结构描述（1）—（4）均被赋予 1/4 的权重，相应地，（2）、（3）中的每个状态描述均被赋予 1/12 的权重。

假定有一个假说 h = Fb，在上述 8 个状态描述中的 4 个为真，假说 h 的验前概率由其可能空间决定，即 m^*（h）= 1/4 + 1/12 + 1/12 + 1/12 = 1/2。假定我们已知证据 e "Fa"。我们有 m^*（h & e）= 1/4 + 1/12 = 1/3；m^*（e）= 1/4 + 1/12 + 1/12 + 1/12 = 1/2。于是，证据 e 对假说 h 的确证度为：c（h, e）= m^*（h & e）/ m^*（e）= 1/3 ÷ 1/2 = 2/3。也就是说，在证据 e 的基础上 h 的验后概率大于其验前概率，e 构成了对 h 的确证。

卡尔纳普认为可以把这样一个简单的形式语言扩展到包括 n 个个体和 ∏ 个谓词的语言系统 $L^{n\Pi}$。但如果这样，正如波普尔指出的，卡尔纳普的确证逻辑系统 C 就面临着一个严峻的问题：对于无穷个体域，一个全称假说的确证度为 0，因为 $L^{n\Pi}$ 中可能世界（状态描述）有 $2^{\Pi n}$ 个之多，我们无法确定假说甚至证据的验前概率，只知道它们无穷趋近于 0。

卡尔纳普的确证逻辑系统 C 的这一难题的根源在它使用的是认识论的"无差别原则"。而这一原则使概率的逻辑理论面临着诸如"图书悖论""酒—水悖论"以及关于计算各种几何图形的一组"几何概率悖论"等难题。[1] 解决这些难题的关键在于如何让无差别原则适用于有连续性变量的情形。因为如果一个变量处于区间 [a, b]，它可以有无穷多个值，这样我们就无法根据无差别原则对每个状态描述或凯恩斯的"候选者"赋予等概率。

卡尔纳普意识到，给所有结构描述分配相等的先验概率而得到的概率分配系统是不合适的，因为它不允许从"经验中学习"。于是，卡尔纳普改变在《概率的逻辑基础》中采用的那种纯粹通过语言的逻辑分析，来建立普遍适用的 C 函数理论作为研究归纳推理的工具的方法，转而考察在不同的可能状态（状态描述）中，通过对逻辑因素、经验因素权重的

---

[1] Donald Gillies, *Philosophical Theories of Probability*, London：Routledge, 2000, pp. 37 – 49.

不同选择以获得对归纳结论（假说）最高确证度的 C 函数，其结果就是 C_λ。λ 是表示任一归纳方法特征的参数，其取值范围为 [0, ∞)，称之为连续统。

他的思路是这样：设证据告诉我们在 n 个个体的样本中有 n_i 个个体（n≥0）满足 Q_i（i = 1, 2, …K），因此 $n_1 + \dots + n_k = n$。下一个个体 a_{n+1} 满足 Q_i 的概率 $P(Q_i(a_{n+1}), e)$ 是观察到的样本中满足 Q_i 的相对频率 n_i/n（经验因素）和 Q_i 的相对长度 $1/K$（逻辑因素）的加权平均，权由参数 λ 表示，即 $P(Q_i(a_{n+1}), e) = (n_i + \lambda/k) \div (n + \lambda)$。这个式子称为逻辑概率系统的表征函数。参数 λ 的取值范围为 [0, ∞)。λ 称为归纳法的"特征值"，它取什么值由归纳方法的使用者主观地决定，λ 值的大小反映了取它的人对逻辑因素和经验因素的相对重视程度。λ 取值越大，表明这个人对经验越不信赖。确定一个 λ 值等于确定了一种归纳法，根据概率公理，其他形式的逻辑概率可从表征函数中求得。

尽管卡尔纳普利用连续统函数把确证度函数 C 进行了推广，但问题依然存在：我们该如何确定 λ 值？或者换一个问法，确证度函数应该多么"归纳"？其次，对任何一个 λ 值，一个归纳连续统函数还是摆脱不了"全称假说的确证度为 0"这一幽灵。再者，根据卡尔纳普的观点，一个假说的确证度取决于表达该假说的语言以及定义在其上的确证函数，而科学进步的一个重要特征是伴随科学语言（概念）的改变，这样科学的进步就会抛弃任何一个先前的确证函数（理论）。这显然与确证理论的宗旨背道而驰。

二 归纳概率的频率理论

根据贝叶斯定理，要知道一个假说 h 在证据 e 基础上的概率需知道 h 的验前概率。概率的逻辑理论在逻辑上先验地确定假说的初始概率，但科学假说的评价是一项经验的事业，因此，经验地确定被评价假说的初始概率很吸引人。概率的频率理论正是顺着这一路径。

频率论主要有有穷频率论和无穷频率论。有穷频率论的核心观点是：一个性质 A 在有穷参照类 B 中的概率，是它在 B 中实际出现的相对频率。但这种理论面临着一个严峻的问题——单个事件的频率问题。譬如，据这种观点，假定只抛掷过一次硬币，那么它正面朝上的概率或者为 0 或为 1。这显然与我们的直觉不符。同时，有些单个事件是不可重复的，譬如第一次世界大战，那么它发生的概率怎么认定？

鉴于这一难题，发展出了无穷频率论。这种观点认为参照类应是无穷的，一个事件或性质的初始概率就是它在该参照类中的相对频率的极限。这种观点以莱欣巴哈为代表。他认为如果事件的极限频率存在，则通过他所提出的认定—修改—认定程序一定可以求得。这儿有一个假定——极限频率相对于一个无穷参照类。问题出来了：如果实际世界并没有给我们一个无穷的甚至弱化了的"足够长"的试验序列，该怎么办？一种回答是应将概率等同于假设的相对频率极限。但这样一来概率的频率解释声称它所具有的客观性就荡然无存。

无穷频率论还面临另一个难题。假设在一个抛掷硬币的无穷序列中，正面朝上这一结果的频率向 1/2 收敛，即它的相对频率极限是 1/2。但我们以某种合适的方式对这一序列重新排序，我们可以得到 [0，1] 之间的任何一个数值作为其相对频率极限。显然，我们再一次无法"客观地"得到一个事件或性质的初始概率。

另外，两种频率论面临的一个共同难题是它们对参照类（试验序列）的相对性。相对于不同的参照类同一事件的概率很可能不同。比如，考察"所有乌鸦是黑的"这样一个假说的初始概率，假定观察了很多乌鸦且没遇到反例，我们就该认定它为 1。按照前面给出的概率公理，该假说是一个真理，就不存在确证与检验的问题。这显然取消了当代归纳概率逻辑作为假说评价与确证逻辑的功能和存在价值。因此，这一解释在当代很少有人倡导。

三　归纳概率的性向理论

概率的性向理论把概率看作是经验的，是所给物理情境将产生某类结果的一种物理意向、性向或倾向。这种理论产生的一个主要动因是解决频率论遭遇的单个事件的概率问题。不仅日常生活中有许多单个事件，而且这一问题对量子力学特别重要。另外一个动因是克服概率的逻辑理论所遭遇的全称假说确证度为 0 这一难题。

概率的性向理论首先由波普尔提出 ① ，后来许多科学哲学家以不同方式发展出了多种性向理论。正如米勒（D. W. Miller）所说，任何关于知识的客观性理论所面临的一个主要挑战是为物理概率提供一个令人满意的理解。概率的频率理论已被抛弃，并被一组叫概率的性向解释的建议所取代。②

概率的性向理论可以分为两类，一类是长序列性向理论；另一类是单个事件性向理论。③ 长序列性向理论以波普尔、哈金（Ian Hacking）和吉利斯（Donald Gillies）等人为代表。长序列性向理论是这样一种理论：性向是与可重复条件联系在一起的，并被看作是在这些条件的一个长的重复序列中产生某频率的性向，而这些频率差不多等于概率。正如波普尔所说，"这意味着我们不得不把这些条件看作是具有产生其频率等于其概率的序列的倾向、意向或性向，这正是概率的性向解释所断言的。"④ 另外，波普尔希望他的性向理论也适用于单个事件。单个事件性向理论以菲策尔（James H. Fetzer）⑤ 和米勒等人为代表。这种理论把性向看作是在特定情形下产生某特定事件或结果的性向。这两种理论有显著的不同。首先一个涉及序列而另一个不涉及；其次，长序列理论把性向看作是产生某特定频率值的倾向，而不是概率值本身，而单个事件性向理论把性向本身看作概率值。

根据波普尔的性向理论，性向总是与一定的可重复条件的序列相关，并且与相对频率有关，这样它就面临着频率理论所面临的同样难题，即假如要给某特定事件指派一个概率，那么概率将随着以该事件作为实例的一组条件的不同而不同。也就是说，一个事件的概率将依赖于描述该事件的条件而不是该事件本身。这实际就是频率理论遭遇的参照类难题。

---

① K. P. Popper, "The Propensity Interpretation of Probability", *British Journal of the Philosophy of Science*, 10, 1959, pp. 25–42.

② Miller D. W., *Critical Rationalism, A restatement and defence*, La Salle：Open court, 1994, p. 175.

③ Donald Gillies, "Varieties of Propensity", *British Journal for the Philosophy of Science*, 51, 2000, pp. 807–835.

④ K. P. Popper, "The Propensity Interpretation of Probability", *British Journal of the Philosophy of Science*, 10, 1959, p. 35.

⑤ James H. Fetzer, *Scientific knowledge*, London：D. Reidel publishing company, 1981.

性向理论把概率看作某种物理倾向，认为概率在物理上是客观的。但它遇到的单个事件参照类难题似乎表明该理论并非其倡导者所标榜的那么客观，甚至它是主观的。譬如，豪森（Colin Howson）和乌巴赫（Peter Urbach）在对参照类问题作出回应时，就否认了性向理论的客观性："单个事件概率……本身不是客观的。它们是主观概率……单个事件概率客观性的不一致教条是由于人们没有对这两者细微差别进行区分——概率值是有客观根据的以及概率本身是客观概率。"①

单个事件性向理论可以分为两种，一种是"宇宙状态论"，它以后期波普尔和米勒为代表；另一种是"相干条件论"，以菲策尔为代表。宇宙状态论认为性向与宇宙的完全情境相干，而宇宙的完全情境具有独特性和不可重复等特征，这就使该性向理论具有形而上学的色彩。正如米勒自己所言，"概率的性向解释不可避免地是形而上学的，不仅仅是因为假定了许多不面对经验评价的性向……。"② 菲策尔相干条件论不是把性向与世界在给定时间的完全状态相联系，而是与（因果）相干条件的完全集相联系。菲策尔说"不要以为结果的性向取决于世界在某时间的完全状态，而是取决于（因果）相干条件的完全集。"③ 但菲策尔的理论同样面临着形而上学的指责。因为要检验某个假说的性向值，必须猜想一个相干条件的完全集。但由于"相干"本身是一个非常模糊的概念，这样的条件集往往在经验上是困难的，甚至是不可能的。于是，菲策尔相干条件性向理论也不能对概率给予客观的分析。

概率的性向理论面临的另一个问题是性向与因果性的关系问题。这一问题首先由哈姆弗雷斯（P. Humphreys）发现，被称为"哈姆弗雷斯悖论"。这一问题是说，性向作为一种客观的物理属性，似乎是某类事物（事件）所共有的，可以被看作是因果性的一种普遍化。但另一方面，因果性在时间上是不可逆的，而根据贝叶斯定理，概率是可逆的，譬如如果 $P(A \mid B)$ 得到定义，则相应地 $P(B \mid A)$ 也得到了定义。也就是说，

---

① Colin Howson &Peter Urbach, *Scientific reasoning: the Bayesian approach*, La Salle: Open Court, 1989, p. 228.

② Miller D. W. , "Propensities and Indeterminism", A. O' Hear（ed.）, *Karl Popper: Philosophy and Problems*, Cambridge: Cambridge University Press, 1996, p. 139.

③ James H. Fetzer, "Probabilistic Explanation", *Philosophy of Science*, Vol. 2, 1982.

概率具有对称性而因果性则不然。正如萨尔蒙（W. C. Salmon）在对这一问题进行描述时所说，"我认为，在因果性概率理论语境中，性向是一个有用的因果概念，但如果以那种方式使用它的话，它就得承继因果关系的时间非对称性。"[1]譬如，考虑掷出 6 点（A）和掷出偶数（B）这两个事件，那么根据标准概率演算，P（B | A）= 1，这一点可以用性向理论来解释，但 P（A | B）= 1/3 又该如何用单个事件性向理论解释呢？

在解决这一难题时，哈姆弗雷斯给出了一个有影响的论证——性向理论不满足标准概率演算，因而不是概率理论。[2] 其基本思想是，由于概率演算蕴涵贝叶斯定理，而贝叶斯定理可以"逆转"条件概率。然而性向是"因果倾向"的一种测度，并且，因果关系是非对称的。因此，性向理论不能逆转概率，从而不满足贝叶斯定理，因而也就不满足概率演算。

这样，性向理论或者具有形而上学色彩从而失去其客观性标签，或者不满足柯莫格罗夫概率演算从而不成其为标准概率理论。对概率的哲学阐释须在其他路径上寻求。

四 归纳概率的主观主义阐释

概率的主观主义理论最早在 20 世纪二三十年代由剑桥的拉姆齐（Frank Ramsey）和意大利的菲尼蒂（Bruno de Finitti）同时独立发现。在当代已经成为最流行的概率理论，又被称为"主观贝叶斯主义"。主观贝叶斯认为，归纳概率是特定主体 s 在证据 e 基础上对假说 h 的信念度。

显然，概率的主观主义路径的首要问题是如何测度信念度。早期的主观主义者认为信念度具有因果属性，"我们可以把它粗略地表达为我们准备根据它来行为的程度。"[3] 主观主义概率论的创始人拉姆齐和菲尼蒂都用打赌行为——他所能接受的最大赌商——来测度一个人的主观信念度。只不过拉姆齐以效用打赌而菲尼蒂以金钱打赌，但后期菲尼蒂放弃了前期立场转而以效用作赌注。用赌商来测度一个人的合理信念度具有可操作

---

① W. C. Salmon, "Propensities: a Discussion Review", *Erkenntnis*, 14, 1979, p. 214.

② P. Humphreys, "Why Propensities Cannot Be Probabilities", *Philosophical Review*, 94, 1985, pp. 557–570.

③ P. F. Ramsey, "Truth and Probability", Henry E. Kyburg and Howard E. Smokler (eds.), *Studies in Subjective Probability*, New York: John Wiley, 1964, p. 33.

性，符合操作主义哲学特征。而这一路径的最新发展也确实强调了它的这一特点。譬如，拉德（F. Lad）详细论证了如何从主观主义观点来发展统计学，并强调了主观概率是以操作主义为基础的。如他所说，"操作性定义测度是这样一种特定的行为程序，根据它可以产生某个数字。"①

随之而来，主观主义路径的第二个问题是这种信念度测度的合理性问题，即如何对之进行辩护。如果主观主义理论为标准数学概率理论提供了一个合理解释的话，那么信念度（或赌商）应该满足标准概率公理。通过引入融贯性（coherence）这一概念，主观主义者对其理论给予了辩护。这就是所谓的大弃赌定理或者"拉姆齐—菲尼蒂定理"：一个人的信念度（或一组赌商）是融贯的，当且仅当它们满足概率公理。不仅如此，主观主义理论还比逻辑主义理论有一个重要的认识论优越性，"无差别原则现在可以完全省却了，……能把无差别原则清除出形式逻辑是一伟大进步。"②

尽管大弃赌定理的提出者认为这一定理是一个了不起的成就，成功地为概率公理提供了辩护，但对这一辩护的非难也不绝于耳。正如主观贝叶斯主义者埃尔曼（John Earman）所说，"对概率公理的大弃赌辩护的疑虑如此繁杂不齐，以致难以对它们分类。"③ 连大弃赌定理的提出者之一菲尼蒂在后期也对大弃赌论证有所修正。他认为把概率解释为合理赌商基本上是正确的，但由于打赌者容易受对方信息状态的误导，因此严格说来，打赌并不遵守概率论而是遵守博弈论，只有在这个条件下，大弃赌论证才可接受。正因如此，他又提出了合适计分规则（scoring rule），计分规则表明参与者接受多大程度的惩罚，取决于被评估的概率和实际结果之间的差别。④

大弃赌论证的关键是认知主体的信念度可以用其打赌行为表征。这实

---

① F. Lad, *Operational Subjective Statistic Methods*, New York: John Wiley, 1996, p. 39.

② P. F. Ramsey, "Truth and Probability", Henry E. Kyburg and Howard E. Smokler（eds.）, *Studies in Subjective Probability*, New York: John Wiley, 1964, p. 46.

③ John Earman, *Bayes or Bust? A Critical Examination of Bayesian Confirmation Theory*, London: The MIT Press, 1992, p. 40.

④ Bruno de Finetti, "The Role of Dutch Books and Proper Scoring Rules", *British Journal for the Philosophy of Science*, 32, 1981, pp. 55 – 56.

际是预设主体的信念决定和衍推其行为！显然，这一预设并非自明而需辩护。大弃赌论证至少还面临着下面四个难题。[1] 其一，大弃赌对可数可加性的构造是极端不现实的系统。对那些坚持信念度必定是可操作的人来说，这构成了反对可数可加性的理由。而对反对操作主义和行为主义并坚持可数可加性的人来说，这一困难正是大弃赌构造的缺点。其二，大弃赌论证要求主体愿意参加打赌的某一方，而这在实际赌博中可能得不到满足。其三，同时诉诸大弃赌和严格条件化原则的贝叶斯主义处于一种自我冲突的境地。其四，当代归纳概率逻辑核心任务是信念和假说的评价与接受，但我们似乎不能对全称假说进行打赌，这就大大削弱了大弃赌论证对概率的辩护力度。因为一个量化假说（x）（y）R（x，y）不可能以有限的方式证实或证伪，因此打赌行为不会有一个确定的结果。

上述关于大弃赌论证的难题都预设大弃赌论证本身是有效论证，但最新研究文献表明，有人开始质疑这一预设。阿兰·哈耶克（Alan Hàjek）通过构造一个与大弃赌论证对称的"大赢赌论证"（Good - book Argument），论证大弃赌论证更看重输的可能性而不是赢的可能性，而大赢赌论证更看重赢的可能性而不是输的可能性，"我的结论是大弃赌论证不成立……它需要某种修正。"[2] 阿兰·哈耶克的修正如下：

（修改后的）大弃赌定理：如果违反概率演算，那么存在这样一组打赌，你认为其每个成员是公平或有利的，但其汇集却使你必定会输。

（修改后的）大弃赌逆定理：如果违反概率演算，那么不存在这样一组打赌，你认为其每个成员是公平或有利的，但其汇集却使你必定会输。

主观主义的概率理论还有其他一些难题，这些难题包括确证函数测度敏感性问题以及旧证据问题等。测度敏感性问题说的是，对概率作主观信念度解释的贝叶斯确证理论的有效性取决于它采取何种测度函数来测度确证，因为不同的测度函数会产生不同甚至相冲突的结果。菲尔森对此作了令人信服的论证。[3] 由于这些不同的测度函数各自有优缺点，因此，没有

①　John Earman, *Bayes or Bust? A Critical Examination of Bayesian Confirmation Theory*, London: The MIT Press, 1992, p. 41.

②　Alan Hàjek, "Scotching Dutch Books", *Philosophical Perspectives*, 19, 2005, p. 145.

③　Branden Fitelson, "The Plurality of Bayesian Measures of Confirmation and the Problem of Measure Sensitivity", *Philosophy of Science*, 66, 1999, S362.

哪一种得到公认。

旧证据问题说的是，一个旧证据 E 不能对假说提供任何确证，因其已经被知道所以其概率为 1，即 P（E）= 1。因为如果 P（E | B）= 1，则 P（H | E，B）= P（H | B）。而这不符合科学实际。可以将这一问题进行推广：根据背景知识 B，一个与假说 H 正相干的证据 E，相对于 B 给 H 提供的确证越大，那么该主体越不相信 E。[1]这一结果显然与直觉不符。

归纳概率的主观主义理论要想在它的确证大本营站稳脚跟，必须有效地解决这些难题。但目前还没有哪一个问题得到了真正的解决。

从上述对归纳概率的解释的讨论不难看出，概率与证据和假说之间的确证关系密切相关，对概率的不同解释直接影响对确证关系的理解。譬如，根据概率的逻辑解释，证据对假说的确证关系是一种纯句法关系，而根据概率的主观解释，证据对假说的确证关系刻画的是认知主体对假说主观上的信念度，在此，确证是一个语用的认识论概念。鉴于概率的逻辑解释、频率解释、性向解释、主观主义解释各自面临的一些难题，吉利斯（Donald Gillies）提出了概率的主体间性解释这一多元主义观点。[2]而马赫（Patrick Maher）在 2006 年论证了归纳概率是一个原初概念，它不应该也不能被解释为主观信念度、频率、性向以及作为逻辑关系的合理信念度。[3]特别地，马赫论证了归纳概率的客观性和存在性，这无疑是对目前占主导地位的主观主义解释的一种挑战，并且可以看作是对概率的客观主义（如逻辑主义和频率主义）阐释的某种回归。无论如何，如何理解概率以及为什么应该如此理解这一认识论问题是当代归纳逻辑领域一项重大且未竟的哲学事业。

第三节　归纳悖论是关于归纳确证的悖论

如前所言，当代归纳逻辑在本体上是假说或信念的确证逻辑，是一种关于信念辩护或合理性的知识论理论；在刻画确证关系时，当代归纳逻辑

---

① Franz Huber, "Subjective Probability as Basis for Scientific Reasoning?", *British Journal for the Philosophy of Science*, 56, 2005, p. 106.

② Donald Gillies, *Philosophical Theories of Probability*, London：Routledge, 2000, pp. 169 – 186.

③ Patrick Maher, "The Concept of Inductive Probability", *Erkenntnis*, 65, 2006, pp. 185 – 206.

的一个很重要的进路是量化的概率进路，于是对概率的解释决定了确证关系究竟是什么。归纳悖论首先是在定性的归纳确证语境中产生的，为了应对以确证悖论为代表的归纳悖论，西方学者逐步发展出各种量化的确证度理论。特别地，主观贝叶斯确证理论将证据和假说之间的确证关系解释为认知主体基于一定证据对被确证假说的主观信念度。这种理论被许多学者认可，并逐步被视为确证悖论的标准解决方案。因此，当代归纳逻辑与归纳悖论密不可分，甚至可以将归纳悖论看作当代归纳逻辑中的悖论。本节在考察归纳悖论产生历史情境的基础上，结合归纳悖论的构成过程对这一认识进行进一步论证，提出对归纳悖论的独特界说，并简要讨论解决归纳悖论的一些方法论原则。

一　归纳确证与归纳悖论

顾名思义，归纳悖论是与归纳有关的悖论。它们之间究竟是如何关联的呢？由于归纳问题是最根本的经典哲学问题，自提出以来不少逻辑学家和哲学家寻求对它的辩护和解决。归纳逻辑学界和科学哲学界对该问题的讨论主要在归纳确证这一维度上进行。

"确证"概念与归纳悖论直接相关。尽管许多逻辑学家把假说确证问题看作是对归纳的局部辩护问题，但我们可以从其产生的源流来探讨确证的真正涵义。

从知识论来看，"确证"与意义问题有很密切的关系。休谟的知识论认为一切知识都以知觉的经验为基础、标准和界限。由此它必然反形而上学。休谟反形而上学建基于他的意义理论。[①]休谟认为思维的内容可以分为印象和观念。印象和观念的区别是当下知觉和思维（包括想象、回忆）的差别，心灵对于两者的知觉强烈程度不同，对印象的知觉要比对观念的知觉强烈、生动。印象和观念可以简单也可以复杂。简单观念是简单印象的摹写，但复杂观念不一样，它不是复杂印象的摹写，因为它来自简单观念。譬如，独角兽的观念是一个复杂观念，它并不是我们以前所有的"独角兽印象"的摹写，因为我们从来没有关于独角兽的经验。然而，我

---

① Edwin Hung, *The Nature of Science – Problems and Perspectives*, Belmont: Wadsworth Publishing Company, 1997, p. 323.

们几乎都可以获得独角兽的观念。据休谟的解释，独角兽的观念是由比较简单的马的观念和角的观念构成的。总之，观念或是印象的摹写或是由更简单的观念合成。以这种简单的心理学理论为基础，休谟把他的意义理论构建如下：语词或其他语言表达形式之所以有意义是因为它们代表某个观念，它们是表达内部观念的外部符号。例如"桌子"这个词代表桌子这种观念。一个语词有意义，当且仅当它代表某种观念。因此，要想阐明一个词有某种意义，我们必须指出它所代表的那个观念。对休谟来说，包含有形而上学术语的语句是没有"实体"的声音，是没有意义的。休谟的意义理论强调感觉，强调观念应与经验对应，要得到经验的证实。

休谟以语词为语言的意义单位的观点遭受到各种批评，逻辑经验主义者继承了休谟的经验证实原则，但把它修改为以语句为基本意义单位。逻辑经验主义者主要探讨语句之间的关系问题。对理论语句与观察语句之间的意义问题，他们先后用"证实"以及几个弱化概念来进行说明。他们认为，一个语句的意义在于它的被证实、可证实性、可检验性或可确证性。

逻辑经验主义者发展了休谟的拒斥形而上学纲领，提出了自己著名的意义证实原则。这条原则可以表述为：一个命题的意义在于它的证实方法。从这句话可以看出意义证实原则与休谟的简单意义理论有两个主要区别：（i）意义的单位是命题而不是语词；（ii）观念被证实方法所取代。

意义证实原则显然太强，遭到了来自各方面的批判。石里克首先把这个原则弱化为"可证实性"标准。他在 1936 年发表的《意义与证实》一文中明确提出，科学知识的意义在于它们的"可证实性"。这种可证实性即"证实的逻辑可能性"。为什么石里克认为一个命题的意义在于证实它的逻辑可能性呢？这是因为他认为命题的意义不同于命题的真，命题的意义不是包含在句子里的，而是由我们赋予句子的。基于这种认识，他说："必须强调指出，当我们讲到可证实性时，是指证实的逻辑可能性，除此之外，没有任何别的意思。"①

卡尔纳普认为，石里克的可证实性标准一方面太严，排除了某些有意义的科学语句，另一方面又太松，以致不能排除某些形而上学语句。于

---

① 洪谦：《逻辑经验主义》，商务印书馆 1989 年版，第 47 页。

是，他提出可确证性标准。这个标准一方面用确证代替"可证实性"以放宽命题的经验意义标准；另一方面给可证实性的逻辑约束条件松绑，赋予意义标准以经验检验的特征。关于可确证性，卡尔纳普在《可检验性与意义》中说："从来没有任何（综合）语句是可证实的。我们只能够越来越确实地验证一个语句。因此我们谈的将是确证问题而不是证实问题。……如果我们知道在什么条件下这个语句会得到确证，我们就把它叫做可确证的。"①

逻辑经验主义的意义理论探讨了理论语句和观察语句之间的逻辑关系，这种理论得出的一个推论是：这两种语句之间的逻辑关系实际上是观察语句对理论语句的确证关系。这样，一个假说的意义就在于其可确证性。如果一个假说不能够被确证，那么就把它当作形而上学的无意义命题摒弃，如果它能够被确证，就把它当作有意义的命题接受下来。

确证的知识论源流昭示，确证关注的是命题和假说的接受，如果它们是可确证的并得到了确证，我们就可以接受它们。在假说没有被证明为真之前，假说和命题表达的思想还只是信念，因此，假说的接受就是信念接受为知识的问题。这与我们关于归纳问题的知识论解读是非常契合的。

我们如何判断一个假说得到了确证呢？以逻辑分析的方法来澄清概念涵义见长的逻辑经验主义者们进行了很大的努力，试图对科学假设和能够被用来检验它的观察句子之间的关系给出精确的逻辑刻画。卡尔纳普第一个提出了确证度概念，从量化的维度对假说和经验证据之间的确证关系给予了较为严格的逻辑刻画；另一个逻辑经验主义者亨佩尔也曾独立地刻画了确证的量化概念，但他更重要的工作是定性维度上对确证的显定义，这也是确证的一个一般标准。历史上第一个归纳悖论就是亨佩尔在对"确证"概念进行逻辑结构的精确分析中发现的。

亚里士多德告诉我们，归纳是从经验给与新知的方法。由归纳方法得出的归纳结论（新知）是否确实是知识？也就是说，这种结论是否是真的？经验的归纳方法确实给了我们很多新颖的结论，但经验科学家们并不是毫无保留地相信和接受它们。特别是近代科学在西方诞生以来，在利用经验方法作出科学发现的同时，经验科学家们也用经验来检验这些新知或

① 洪谦：《逻辑经验主义》，商务印书馆 1989 年版，第 69 页。

科学发现，用当代科学方法论术语来说，就是对科学假说进行经验确证。只有得到经验确证了的科学假说才能被合理相信和接受。

提到经验确证，人们就会想到伽利略。他用望远镜对天空的观察和力学实验结果惊醒了整个科学界，后人把他尊为"实验之父"。但在伽利略之前就有人明确提出要重视实验检验，这就是十三世纪的罗杰尔·培根（Roger Bacon）和格罗斯代特（Robert Grosseteste）。

罗杰尔·培根和格罗斯代特肯定亚里士多德的归纳—演绎模式，但他们认为应该还有另一个阶段。在这个阶段，通过"分解"归纳出的原理要接受进一步经验检验。罗杰尔·培根称这种检验程序是实验科学的"第一特性"。这是方法论上有价值的远见卓识，构成亚里士多德程序理论方面的重要进展。格罗斯代特注意到，如果一个关于结果的陈述能够从不止一组前提中演绎出来，那么最好的方法是排除其他而只留下一种解释。他认为如果一个假说蕴涵着某些结果，如果这些结果能够证明是假的，那么假说本身必定是假的。亚里士多德满足于演绎出关于作为研究出发点的同一现象的陈述，而格罗斯代特和罗杰尔·培根要求对归纳得出的原理作进一步的实验检验。但他们只提出要进行实验检验，而没有就观察结果和原理（假说）之间的这种检验关系进行更具体和深入探讨。①

伽利略的确证思想更加丰富，他不仅探讨了科学确证与科学假说的关系问题，而且探讨了确证中的检验推论和背景知识问题。他要求首先在科学和非科学的解释之间有一个分界标准。然后，在第二阶段确定那些被称为科学的解释的可接受性，即对科学解释的可接受性进行检验和确证。伽利略不仅在科学研究过程中做了大量的实验对其提出的假说进行确证，而且在《关于两门新科学的对话》中借萨尔维亚蒂之口提出了应该进行实验确证。在萨尔维亚蒂推演出落体定律后，辛普利西奥要求用实验确证这种关系。萨尔维亚蒂回答说："作为一个科学家，你提出的要求是十分合理的；因为这是把数学证明应用于自然现象的那些科学的习惯，并且这样做也是正当的。"②

---

① ［美］约翰·洛西：《科学哲学历史导论》，邱仁宗等译，华中工学院出版社1982年版，第36页。

② 同上书，第57页。

再者，伽利略对实验确证结果的态度也对后来的确证理论有很大影响。伽利略有时似乎对不利于其理论的实验证据不予理会，也就是说，他并不因为否定的检验结论而抛弃他的假说。以他对潮汐理论的确证为例。简单来说，伽利略的假说是：对于某港口来说，公转和自转在半夜会互相增强，而在中午互相抵消。据其理论，周期性的增强和抵消的结果是，每天在一定的地点只会有一次涨潮，时间应是在中午左右。而这与一个港口每天有两次涨潮这一被充分证实的事实明显不符。但伽利略并不因此而抛弃其理论，他把理论与事实的矛盾归因于不重要的派生原因的作用，譬如，海洋的不规则深度，海岸线的形状和走向等。这里就涉及确证理论中的辅助假说和背景知识问题。

在伽利略之后，无论是经验主义者还是理性主义者、无论是方法论家还是科学家都重视科学确证方法的价值。弗朗西斯·培根作为实验科学方法论的奠基人，当然强调实验确证的重要性，而笛卡尔作为一个理性主义者也承认实验确证的价值。他认为随着人的认识越来越深入，实验的重要性也越来越大。牛顿也一贯强调通过综合演绎出的推断需要用实验确证，并且强调演绎出的推断要超出原来的归纳证据的价值。这里牛顿强调了确证中检验推论的新颖性问题。

归纳主义者惠威尔持"归纳一致"基础上的假说—演绎确证观。他认为，假说是运用归纳进行猜测获得的，一个假说提出后，也要按归纳一致加以检验，演绎的作用在于从假说中推出现象，从而确证或检验假说。他说："假说应当预言尚未观察到的现象……，只有当能预言与构想假说时不同类的事物时，该假说的真实性才能得到确实的证据。"[①] 这里惠威尔不仅强调了假说要通过其推论出的预测事实来检验，而且还特别强调了不同种类证据的检验力。

密尔同意惠威尔的意见，即如果假说的演绎推断与观察相一致，假说就得到了辩护，但密尔对假说的完全证实提出了十分严格的要求。他要求一个已被证实的假说，不仅它的演绎推论要与观察一致，而且没有别的假说蕴涵那些应予解释的事实。密尔坚决主张，假说的完全证实要求排除所有可能存在的其他假说。密尔还认为完全证实在科学中有时是能达到的，

---

① 周昌忠：《西方科学方法论史》，上海人民出版社 1985 年版，第 159 页。

并且他还举例证明牛顿关于太阳和行星之间中心力反比平方的假说。密尔声称，牛顿曾说："不仅这个假说的演绎推断与观察到的行星运动一致，而且任何其他的力都不能说明这些运动。"密尔还要求检验推论必须只能从被检验假说演绎出来，从而为科学确证理论中强调仅从背景知识或信念不能推出检验推论的思想作了铺垫。

经验确证和假说—演绎法是伽利略、牛顿和惠更斯等著名科学家对科学检验实践的总结，是契合科学实践的。它们还都处于具体方法层面。对它们进行反思并提升到方法论层面的是英国科学家、哲学家尼科德。尼科德的确证方法论由于非常符合科学实际和日常直觉，它得到了广泛的承认。在科学方法论中，通常称之为"尼科德标准"：对于"所有 F 都是 G"这样一个假说，如果 Fa $\wedge$ Ga，那么，a 是该假说的一个确证性证据，如果 a 不具有 F 属性，那么它与该假说不相干。

哲学中的知识论和经验科学中的方法论的发展，从不同的角度向我们表明假说确证是关于假说或信念辩护的重要问题，我们合理地相信或接受一个假说的必要条件之一是它得到了确证。特别地，有些科学哲学家已提出了一些确证的标准，其中最著名的是尼科德标准。至此，第一个归纳悖论产生的学术情境已经基本具备。

二　归纳悖论的发现过程

第一个被发现的归纳悖论是亨佩尔在 1945 年发现的确证悖论。亨佩尔在构述其定性路径上的确证逻辑时发现，从广为接受的尼科德确证标准和确证的等值条件出发会产生一些悖谬性结果。对于归纳假说 H "所有乌鸦都是黑的"来说，要知道它是否得到了确证，我们就得知道它是否获得确证性证据。根据尼科德标准，它的确证性证据是黑乌鸦。同样，另一个归纳假说"所有非黑的是非乌鸦"的确证性证据是非黑的非乌鸦。由于这两个假说在逻辑上等值，根据确证的等值标准——确证两等值假说之一者也确证另一假说，非黑的非乌鸦确证"所有乌鸦都是黑的"。这一推论不仅违反我们的直觉，而且导致严格的逻辑悖论。因为根据尼科德标准，非黑的非乌鸦与 H 不相干，从而不确证它。这样，非黑的非乌鸦既确证又不确证同一个假说。不难见得，运用尼科德标准和等值条件，我们可以构造这样一个矛盾等价式：（"非黑的非乌鸦确证假说 H"为真）$\leftrightarrow$

（"非黑的非乌鸦确证假说 H"为假）。这就是科学哲学中广为人知的确证悖论。

这一悖论的形成是由以下几个条件推出的：确证的尼科德标准、确证的等值条件、演绎逻辑的基本推理规则。假说 H 是作为前提引入的，它可以是任何一个具有相同逻辑结构的假说，因此在悖论的产生中不起关键作用。经典演绎逻辑推理规则在二值演绎框架内是逻辑真理。尼科德标准和确证的等值条件是假说确证逻辑中广为接受的确证观念，是我们背景信念的一部分。很显然，确证悖论是确证逻辑中出现的一种悖谬性理论状况。

1954 年，古德曼发现，根据当时流行的亨佩尔事例确证逻辑和谓词"绿蓝"的定义（它适用于所有在 t 之前被检验且是绿的事物；但也适用于其他事物，如果它们是蓝的。），绿假说"所有翡翠是绿的"和绿蓝假说"所有翡翠是绿蓝的"都得到现有同样经验证据"在时间 t 之前被检验过的翡翠都是绿的"的确证。如果我们分别根据它们进行预测，那么会得出在时间 t 后的某个翡翠既是绿的又是蓝的这一相互矛盾的结论。这就是归纳逻辑和当代形式知识论中广为探讨的绿蓝悖论，也叫古德曼悖论。不难看出，绿蓝悖论的推出所依赖的是事例确证理论、谓词绿蓝的定义和演绎蕴涵法则。事例确证理论和演绎蕴涵法则都属于广为接受的背景信念，而谓词绿蓝的定义是一个语义上的规定定义，我们可以对任何新谓词的意义进行规定。

量化路径上的概率确证逻辑有这样一个预设：如果一个假说因得到很好确证而具有很高概率，那么该假说可以合理相信和接受，即"信念的高概率"规则。事实上，在知识论中也有类似高度符合直觉的规则：相信一个命题是合理的，当且仅当，对该命题有足够高的置信度。这就是弗雷（Richard Foley）所说的"洛克论点"。① 但以这一信念规则和演绎的合取规则为背景信念，经较为严格的逻辑推理，我们可以得出另一个归纳悖论——彩票悖论。彩票悖论大致如下所述：在一次有一百万张彩票的抽奖活动中，有且仅有一张彩票会中奖。那么，每张彩票不会中奖的概率都高达 0.999999。根据公认的信念的高概率规则或洛克论点，我们可以合

---

① Richard Foley, *Working Without a Net*, Oxford: Oxford University Press, 1993, p. 140.

理地相信"每张彩票都不会中奖"。这显然与所给条件"有且仅有一张彩票中奖"矛盾。

按照张建军对逻辑悖论的界说，逻辑悖论包含三个要素：公认正确的背景知识、严密无误的逻辑推导、可以建立矛盾等价式。①根据上述对确证悖论、绿蓝悖论和彩票悖论构造过程的描述，它们三者都满足这三要素。因此，归纳悖论是逻辑悖论。

归纳悖论有自己独特的特性。它和狭义逻辑悖论（或称为演绎逻辑悖论）最明显的区别在于"公认正确的背景知识"的"公认度"不一样。从上述对三大归纳悖论的简要塑述可以看出，作为确证悖论的构成要素之一的"公认正确的背景知识"是确证的尼科德标准、确证的等值条件等广为接受的背景信念；绿蓝悖论的构成要素之一是亨佩尔事例确证理论等广为接受的背景信念；而彩票悖论的构成要素之一是信念的高概率规则或洛克论点。这些作为背景信念的尼科德标准、确证的等值条件、亨佩尔确证标准和信念的高概率规则都是关于合理相信或接受的归纳原则。它们都是哲学家对科学和日常认知实践活动中所广泛运用方法的归纳总结。

这里的"广为接受"体现了归纳悖论的特殊性。"广为接受"是一个语用概念，它并不表明每个日常理性认知主体都接受，而只是相对于一定的认知共同体而言。具体来说，它是相对于在一定程度上信奉归纳法或归纳原则的共同体而言的。譬如，对于不相信归纳确证的波普尔等人来说，尼科德标准和确证的等值标准不成立，他们不会以之作为背景信念，从而得不出确证悖论。亨佩尔和波普尔同属当代著名的科学哲学家，由于背景信念的不同，对确证悖论有截然不同的态度。这一点构成确证悖论的语用性质的明证。

我在这里之所以不使用"背景知识"而使用"背景信念"一词，主要是因为广为接受的那些观念也没有被"证成为真"，真正严格的确证逻辑还没完全确立。这些确证观念还只是科学实践的归纳和抽象，尽管它们很符合日常直觉，但还没上升到理论知识的高度。另一方面，把它们只当作比较牢靠的信念与我们的认识论原则——信念的可修正性、可更新性或"从经验中学习"是相容的。如果用"知识"这一概念，隐含着不能对

---

① 张建军：《逻辑悖论研究引论》（修订本），人民出版社 2014 年版，第 7 页。

"背景知识"进行修改。因为根据经典知识的定义，知识是被证成的真信念，这一方面与作为前提的确证观念的认识论地位不符；另一方面，对之进行修改会自语相违。当然，我们对使用"背景知识"这一概念也可以从"公认度"着手进行辩护，"公认度"显然是一个相对概念。从而，"公认度"较低的知识也可以被修正或更新。由此可见，背景知识和背景信念的涵义并没有太大的分歧。在后文，如不特别说明，我们不加区别地使用这两个概念。

根据归纳悖论的构成三要素、"广为接受的背景信念"的语用特性及其包含的主要内容，可以对归纳悖论提出如下界说：归纳悖论指谓关于归纳确证的这样一种理论状况，从某些作为背景信念而广为接受的合理相信原则出发，可以合乎逻辑地推出两个相互矛盾的语句，或者建立矛盾等价式。根据前面论证所得出的结论，当代归纳逻辑实质是确证逻辑或归纳确证理论，归纳悖论是当代归纳逻辑的一种悖谬性理论状况。进一步，可以说归纳悖论是当代归纳逻辑悖论。从归纳悖论产生的前提是"广为接受的背景信念"来看，它们具有明显的语用性质，因此属于语用悖论；从其前提的内容层面来看，归纳悖论关于合理相信的悖论，因此又属于知识论悖论。

三　归纳悖论是合理相信悖论

在悖论的研究中，背景信念起着十分重要的作用。它是我们解决悖论的重要关节点，也是我们把握悖论特质的关键。解决悖论理论上有三种途径：质疑推导过程；接受矛盾结论；质疑作为前提的背景信念。如果推导过程违反了逻辑法则，从而导致矛盾结论，这种状况较容易识别。只要我们对这个推导进行较严格的语形和语义塑述，不难发现其中是否隐含错误。如果有错误，显然不构成悖论。这样，所谓的悖论就得到了消解。如果不能发现错误，我们要接受该悖论性结论就得排除某个（些）作为背景信念的前提，否则的话，我们接受这样一个矛盾的结论就是非理性的。因此，质疑悖论由以产生的广为接受的背景信念是解决悖论的最重要途径。

悖论由以产生的背景信念还是明确悖论归属性质的关键。在构成归纳悖论的三要素中，"广为接受的背景信念"这一要素决定了归纳悖论的特性——归纳悖论是具有较强语用性质的悖论。作为归纳悖论之一的确证悖论在背景信念中明确地使用了"确证"这一概念，而"确证"与"可定义性"等语义概念不一样，它不仅关系到语句和它所表达的对象之间的关系，而且更主要地关系到在不同的情境中，两组或以上的语句之间的关系问题，并且不同的认知主体对这两者之间的关系往往会有不同的看法。这样，"确证"概念就与理性的认知主体本质地相关起来。在这个意义上，确证悖论是一个具有明显语用性质的悖论。

从另一个重要的归纳悖论绿蓝悖论的产生，也可以看出归纳悖论的语用性质。古德曼悖论的形成过程中不仅使用了具有语用性质的概念"确证"，更为关键的是它使用了一个虚构的语词"绿蓝"。这一语词的使用与理性主体密切相关，它是在特定的情境中出现的，有特定的含义，而且与我们对语言的日常使用不同。正如该悖论的讨论者所说的，它是某个少数民族的语言。另外，绿蓝悖论还可以塑述为假说选择的合理性问题。有两个得到现有观察证据同等确证的假说"所有翡翠都是绿的"和"所有翡翠都是绿蓝的"，在将来的某个时间 t，它们对下一个翡翠的颜色的预测是不一样的——前者预测下一个是绿的，而后者预测它是蓝的。显然，同一个翡翠在同一时刻不可能既是绿的又是蓝的，因此，我们只能在这两个假说中选择接受其中一个。这就是合理选择和合理接受问题。英国学者斯恩伯利更是明确地把亨佩尔确证悖论和古德曼悖论归在"合理相信悖论"一类。[1]"相信"是认知主体的一种信念状态，显然它与认知主体密切相关，因此，斯恩伯利也清楚地认识到了归纳悖论的语用性质。

从分类的角度来看，按照背景信念的公认度以及推导的严格性程度不同，悖论可以分为狭义逻辑悖论、哲学悖论和具体学科悖论。[2] 如果相对于具有初级理性的认知主体，即相对于进行日常合理思维的认知主体，产生悖论的那些背景信念是被广为接受的，并且推导过程可以得到现代逻辑的严格语形和语义的塑述，那么这个悖论就是狭义逻辑悖论。如果我们把"广为接受的背景信念"的视域从日常合理思维转移到哲学思维，那么，在这一视域下出现的悖论可以称为"哲学悖论"。按照"背景信念"的内

---

[1]　R. M. Sainsbury, *Paradoxes*, Cambridge: Cambridge University Press, 1988, pp. 73 – 93.

[2]　张建军：《逻辑悖论研究引论》（修订本），人民出版社 2014 年版，第 12—24 页。

容所关涉的领域或问题，哲学悖论又可以分为本体论悖论、知识论悖论及语言论悖论。

对于归纳悖论来说，"广为接受的背景信念"中的"广为接受"是相对于进行哲学思维的共同体的。因为它是相对于对信念是否以及在何种情况下可以接受为知识进行哲学思考的理性主体而言的。日常合理思维的认知主体不会去严肃地探讨某个命题接受的合理性标准。他们相信或不相信某个命题往往是出于直觉或实践上的考虑。在他们的头脑里没有明确的接受标准，更不用说对它进行深层的逻辑和哲学探讨。

其次，归纳悖论由以得出的那些广为接受的背景信念是关于知识的获得与接受的。在归纳悖论的构造过程中起关键作用的是一些确证标准和合理相信标准，譬如，尼科德标准、确证的等值条件、亨佩尔事例确证理论和信念的高概率规则等。由其构造过程可知，三大归纳悖论中的确证悖论和绿蓝悖论主要是在归纳确证理论内部出现的。假说检验和确证的深层哲学意蕴是探讨假说或信念的可靠性、真理性。归纳悖论中的彩票悖论更是直接地关于信念合理接受的。无论假说的可靠性、真理性还是信念的合理可接受性都是知识论的重要议题。因此，归纳悖论是知识论悖论。

归纳悖论与认知悖论有很多相似之处。归纳悖论和认知悖论都与"知道""相信"等密切相关，它们都是与命题态度有关的悖论。不过它们的区别也是明显的。认知悖论是严格的狭义逻辑悖论，它由以导出的背景知识具有更高的公认度，这些背景知识是具有初级理性主体都具有并广为接受的，而且它可以得到严格的语形和语义刻画。[①] 而归纳悖论由以导出的背景信念只是某些进行哲学思维的理性主体具有，它的公认度要低一些。且它尚未得到严格的语形和语义刻画。正是这些原因决定了归纳悖论只能是哲学悖论，是关于信念合理性问题的知识论悖论。

归纳悖论产生的直接原因是作为"广为接受的背景信念"的某些相信标准或原则之间的不协调性。譬如，确证悖论就主要是因为作为合理相信规则的尼科德标准和等值条件之间的不协调性导致的。要解决归纳悖论主要地是对某些"广为接受的背景信念"进行质疑，修改现有的规则或提出新的规则。但这种修正或创新必须满足一定的要求或标准。

---

① 张建军：《逻辑悖论研究引论》（修订本），人民出版社 2014 年版，第 162—188 页。

　　针对狭义逻辑悖论，不少逻辑学家和哲学家对良好解悖方案所应有的资质进行探索，提出了一些必须满足的标准。其中最具有影响的是罗素、策墨罗（E. Zermelo）和哈克（Susan Haack）相继提出来的。在精辟分析他们所提标准的基础上，张建军对它们重塑和整合，提出了"罗素—策墨罗—哈克标准"，简称 RZH 标准。①它包含三大原则：充分宽广性、足够狭窄性和非特设性。

　　充分宽广性原则要求解悖方案能够尽可能地保留已有的研究成果。足够狭窄性原则要求解悖方案能排除掉已知的所有悖论并且还没发现能产生新的悖论。这两个原则可以看作是形式技术层面的要求。

　　非特设性原则实际上是一条哲学上的要求，即对所提解决方案的合理性给予充分的哲学说明。这一原则和前两个原则在严格性上来说不对称的。各种解悖方案都只能提供或深或广的哲学说明，而这种深度和广度是不太容易比较的。哲学解释的性质也决定了这种哲学说明没有绝对的对与错。对于归纳悖论来说更是如此。

　　归纳悖论是哲学悖论中的知识论悖论。这一归属性质决定了它的解决方案在形式技术上消解矛盾的同时，更应该强调知识论的说明与辩护。它的一般解决方法是揭示作为前提的某些背景信念的不合理，并在哲学上说明这些背景信念为什么不合理，以及所提的新"信念"为什么更合理。尽管哲学说明有其不严格性和模糊性，但我们还是可以尽可能地阐释其大致含义："这种解释应该表明被拒斥的前提或原则本身就是有缺陷的，这就是说，这些缺陷不依赖于被拒斥的前提或原则导出悖论。困难而重要的是，要避免那些所谓的解决方法——这样做尽管很难，但却很重要——这些解决方法简单地给违法的语句贴上标签，这种做法表面上振振有词，实际上一钱不值。"②哈克这里为哲学说明提供的合理性要求是，它能够提供一种独立于排除悖论之诉求的充足理由。由于归纳悖论与科学实践活动密切相关，因此，归纳悖论的哲学解决必须符合这样一条"非特设性"原则：与科学实践中的深层直觉相吻合。

　　通过对归纳逻辑发展史简要考察，对归纳问题论证语脉的准确把握和

---

①　张建军：《逻辑悖论研究引论》（修订本），人民出版社 2014 年版，第 24—30 页。

②　［美］苏珊·哈克：《逻辑哲学》，罗毅译，商务印书馆 2003 年版，第 172 页。

分析，以及对当代归纳逻辑研究的"实然"现状的描述，使得我们得到下述认识：当代归纳逻辑是假说或信念确证的逻辑，是关于信念的合理性或辩护的确证理论；归纳问题是关于归纳地得出的结论的确定性和可靠性问题，即归纳问题是归纳结论的合理相信问题，因此，它实质是一个知识论问题。在对假说或信念的归纳确证这一合理相信问题探讨过程中发现的三个经典归纳悖论，即亨佩尔确证悖论、古德曼绿蓝悖论和凯伯格彩票悖论，都是合理相信遭遇的理论难题，因此，它们是知识论上的合理相信悖论。归纳悖论的特质在于，从某些广为接受的关于合理相信的规则或原则出发，经较为严密的逻辑推理，可以得出两个相互矛盾的语句。悖论的发现要求我们寻求对其解决，一个良好的解决方案必须满足 RZH 标准。特别地，为了与归纳悖论的知识论悖论特质相恰合，它的良好解决方案应更加关注哲学说明与辩护的非特设性。这些讨论构成了后文对三大归纳悖论分章研究的切入点和理论基础。

第二章 确证之证据相干性难题

在第一章中简要考查了归纳逻辑的发展历程，从中不难看出，归纳逻辑以归纳问题的提出为转折点逐步从传统向现代演进。归纳逻辑的现代化体现在两个方面，一方面是在技术层面引入概率论，更重要的方面是在研究内容上实现了从对作为科学发现方法的研究到对信念辩护的研究的转变，即从"归纳发现"向度逐步转向并发展到当代的"归纳确证"向度。一批逻辑经验主义者利用其卓越的逻辑分析能力，力图通过严格的形式语言为经验证据对假说的支持关系（他们称之为确证关系），进行精密的句法或语义刻画，并在这方面取得了很多重要成果。这些成果主要可以分为两大路径。其一是量化路径。例如，逻辑经验主义的集大成者卡尔纳普利用概率论和现代逻辑对两个确证度函数给予了形式语义的刻画。其后的一些贝叶斯主义者从经验对信念度更新的影响这一维度，利用概率归纳逻辑公理系统，对为什么可以在经验基础上某种程度地相信假说进行辩护。其二是定性路径。亨佩尔认为，要确定经验证据对某一假说给与多大程度的支持，首先要知道某经验证据是否构成某假说的支持性证据或确证证据。因此，在他看来定性标准更为根本。正是在构述其关于确证的一般性定性判据时，亨佩尔发现了他所称的"确证悖论"。关于这一悖论的实质，学界的主流看法是，确证悖论是确证证据的相干性难题。即是说，$(\neg Ra \wedge \neg Ba)$ 这种形式的经验证据是否是形如 $\forall x (Rx \rightarrow Bx)$ 这种形式的假说的确证性证据、前者是否与后者相干？用亨佩尔的例子就是，观察报告"一只白粉笔"是否是假说"所有乌鸦是黑的"的相干证据。

第一节   确证悖论是关于信念辩护的认识论悖论

学界通常所说的确证悖论指亨佩尔在科学检验与归纳确证语境中发现的一个确证难题。亨佩尔认为科学检验一般包括三个阶段。第一阶段是执行适当的实验或观察，并接受关于所得结果的观察报告；第二阶段是将所与假说和接受的观察报告对照，即确定该观察报告是否对该假说构成确证、否证或无关的证据；最后阶段是根据该确证证据或否证证据而接受或否定该假说，或者不作决定而待确立进一步的证据。亨佩尔关于科学检验三阶段的观点是对科学辩护一般程序的总结，其中第二阶段至关重要。亨佩尔认为这一阶段处理的是被接受的观察报告与待检验假说之间的逻辑关系。因此，他将自己对这一阶段的研究称为"确证之逻辑研究"。亨佩尔对这一阶段即归纳确证阶段的研究取得了一系列理论成果。① 由于亨佩尔确证逻辑在确证领域的重要影响和经典地位，自此以后，"在发展确证逻辑方面几乎没有任何进展。"②

亨佩尔的归纳确证思想有一个发展过程。早在 1937 年，亨佩尔在《理论》上发表了一篇题为"真理问题"的论文，在该论文中表述了当时流行的确证方法论观念中的一个反直观的推论，这实际上是确证悖论的雏形。在"确证的纯句法定义"中，亨佩尔探讨了"确证之逻辑研究"一文的形式技术部分。在此文中，亨佩尔首次明确地提出了"确证悖论"这一概念。由于构造这一悖论时使用的例子是关于乌鸦的，因此学界有时又称之为乌鸦悖论。

一   尼科德确证悖论

在构述何种经验陈述构成所与假说的确证证据的客观判据过程中，亨

① 亨佩尔关于确证理论的主要论著有："A Purely Syntactical Definition of Confirmation"，*The Journal of Symbolic Logic*，Vol. 8，1943；"A Definition of 'Degree of Confirmation'"，*Philosophy of Science*，Vol. 12，1945；"Studies in the Logic of Confirmation (Ⅰ、Ⅱ)"，*Mind*，Vol. LIV，1945；"A Note on the Paradoxes of Confirmation"，*Mind*，Vol. 55，1946，以及他对上述"确证之逻辑研究"一文的一篇后记。

② Franz Huber，"Hempel's Logic of Confirmation"，*Philosophical Studies*，139，2008，pp. 181 – 189.

佩尔发现了确证悖论。在构述伊始，亨佩尔考察了归纳和科学方法论研究中隐含的一个非常流行的确证观念。这一观念曾被尼科德明确地陈述如下："考察这样一个公式或定律：A 衍推 B。一个特称命题，或更简要地说，一个事实如何影响它的概率呢？如果该事实是在 A 的场合出现 B，那么，它就有利于'A 衍推 B'；相反，如果该事实是在 A 的场合不出现 B，那么，它就不利于这一定律。……我们把这两种关系称为确证（confirmation）和否证（invalidation）。"[1] 后来，亨佩尔对尼科德的陈述加上了这样一条："当一个对象不满足所与定律的前件时，该对象相对于该假说就是中性的或不相干的。"[2] 我们把这种判定标准叫尼科德标准。

我们可以用形式语言将尼科德所阐述的观念表述如下。一个全称科学理论或假说 H 可以表示为：$\forall(x)(R(x) \rightarrow B(x))$。尼科德标准由三个部分组成。第一部分的内容是说：一个形如"$Ra \land Ba$"的观察陈述确证形如 $\forall(x)(R(x) \rightarrow B(x))$ 的假说，我们称之为"确证"标准；第二部分内容是说：一个形如"$Ra \land \neg Ba$"的陈述否证该假说，我们称之为"否证"标准；第三部分的内容是说：一个形如"$\neg Ra \land Ba$"或"$\neg Ra \land \neg Ba$"的观察陈述与该假说不相干，我们称之为"不相干"标准。譬如，假定有"所有乌鸦都是黑的"这样一个假说和 a，b，c，d 四个个体。如果个体 a 是乌鸦且是黑色的，用语句表示就是 $Ra \land Ba$，那么该个体确证这个假说；如果个体 b 是乌鸦但不是黑色的，即 $Rb \land \neg Bb$，那么它否证这个假说；如果个体 c 不是乌鸦且是黑色的，即 $\neg Rc \land Bc$，那么它与该假说不相干；如果个体 d 不是乌鸦且不是黑色的，即 $\neg Rd \land \neg Bd$，那么它也与该假说不相干。这一判据在直观上非常合理，因此，在科学实践中它被广泛地当作背景信念。

亨佩尔认为，任何合理的确证概念必须包含另外一个非常合理且必要的观念，这就是确证的等值条件。确证的等值条件是说"凡确证（否证）两等值语句之一者，也确证（否证）另一个。"[3] 这一条件似乎确实很合理。因为如果不遵循确证的等值条件，一个假说是否被确证将不仅取决于

---

[1]　Jean Nicod, *Foundation of Geometry and Induction*, London：Routledge, 1930, p. 219.

[2]　Carl G. Hempel, "Studies in the Logic of Confirmation", *Mind*, Vol. LIV, 1945, p. 10.

[3]　Ibid. , p. 12.

假说和经验证据的内容，而且取决于假说的表达形式。这样，在同一个假说用不同的形式表述出来时，它将得不到原来的确证证据的确证，这无疑是不合理的。

　　然而，亨佩尔向我们揭示，这两个分别得到普遍公认的确证观念结合在一起时，会产生一些"令人惊奇的推论"。考察这样一个假说 S_1：所有乌鸦都是黑的，用逻辑符号记为 $\forall(x)(R(x)\rightarrow B(x))$。在此，$R(x)$ 表示 x 是乌鸦，$B(x)$ 表示 x 是黑的。根据尼科德标准，上述的 a，b，c，d 四个个体中，a 确证 S_1，b 否证 S_1，c 和 d 都与 S_1 不相干。

　　确证悖论 1：根据一阶谓词逻辑，我们很容易看出 S_1 等值于 S_2：$\forall(x)(\neg B(x)\rightarrow\neg R(x))$。根据尼科德标准，观察报告 E，即一个既不是黑的且不是乌鸦的个体，用语句表示为"$\neg Bd\wedge Rd$"，确证 S_2。显然这个个体就是上文所说的个体 d（即 $\neg Rd\wedge\neg Bd$）。根据确证的等值条件，个体 d 应该确证 S_1。也就是说，一只白色的粉笔、一只粉红色的鞋都确证"所有乌鸦都是黑的"这一假说。这意味着"我们不用出门就可以进行鸟类学研究"。这一令人惊奇的结论无疑是违反我们的直觉的，所以，陈晓平把这样的结果称为直觉悖论。[1] 而上文的尼科德标准表明，个体 d 应该与 S_1 不相干。这样，个体 d 既确证 S_1 又与它不相干。我们可以用较为严格的语言来把这一"直觉悖论"重塑为较严格的广义逻辑悖论：

　　（1）$\neg Bd\wedge\neg Rd$ 确证 S_2　　　　（尼科德标准）

　　（2）$S_1\leftrightarrow S_2$　　　　　　　　　（S_1 和 S_2 的定义，演绎逻辑规则）

　　（3）$\neg Bd\wedge\neg Rd$ 确证 S_1　　　　（1，2，等值条件）

　　（4）$\neg Bd\wedge Rd$ 与 S_1 不相干　　（S_1，尼科德标准）

　　以下为书写方便，把"某语句 E 具有确证 S_1 的属性"简写为 Con（E），"某语句 E 具有否证 S_1 的属性"简写为 Disc（E）。

　　（5）Con（E）　　　　　　　　　（3，简写约定）

　　（6）$\neg$Con（E）$\wedge\neg$Disc（E）　　（4，不相干的定义，简写约定）

　　（7）$\neg$Con（E）　　　　　　　　（6，演绎逻辑规则）

　　（8）Con（E）$\wedge\neg$Con（E）　　　（5，7）

　　这样，我们就从公认的背景信念和给定的条件出发，经严密的逻辑推

---

①　参见陈晓平《归纳逻辑与归纳悖论》，武汉大学出版社 1994 年版，第 152 页。

理，推出了矛盾。我们很容易为之构造一个矛盾等价式。这样，依照前述对逻辑悖论的定义，我们可以把这一理论状况称为逻辑悖论。

确证悖论 2：很容易表明，S_1 等值于 S_3：$\forall(x)((R(x)\vee\neg R(x))\rightarrow(\neg R(x)\vee B(x)))$。这就是说，"任何是乌鸦或不是乌鸦的个体，或者不是乌鸦或者是黑的。"根据尼科德标准，它的确证证据应该是满足其前后件的个体。由于 S_3 的前件是分析性语句，任何个体都可以满足其前件，因此，它的确证证据可以划归为满足其后件 $\neg R(x)\vee B(x)$ 的个体。这意味着，任何非乌鸦的个体都会确证假说 S_3，而且任何一个黑色的个体也会确证 S_3。根据确证的等值条件，这些不是乌鸦的个体或者任何黑色的个体都会确证 S_1。而我们的直觉却认为它们不确证假说 S_1，因此，这一推论会导致直觉悖论，这就是直觉悖论 2。在上述的 a，b，c，d 四个个体中，a，c 和 d 都确证 S_1，而 b 否证 S_1。但根据 S_1 和尼科德标准，c 和 d 都与假说 S_1 不相干。仿照上面的步骤，不难见得，我们也可以对这一推理进行较为严格的塑述，从而推出 "c 和 d 既确证又不确证 S_1" 这一矛盾语句。这样，这一确证的理论状况也可以刻画为严格的逻辑悖论。

在 "确证之逻辑研究" 中，亨佩尔明确地把这两个逻辑悖论指认为 "确证悖论"（paradoxes of confirmation）。他说："我们将这些等值条件与上述确证之适当性条件的推论指认为确证悖论。"[1]

但在 1964 年的一个注中，亨佩尔还考察了与 S_1 等值的这样一个假说 S_4：$\forall(x)((R(x)\wedge\neg B(x))\rightarrow(R(x)\wedge\neg R(x)))$。该假说的后件是一个矛盾式，显然，不可能有个体满足这一后件。因此，按照尼科德标准，S_4 不可能有确证证据。换句话说，任何证据都不确证 S_4。但由于个体 a 确证 S_1，根据等值条件，a 也应该确证 S_4。这样，a 既确证又不确证 S_4，从而推出矛盾。更普遍地，S_4 既有确证事例又没有确证事例。这一状况同样可以塑述为严格的逻辑悖论。可以称之为确证悖论 3。由于这一组确证悖论是亨佩尔发现的，所以许多学者把这组悖论称为 "亨佩尔悖论"。也有学者根据亨佩尔所举的例子而把它们称为 "乌鸦悖论"。如果把上述假说中的属性谓词换为关系谓词，运用演绎规则寻找与所与假说逻辑等值的各种形式的假说，我们可以构造更多悖论。但最为基本的是确证悖论

1，对它的解决可以推广到其他确证悖论的解决。从确证悖论的解悖历史来看，确证悖论1是解悖的焦点，我们后面将主要讨论它。

从上述构造过程可知，亨佩尔发现的确证悖论是由作为"确证之适当性条件的"尼科德标准和确证的等值条件一起推导出来的。学界似乎也只关注到了这个悖论。但下文将表明，亨佩尔自己的确证逻辑中包含同样的悖论。为了区别亨佩尔发现的确证悖论和他自己理论中包含的确证悖论，笔者将前者称为"尼科德确证悖论"，而将后者称为"亨佩尔确证悖论"。

二 亨佩尔确证悖论

亨佩尔在他那个时代（20世纪40年代）所流行的确证观念中发现了悖论，这表明归纳确证领域面临重大理论难题，时有确证观念是不恰当的，需要构建新的确证理论或确证逻辑。正是在这种动因之下，亨佩尔构造了后来最有影响的确证理论之一，即他的事例确证理论。

（一）亨佩尔的确证理论

事例确证理论目标是为何种形式的观察报告构成对所与假说的支持提供一个一般判据，其核心内容是确证的适当性条件和满足性标准。确证的满足性标准实际是亨佩尔对直接确证和间接确证的两个定义，他认为他的这两个定义满足任何合适确证理论所必须满足的条件。确证的适当性条件实际是合理确证定义的必要条件，"确证的合适定义必须满足一些我们下面马上要讨论的进一步逻辑要求。"[1] "满足这些被看作是确证逻辑的一般定律的要求当然只是所提出来的任何确证定义之适当性的必要而非充分条件。"[2] 这些进一步的逻辑要求是以下三个"适当性条件"。

1. 衍推条件（Entailment Condition，简记为EC）：任何被观察报告所衍推的语句，均得到该观察报告的确证。

2. 后承条件（Consequence Condition，简记为CC）：如果一个观察报告确证了一个语句类K中的每一个语句，那么该观察报告也确证类K的任一逻辑后承语句。该条件有两个推论：

---

[1] Carl G. Hempel, "Studies in the logic of confirmation (I)", *Mind*, 213, 1945, p. 102.

[2] Ibid., p. 106.

2.1. 特殊后承条件（简记为 SCC）：如果一个观察报告确证假说 H，那么它也确证 H 的每一后承。

2.2. 等值条件：如果一个观察报告确证一个假说 H，那么它也确证任何一个与 H 逻辑等值的假说。

3. 一致性条件：每个逻辑一致的观察报告与其确证的所有假说所组成的类在逻辑上相容。这个条件有两个推论：

3.1. 一个观察报告如果不自相矛盾，就不能确证任何与该报告逻辑不相容的假说。

3.2 一个观察报告如果不自相矛盾，就不能确证互相反对的假说中的任何一个。

值得指出的是，西方有学者认为亨佩尔的适当性条件还包括逆后承条件（Converse Consequence Condition，简记为 CCC）[1]，但这与亨佩尔的原意不符。CCC 的含义是：如果经验证据 E 确证假说 H，且 H*⊢H，则 E 确证 H*。亨佩尔确实曾以确证伽利略定律或开普勒定律的观察报告也确证牛顿定律为例，承认 CCC 的直觉合理性，但亨佩尔发现该条件和他自己提出来的衍推条件及后承条件的合取会导致荒谬的结论，因而拒斥该条件，"因此，逆后承条件并不是适当性的一个合理的一般条件。"[2]

亨佩尔认为他的下述两个确证定义满足上述三个适当性条件：

> 定义 1：如果观察报告 B 蕴涵假说 H 在 B 所提及的那些对象所组成的类上的展开，那么观察报告 B 直接确证假说 H。
>
> 定义 2：如果假说 H 由一个语句类所蕴涵，且该语句类中的每一个语句均被观察报告 B 所直接确证，那么观察报告 B 确证假说 H。[3]

至此，亨佩尔以适当性条件和满足性标准为确证作了一个较完整的阐释。亨佩尔的确证理论考察的是何种形式的观察语句确证某种形式的假说语句，它的实质是探讨证据语句与假说语句之间的逻辑句法关系。

---

[1] Franz Huber, "Hempel's logic of confirmation", *Philosophical Studies*, 139, 2008, p. 182.

[2] Carl G. Hempel, "Studies in the logic of confirmation (II)", *Mind*, 214, 1945, p. 105.

[3] Ibid. , p. 109.

（二）亨佩尔确证理论中的确证悖论

不难看出，亨佩尔的确证理论抛弃了确证的尼科德标准而保留了确证的等值条件作为其适当性条件，该理论的核心是他关于确证的两个定义。但是亨佩尔理论同样蕴涵尼科德式确证悖论。说明如下：

（1）令某观察报告仅提及一个个体 a，其内容是"个体 a 不是乌鸦也不是黑的"，即 $\neg Ra \wedge \neg Ba$；

（2）假说 H_2 "所有非黑的都不是乌鸦"（$\forall x(\neg Bx \rightarrow \neg Rx)$）在观察报告所提及的个体类 $\{a\}$ 上的展开为（$\neg Ba \rightarrow \neg Ra$）。显然，（$\neg Ra \wedge \neg Ba$）$\vdash (\neg Ba \rightarrow \neg Ra)$；

（3）根据亨佩尔的确证定义 1，（$\neg Ra \wedge \neg Ba$）确证假说 H_2；

（4）H_1 "所有乌鸦都是黑的"（$\forall(x)(R(x) \rightarrow B(x))$）逻辑等值于 H_2；

（5）根据确证的等值条件，（$\neg Ra \wedge \neg Ba$）确证 H_1。

这一结果正是亨佩尔发现的尼科德确证悖论。更严峻的是，即便不用确证的等值条件，仅从亨佩尔的确证定义 1 也可以得出同样的悖论。说明如下：

（1）令某观察报告仅提及一个个体 a，其内容是"个体 a 不是乌鸦也不是黑的"，即 $\neg Ra \wedge \neg Ba$；

（2）假说 H_1 在观察报告所提及的个体类 $\{a\}$ 上的展开为（$Ra \rightarrow Ba$）；

（3）（$\neg Ra \wedge \neg Ba$）$\vdash (Ra \rightarrow Ba)$；（演绎逻辑）

（4）（$\neg Ra \wedge \neg Ba$）确证 H_1。（2，3，确证定义 1）

这一悖论的得出既不依赖亨佩尔所诊断的确证的尼科德标准，也不依赖他认为高度合理的确证的等值条件，而仅依赖他所提出的确证定义和经典演绎逻辑推理法则。这一悖论是货真价实的亨佩尔悖论，同时它是关于归纳确证的，因此，笔者称之为"亨佩尔确证悖论"。

另外，亨佩尔的确证理论可能还包含另外一个悖论。引入这样一个符合直观的"证据衍推"条件。

证据衍推条件：如果某观察报告 E 直接确证假说 H，E^* 为一个一致的观察报告，且 E^* 衍推 E，则 E^* 确证 H。

菲尔森认为该条件实际上是亨佩尔确证理论所具有的一个性质。

（1）令某观察报告仅提及一个个体 a，其内容是 Ra∧Ba；

（2）假说 H_1 在观察报告所提及的个体类 {a} 上的展开为（Ra→Ba）；

（3）设有另一个观察报告 E^*：（Ra∧Ba∧Rb∧¬Bb）

（4）（Ra∧Ba）├（Ra→Ba）（演绎逻辑）

（5）（Ra∧Ba）确证 H_1（确证定义 1）

（6）E^*├（Ra∃Ba）（演绎逻辑）

（7）E^* 确证 H_1。（5，6，证据衍推条件）

但是，E^* 显然不能确证 H_1。因为其中包含有 H_1 的否定事例 Rb∧¬Bb，它构成了对 H_1 的否证而不是确证。事实上，证据衍推条件也可能构成不相干证据。例如，假设 E^* 是 E 和某个 F 的合取，其中 F 是一个与 H_1 不相干的任意陈述。此时，E^* 是否确证 H_1 需要进一步讨论。

这一悖论的构造本质地依赖亨佩尔的确证定义和证据衍推条件。从解悖方法论来看，我们可以质疑亨佩尔的确证定义，也可以质疑证据衍推条件。证据衍推条件高度符合直觉，且菲尔森认为该条件是亨佩尔确证理论的一个性质，但他没有给出证明。如果能证明这一点，那么这确实构成亨佩尔理论中的另一个悖论。即便证据衍推条件不是亨佩尔确证理论的一个推论，如果我们不能表明这一条件的不合理性，则亨佩尔确证理论仍然会遭遇这一悖论。

值得指出的是，这一悖论的得出与证据之间的衍推关系等逻辑性质密切相关，这提示我们对确证的进一步逻辑研究需要重点关注证据的逻辑特性，比如证据的传递性、封闭性等。

三　确证悖论是合理相信悖论

无论本节所说的尼科德确证悖论还是亨佩尔确证悖论，其悖结都是观察报告"非黑的非乌鸦"是否确证假说"所有乌鸦都是黑的"，从而是该假说的确证性证据。更一般地，确证悖论的悖结在于形如"¬Ba∧¬Ra"的观察报告是否确证形如"∀x（Rx→Bx）"的假说，是否是其确证性证据。亨佩尔根据尼科德标准和等值条件得出结论："任何非黑的非乌鸦的东西都表征假说'所有乌鸦都是黑的'的确证性证据。"① "于是，任何红色的铅笔、绿色的树叶、黄色的母牛等都成为该假说的确证性证据。"② 进而亨佩尔说"我把等值条件和确证的适当性条件的这些推论称为确证悖论。"③ 根据亨佩尔的上述论断，我们可对确证悖论性质作如下讨论。

首先，根据确证的等值条件和尼科德标准，从 $\neg Ba \wedge \neg Ra$ 是乌鸦假说 $\forall x\,(Rx{\to}Bx)$ 的确证性证据，不能逻辑地推出绿色的树叶（$Ga \wedge La$）是乌鸦假说的确证性证据，即便我们利用直观上的假定 $Ga \vdash \neg Ba$ 并且 $La \vdash \neg Ra$，也推不出这一点。加上这个假定，我们能推出的是 $Ga \wedge La \vdash \neg Ba \wedge \neg Ra$。因此，除非我们再加上这样一个认识上符合直观的条件"如果一个证据 E 确证假说 H 且 $E^{*} \vdash E$，那么 E^{*} 确证 H"，否则推不出"绿色的树叶"是"所有乌鸦都是黑的"的确证性证据。因此，亨佩尔在构述其确证理论时，并非完全如其所预期的给出纯语法定义，而是潜在地假定或依赖一些认识论上的考虑。

其次，亨佩尔上述断言实际上是认识论断言而非逻辑断言。"绿色的树叶是乌鸦假说的确证性证据"的含义是，观察到"树叶是绿的"就获得了对"所有乌鸦是都黑的"有利的证据。显然，这是认识论上的评价性断言，而非无主体的逻辑断言。亨佩尔的"我把这些推论称为确证悖论"，更明显地表明了这一点。根据悖论的严格定义，某个作为推论的命题并不构成悖论，因此亨佩尔的这个断言应弱化地理解为"这些推论是悖论性语句或命题"。即便我们承认亨佩尔所认为的从前面一些条件和假定可以"逻辑地"得出这些推论，亨佩尔也不能仅从逻辑上就说某个有效推理的结论是悖谬性的。正如根据演绎法则从不一致的信念集可以推出一切结论，但不能仅凭逻辑就说某个结论不合法，除非基于其他非逻辑的考虑。因此，在此亨佩尔是基于一定的证据，对另外的命题作评价性断言，他实际构述的是证据性支持关系，而不是逻辑语法上的确证关系。

要消解亨佩尔这种预期目标与实际构述的不一致，可以引入下述桥接原理（Bridge Principle）。

---

① Hempel Carl G., "Studies in the Logic of Confirmation", *Mind*, Vol. LIV, 213, 1945, p. 14.

② Ibid.

③ Ibid.

　　桥接原理：对某认知主体 S 来说，E 证据性支持假说 H，当且仅当 E 逻辑上确证 H。

但认知主体之所以要获得与被检验假说有关的证据，是为了对假说的真假进行评价，进而在这种评价的基础上选择自己的认知态度——相信、拒斥或悬置判断。由于证据性支持关系是对假说真理性的一种辩护，它有助于确立假说的真理性，而当代认识论的核心问题是知识的来源、基础和辩护问题，显然，证据性支持关系是一种认识论关系。

　　因此，亨佩尔的确证关系本质上是一种认识论关系，正如其所说，"对确证的分析对通常叫作认识论的核心问题具有根本意义"①，他所谓之的确证悖论是关于合理相信的认识论悖论。正如著名悖论研究专家塞恩斯贝利（R. M. Sainsbury）指出，"确证悖论是关于知识或合理相信的悖论"② 由于确证悖论仅在某项特定哲学探究语境中，譬如在讨论信念是否以及在何种情况下为真才会产生，因此塞恩斯贝利称其是"哲学家的悖论"。由此，确证悖论的良好解决方案应在认知路径上寻找。

　　从上述可知，学界通常所指的确证悖论是亨佩尔在"确证之逻辑"中明确所说的确证悖论，亦即是本文所说的亨佩尔在确证的尼科德标准和等值条件中发现的"尼科德确证悖论"；本文在亨佩尔自己的确证理论中发现的"亨佩尔确证悖论"同样是关于观察报告"非黑的非乌鸦"确证假说"所有乌鸦都是黑的"这一悖谬性结果的悖论。由于亨佩尔确证悖论的构造依赖的前提更少，它比通常所说的确证悖论更为严峻。尼科德标准和确证的等值条件是确证领域流行的观念，亨佩尔确证理论是定性确证理论中最有影响的确证理论，尼科德确证悖论和亨佩尔确证悖论共同展示了科学假说的归纳确证遭到重大理论难题，从而，根据亨佩尔关于科学假说检验三阶段观点，假说之合理相信遭遇重大理论难题。因此，确证悖论是认识论（知识论）上关于信念辩护的合理相信悖论。

---

① Hempel Carl G. , "Studies in the Logic of Confirmation", *Mind*, Vol. LIV, 213, 1945, p. 6.
② Sainsbury R. M. , *Paradoxes*, Cambridge：Cambridge University Press, 1988, p. 73.

第二节　证据相干性的心理主义方案

（尼科德）确证悖论由以推导出的前提是确证的尼科德标准和确证的等值条件。相应地，消解悖论的途径有以下几种：（1）通过揭示隐含的误解来说明可以接受结论；（2）质疑确证的尼科德标准；（3）拒斥或修改确证的等值条件。确证悖论的第一个解决方案采取的是第一种策略，这种方案实质是揭示产生确证悖论的根源是一种心理幻像，没有客观依据，即该方案认为白色的粉笔确实是"所有乌鸦都是黑的"的相干证据，而非我们所认为的这两者不相干。如果消除这种心理幻像，悖论也就被消解，因此此方案属于心理主义消解方案。

一　确证悖论是心理幻像

在发现尼科德确证悖论后，亨佩尔随即提出了自己的解决方案。亨佩尔消解性方案的核心思想是：观察结果"非黑的非乌鸦"确实确证乌鸦假说"所有乌鸦都是黑的"，我们之所以认为该观察结果不确证乌鸦假说，只是一种"误解""心理幻像"，是没有客观依据的。[①]

亨佩尔首先分析这一"误解"的来源。他认为这种来源之一是，认为"所有 P 都是 Q"这类简单形式的假说所断言的东西只是关于个体的某个有限的类。我们直觉上认为，只有属于被检验假说的前件所断言的类中的个体才构成对该假说的确证或否证，但在逻辑上来说，这种形式的假说断定的是所有个体。所有个体可以分为两类：该形式假说所禁止的那些个体所组成的类；它所允许的个体的类。用亨佩尔的话来说就是"每一个对象要么符合该假说，要么违背该假说。"[②] 换句话说，亨佩尔认为，只要一个个体不违背某假说，它就确证该假说。每个对象都与一个全称假说相干，从而相应的观察报告都是全称假说的相干证据。这样，他就消除了类似一只白色的粉笔确证假说"所有乌鸦都是黑的"的直觉悖论。

① Carl G. Hempel, "Studies in the Logic of Confirmation", *Mind*, Vol. LIV, Issue213, 1945, pp. 15 – 18.

② Ibid., pp. 18 – 19.

亨佩尔认为悖论之所以产生的另一根源，是由于我们心照不宣地引入了某些背景信念。在确证悖论产生情境中，我们实际使用的是一个三元的确证概念，即涉及待确证假说、观察报告和背景信念，即在确证悖论产生情境中，认知主体在心智活动中不自觉地加入了相关背景信念。而亨佩尔所探讨的确证概念要求只涉及待确证假说和观察报告。以假说 H_1"所有钠盐燃烧时呈黄色"为例进行说明。假如我们燃烧一块纯净的冰，发现它燃烧时不呈黄色。这一实验结果确证 H_2"燃烧不呈黄色的东西不是钠盐"。根据亨佩尔所承认的确证的等值条件，该结果确证 H_1。这就导致我们所说的确证悖论1。这里，我们不自觉地引入的背景信念是"所观察和检验的物质是冰，而且冰不含钠盐"。但如果我们燃烧的是一个不知其化学成分的东西，实验结果表明它燃烧时不呈黄色；随后的化学分析表明，它不含钠盐。这一结果构成了对 H_2 的确证。因为如果进行确证活动的认知主体事先没有关于被检验物质是一块冰这一背景信念，在实验结果是被检验物质燃烧没有呈黄色时，该认知主体心里仍然会惴惴不安，因为万一随后的化学测定表明这个物质是钠盐时，该假说就会被证伪；但如果认知主体已经知道这是一块冰，那么实验结果不会使其惴惴不安，即对其心理没有影响。并且这一结果正是我们根据 H_1 所期待的东西，因此它构成了对 H_1 的确证。上述两种确证情境唯一不同的地方就是相关背景信念的有无，这一点表明背景信念是产生了悖论这一"心理幻象"的重要根源。不难看出，这一背景信念隐含的一个预设是，一块冰与关于钠盐的假说不相干，关于冰的观察结果与钠盐假说不相干，不能作为钠盐假说的相干证据。

通过揭示出产生悖论的这两个根源，亨佩尔消除了直觉悖论。这样，我们似乎真的可以在屋子里进行鸟类学研究了。但正如上文表明的，确证悖论不仅是直觉悖论还是逻辑悖论，要完整解决确证悖论，亨佩尔还必须解决作为逻辑悖论的确证悖论。亨佩尔没有明确提出解决确证的逻辑悖论的方案，但我们通过他的有关论述还是可以推出他"解决"这一问题的基本方略。

沿亨佩尔的思路，对确证的逻辑悖论的解决可以通过修改尼科德标准实现。在对第一个误解根源的分析中，亨佩尔明确地把所有个体分为两个互斥的类，即确证某个假说的类和否证该假说的类，但根据亨佩尔的塑述，尼科德标准把个体分为三个互斥的类，即确证的、否证的和不相干的类。这样，亨佩尔就明显地抛弃了尼科德标准关于"不相干"的内容，而保留了他所喜欢的确证的等值条件。这实际上是对尼科德标准进行了修改。正是这一策略才使得他的解悖方案能真正地消除确证的逻辑悖论。说明如下：亨佩尔抛弃"不相干"条件，使得上述对确证悖论作为严格逻辑悖论的塑述过程中的"¬Bd∧¬Rd 与 S₁ 不相干"无法得出，从而"¬Bd∧¬Rd 既不确证又不否证 S₁"也无法得出，这样就推不出矛盾。作为逻辑悖论的确证悖论 1 也就自然地被消除了。

类似地，通过抛弃"不相干"这一条件，个体 c, d 与 a 一样都是 S₁ 的确证事例，而不再是不相干事例，从而不能根据"不相干"的定义推出个体 c, d 不确证 S₁。这样就无法推出矛盾语句，确证悖论 2 也就得到了消除。

二　心理主义消解方案的缺陷

在发现确证悖论后，不少科学哲学家对这一问题进行了探讨。譬如，冯·赖特等人的解决方案实际上是对全称条件化原则进行质疑；[①] 各种贝叶斯型方案的共同策略是通过赋予不同确证事例以大小不同的"确证力"来划分确证的连续性层次，达到消解悖论的目的；亨佩尔方案则从定性的角度，通过揭示误解和修正尼科德标准且保留确证的等值条件来消除确证悖论，但我们可以对这一策略进行如下质疑。

（一）保留等值条件的理由不充分

亨佩尔认为等值条件很合理而要求保留它，但我们可以对其质疑。e 确证 h_1，并且 h_1 逻辑地等值于 h_2，并不意味着 e 确证 h_2。因为"确证"具有像"知道""相信"等表达命题态度的概念所具有的意向性质，在这样的词后分别加上等值的两个从句并不表明所得的两个句子等值。譬如说，"约翰 6 英尺高"与"约翰 72 英寸高"等值，但"乔治相信约翰 6 英尺高"与"乔治相信约翰 72 英寸高"并不逻辑地等值。在说观察报告 E 确证假说 H 时，不仅表达了主体基于观察报告 E 对假说 H 有更高的信

---

①　G. H. von Wright, *Philosophical Logic*, Oxford: Basil Blackwell Publisher Limited, 1983, pp. 40−43.

念度，而且表达了说话者的认知态度，即他相信 E 对 H 有认识论上的支持关系。因此，"确证"可以看作和"知道""相信"类似的表达心智状态的认知算子。从而，即便两个命题逻辑等价，也推不出确证其中之一者也确证另一个。

亨佩尔保留等值条件的理由是"等值条件必须被认为是确证的任何定义的适当性的一个必要条件。"① 这是因为，如果违反这个条件，"对某些所与材料是否确证某所与假说这一问题的回答将是：'这取决于那个被检验假说的不同的等值的构述'。这是很荒谬的。"② 这一理由是非常含混的。

首先，亨佩尔所说的"那个被检验假说"意味什么不清楚。它是针对形式上逻辑等值还是表述的经验内容而言的？从亨佩尔所给的理由看应该是后者，否则的话他就会犯句法错误，因为等值至少是两者之间的一种关系，而在此"同一个""那个被检验假说"只指称一个事物。如果把它看作是关于经验内容的，那么对同一个内容可以有不同的表述形式，而且这几种形式必定是逻辑等值的，这并不违反句法。至于引文中的"不同的等值的构述"，我们也可以有两种理解：一种是不同的构述形式所表达的经验内容等量；另一种是不同的构述形式在逻辑真假值上等价。从亨佩尔的论证情境来看，显然应该作第二种理解。譬如，他说根据演绎逻辑，$\forall x(R(x) \rightarrow B(x))$ 等值于 $\forall x(\neg B(x) \rightarrow \neg R(x))$。这样，亨佩尔在同一句话中不加区别地对"被检验假说"作了内容与形式的断定，他没能严格区分经验内容等量和逻辑真假等值。

其次，逻辑真假等值的两个假说不一定同样地表达了"那个被检验假说"的内涵。虽说 $\forall x(R(x) \rightarrow B(x))$ 逻辑等值于 $\forall x(\neg B(x) \rightarrow \neg R(x))$，但它们所包含的经验内容却并不相等。从发生学的角度来看，理论或假说的一个重要特征是，它们的提出程序往往是在观察到了某类事物中的有些个体都具有某属性后，然后小心地扩展到该类的所有个体，但理性又约束我们不要太大胆，不要把这种结论扩展到所有宇宙万物。因此，

---

① Carl G. Hempel, "Studies in the Logic of Confirmation", *Mind*, Vol. LIV, Issue213, 1945, p. 13.

② Ibid., p. 12.

科学假说的主词总是限定在某个类，而不能包括所有宇宙万物。一旦对其进行否定，新假说的主词就限定在原来那个类的补类。这样就改变了所断言的范围。科学理论的主词通常是用日常语言表述的，日常语言的使用有一个根据背景知识假定的应用域，而在形式化语言中，它强调"任何一个"，这样它适用于所有可能世界。因此，我们在将用日常语言表述的科学假说形式化后，其语域有较大变化，当我们再给形式化的语言赋予经验内容时，可以更清晰地看出该假说的信息量会有盈亏。因此，形式化过程并不是一个经验内容的等值传递过程。科学假说确实可以用不同的形式表示，但科学假说主要是陈述经验内容的，同一个假说的不同表述形式必须满足的一个必要条件是它们陈述的经验内容是等量的。上述两个表述形式显然不满足这一要求。内容上等量的两个假说无论其构述形式如何都是逻辑等值的，并且不会推出违反直观的结论。因此，亨佩尔把等值看作是逻辑等值是不充分的，而经验内容等量才是确证定义的充分条件之一。

澳大利亚学者威尔逊（P. R. Wilson）则给了一个较新颖的批判。他说，如果我们承认 S_1 是一个被断定为真的命题，那么，根据初等逻辑规则，可以推出 S_2。类似地，如果断定了 S_2，那么 S_1 就被它蕴涵。在演绎逻辑框架内，它们确实是等值的，但这并不导致任何悖论，因为一个在演绎逻辑中被断定为真的陈述是不需要经受确证的。[1] 逻辑等值的涵义是，如果断定前件为真（假），那么后件也为真（假）；如果断定后件为假（真），那么前件也为假（真）。演绎逻辑并不能断言作为前件的命题经验地确然为真，而确证理论探讨的正是演绎逻辑不能"管"的命题是否经验地确然为真。

（二）抛弃"不相干"条件的不合理性

抛弃"不相干"条件对亨佩尔消解确证的逻辑悖论起着关键作用，但这一策略却是不合理的。首先，保留尼科德标准中的"不相干"条件并不必然导致悖论。尼柯德标准有三部分内容，它们属于同一层次，构成了一个整体，它们的合取阐述了确证逻辑中的三种情况。亨佩尔把它们分割开来，抛弃了第三部分内容，让非相干证据进入确证中，从而使尼科德

---

① P. R. Wilson, "On the Confirmation Paradox", *The British Journal for the Philosophy of Science*, Vol. XV, 1964, p. 196.

判据的第一部分内容与等值条件的结合产生悖论。我们以直觉悖论 1 为例来说明。

（i）E_2：$\neg Ba \wedge \neg Ra$ 确证 S_2（尼科德标准内容 1）

（ii）S_2 逻辑地等值于 S_1（S_2 和 S_2 的定义，演绎逻辑规则）

现在我们把另外两个内容加上来。由于第二部分内容是说"$Ra \wedge \neg Ba$"否证 S_1；"$\neg Ba \wedge Ra$"否证 S_2，而"$Ra \wedge \neg Ba$"与"$\neg Ba \wedge Ra$"不仅逻辑等价而且对世界做了相同断言，根据等值条件，同一证据否证相等值假说，这并未构成悖论。况且 E_2 并不否证 S_1 和 S_2 中的任何一个。我们再加上尼科德标准的第三个内容，则有：

（iii）E_2 与 S_1 不相干。因为尼科德判据三部分内容是一个整体，我们必须同时满足这三个条件。由于 E_2 与 S_1 不相干，所以 E_2 并不确证 S_1，从而不出现悖论。

其次，抛弃"不相干"条件并不必然消除悖论。相反，抛弃这一条件可能导致新的悖论。我们以亨佩尔的确证定义为例进行说明。它包括蕴涵条件、特殊推论条件与逆推论条件。[①] 这三者的结合将产生下述确证灾难。

设 E 为一任意观察陈述，H 为一任意假说，据蕴涵条件，E 确证 E；$H \wedge E$ 蕴涵 E；根据逆推论条件，E 确证 $H \wedge E$；又因 $H \wedge E$ 蕴涵 H，根据特殊推论条件，E 确证 H。也就是说，任一观察陈述确证任何一个假说。这显然是一个反直觉的确证悖论。

我们还可以证明，亨佩尔的蕴涵条件和逆推论条件两者的结合也会产生同样的确证灾难：

（1）假定 H_1 为一逻辑真假说；

（2）任一观察陈述 E 蕴涵 H_1；

（3）一任意假说 H 蕴涵 H_1；

（4）据蕴涵条件和（2），任何观察陈述 E 确证 H_1；

（5）据（3）、（4）和逆推论条件，任何观察陈述 E 确证 H。

这样，亨佩尔的解悖方案抛弃"不相干"条件又导致了几个新的确

① Carl G. Hempel, "Studies in the Logic of Confirmation", *Mind*, Vol. LIV, Issue214, 1945, p. 103.

证难题。根据悖论解决方案的 RZH 标准，这一方案不满足一个良好解悖方案的"足够狭窄性"要求。另外，该方案不仅对等值条件的保留具有特设性的嫌疑，而且，亨佩尔方案所要求的确证情境没有任何背景知识的参与，这显然与直觉和科学实践不相符合。因此，它也不能满足"非特设性"要求，亨佩尔的消解性方案也就不具备一个良好解悖方案的合法资质。

另外，该方案具有较强的特设性。一方面，如前文表明的，它对确证的等值条件的保留没有足够的说服力，因此有特设性的嫌疑；另一方面，亨佩尔对直觉悖论的解决有一个较强的假定——科学确证不应该有背景信念的地位。用亨佩尔自己的话来说就是不应该引入"附加知识"，正是附加知识导致"产生了悖论"这一误解。但是，完全没有背景信念介入的科学确证只是一种极端情况，它与科学实际不符。科学确证的假说—演绎法告诉我们，作为确证项的可观察陈述并不仅仅是从作为被确证项的假说中推出的，而是从它和其他背景信念的合取推出的。

确证悖论的最新研究成果也对亨佩尔不应该引入"附加背景知识"这一要求进行质疑，而赞同有某些背景知识的在场。拉马钱德兰（Murali Ramachandran）认为，"确证悖论和绿蓝悖论所揭示的是，任何好的确证理论都必须以因果实在论为预设，一旦我们同意因果实在论，我们就没有理由接受产生确证悖论的那些核心原则。"① 因此，亨佩尔的消解性方案也不满足 RZH 标准中的"非特设性"要求。从而它不具备一个良好解悖方案的合法资质。

鉴于背景信念对科学活动的重要意义，对确证悖论的解决不能忽视被确证假说与背景信念的相干性。确证悖论的产生与背景信念中的某些非相干性内容进入证据体有关，前文关于信息增盈和抛掉尼科德标准中的不相干性内容的分析已经清楚地表明了这一点。因此，我们特别不能忽略被确证假说与确证证据之间的经验相干性，阻止非相干证据进入确证程序可能是解决确证悖论的关节点之一。

---

① Murali Ramachandran，"A neglected response to the paradoxes of confirmation"，*South African Journal of Philosophy*，36（2），2017，p. 179.

第三节　证据的概率相干性方案

确证悖论的悖结在于，观察报告"非黑的非乌鸦"是否确证假说"所有乌鸦都是黑的"。鸟类学家在对假说 S_1 "所有乌鸦都是黑的"进行检验时，通常观察的是不同地域不同气候等不同场合下的乌鸦，而不是选择观察书桌上的一本书或鱼缸里的一条鱼。这一科学实践正是符合日常直觉的尼科德标准所告诉我们的：一本白色封面的书或一条红色的鲱鱼与我们正在检验的假说不相干。但确证悖论却说：观察报告"我书房里的一本书是白色的"确证假说"所有乌鸦都是黑的"。因此，解决这个悖论的一个可能途径就是解决确证证据和待确证假说的相干性问题，或者说，找到一种标准来判断所与观察报告在何种确证情境中与待确证假说相干，并把不相干观察报告拒于确证性证据体之外。笔者将这一路径的解悖方案称为"相干证据方案"。

顺着这一路径的方案有很多。其中主要有亚历山大（H. G. Alexander）、麦吉（J. L. Mackie）、胡克（C. A. Hooker）等人的方案。这些方案以麦吉的"确证的相干标准"为核心，展开了一系列的质疑、修改与答辩。但这一方案的肇始者却是亚力山大。我们拟按历史的顺序来对这些方案逐一进行考察。

一　类的大小决定概率

亚历山大首先对亨佩尔和沃特金斯（J. W. N. Watkins）关于相干性的观点进行考察。亨佩尔认为，"如果有人感觉 c 型事例（黑的非乌鸦）和 d 型事例（非黑的非乌鸦）是不相干的从而不是确证性的……那么，这意味着他自觉或不自觉地把后者看作具有存在意义。通过指出要对所意欲的涵义的恰当符号化加上一个存在分句，我们可以消除悖论。"[①] 亨佩尔这儿是说用 $\forall x(R(x) \rightarrow B(x)) \wedge \exists x R(x)$ 来表达"所有乌鸦都是黑的"的涵义，可以解决证据的非相干性问题。即用存在语句的限制来使得证据与

---

① Carl G. Hempel, "Studies in the Logic of Confirmation", *Mind*, Vol. LIV, No. 213, 1945, p. 17.

假说相干起来，并且达到消除悖论的目的。但亚历山大认为这是错误的。因为我们只要观察到了一只乌鸦，该符号表达式的存在分句就得到了满足，而其前半部分仍然等值于 $\forall(x)((\neg R(x) \vee B(x)))$。显然，我们还得承认一只白粉笔是确证性证据，直觉悖论仍然没被消除。这样，亨佩尔的"存在性"相干标准是不充分的。

波普尔的追随者沃特金斯也对确证悖论的非相干性问题有所讨论。他认为：一个可检验假说的确证应解释为对该假说的一系列不成功的证伪；一个得到确证的假说是经受了严峻检验的假说。[1] 根据波普尔的确证理论，S_1 得到一个关于黑乌鸦的观察报告的确证，并不是因为它报告了该假说的一个事例——一只白天鹅也是它的事例，而是因为它报告了该假说的一次成功检验：一只乌鸦被检验为黑对"非黑"属性来说是不成功的。对于 S_1 这样类型的假说来说，对它进行确证的是关于乌鸦是否具有"黑"属性的观察报告，"关于非乌鸦的陈述并不报告对我们假说的检验，它们不能确证它。"[2] 这样，沃特金斯等波普尔主义者就把关于非乌鸦的观察陈述看作是 S_1 的非相干证据。不难看出，沃特金斯的相干性标准实际上是把证据限制在关于主词的类的陈述。但亚历山大认为，虽说沃特金斯可以避免第一层级的确证悖论，但不能避免第二、第三层级的悖论。[3] 因此，沃特金斯的证伪主义的"限域性"相干标准也不能解决确证悖论。

在解构了先驱者关于证据的相干性的讨论之后，亚历山大开始建构自己的解决方案。他的解决方案是从否定亨佩尔的"游戏规则"——确证是一项孤立的事业，它与背景信念毫不相干——着手。与亨佩尔一样，他认为之所以产生直觉悖论，是因为有一些背景信念进入确证程序当中。与亨佩尔不同的是，他肯定这些背景信念的重要性。亚历山大认为亨佩尔的游戏规则太严格，"在实践时，我们发现自己从来不曾处在亨佩尔所讨论

---

① J. W. N. Watkins, "Between Analytic and Empirical", *Philosophy*, 33, 1957, p. 117.

② J. W. N. Watkins, "A Rejoinder to Professor Hempel's Reply", *Philosophy*, 34, 1958, p. 351.

③ H. G. Alexander, "The Paradox of Confirmation", *The British Journal for the Philosophy of Science*, Vol. IX (35), 1958, p. 229.

的情境中。"[1] 换句话说，某些背景信念进入确证程序是无法避免的。问题在于，我们有无穷多的背景信念，究竟哪些背景信念与确证悖论密切相干呢？用亚历山大的话说就是："我们必须另外发现我们通常预设了何种附加信息。"[2] 这正是亚历山大所欲解决的问题。

确证的直觉悖论说的是，a 型事例（黑色的乌鸦）和 d 型事例（非黑的非乌鸦）同样都是假说 S_1 "所有乌鸦是黑的" 的确证性证据。亚历山大对这个悖论的解决策略是：a 型事例和 d 型事例都是 S_1 的相干证据，并且是确证性证据，但前者比后者对 S_1 提供的支持更大。为此，他必须证明何以 a 型事例比 d 型事例对 S_1 的确证更多。如果能找到一个表明这一点的充分必要条件，并且这一条件有很强的直观合理性，那么他的这一解决策略就奏效了。

为了不失一般性，我们假定一个个体是 ϕ 的概率是 x，它是 φ 的概率是 y。对于假说 "所有是 φ 的个体都是 ϕ"，有 $y \geqslant x$。如果 ϕ 和 φ 之间没有什么关联，我们可以得到如下结果：

(a)　$\phi \cdot \varphi$　　(b)　$\phi \cdot \sim\varphi$　　(c)　$\sim\phi \cdot \varphi$　　(d)　$\sim\phi \cdot \sim\varphi$

　　xy　　　　　　$x(1-y)$　　　$(1-x)y$　　　$(1-x)(1-y)$

如果该假说是真的，那么我们相应得到如下概率结果：

x　　　0　　　y－x　　　1－y

如果在 ϕ 和 φ 之间没有什么关联，那么，随机抽取的 n 个 ϕ 个体都是 φ（即所有的都是 a 型事例且没有 b 型事例）的几率是 $(y)^n$；在随机抽取的 n 个是 $\sim\varphi$ 的个体中都是 $\sim\phi$（即所有的都是 d 型事例且没有 b 型事例）的几率是 $(1-x)^n$。

在科学实践中有这样一个很符合直觉的观念：在现有知识背景下，一个事件愈是不可几，那么，如果它真的发生了，它给预测到它的那个假说的 "确证力" 更大。正如，光线弯曲这一事件在相对论之前是非常不可几的，但它是相对论的一个推论。因此，在发现光线真的在强引力场发生弯曲时，它对相对论就有更大的确证力。根据这种观念，a 型事例比 d 型

① H. G. Alexander, "The Paradox of Confirmation—A Reply to Dr Agassi", *The British Journal for the Philosophy of Science*, Vol. X (39), 1959, p. 231.

② H. G. Alexander, "The Paradox of Confirmation", *The British Journal for the Philosophy of Science*, Vol. IX (35), 1958, p. 230.

事例对上述假说有更大的确证力，当且仅当，$y < 1 - x$。

我们还可以这样来论证。如果 ϕ 和 φ 之间没有什么关联，a 型事例出现的概率是 xy；如果它们之间是非常相干的，即如果假说"所有是 ϕ 的个体都是 φ"是真的，那么，a 型事例出现的概率就增加到了 x，增加的比率是 $1/y$。类似地，d 型事例概率增加的比率是 $1/1 - x$。那么，在假说为真的情况下，a 型事例概率增加的幅度比 d 型事例大，当且仅当，$y < 1 - x$。这一结果可以用假说的贝叶斯确证理论中的似然度（likelihood）概念解释：如果某证据的似然度在一个假说为真的条件下得到了提高，那么该证据就确证该假说；提高的幅度越大，它对该假说给的确证力或支持就越大。这样，我们得到了与上面同样的结果。

通过这两种论证，亚历山大得出的一个结论是："a 型事例比 d 型事例提供更好确证的一个必要条件是，一个个体是 ϕ 的概率应该比它是 $\sim\varphi$ 的概率要小。"[1] 实际上，这一结论已被霍赛厄森—林登鲍姆（Janina Hoisiasson - Lindenbaum）发展为其公理化的确证理论中的一个导出定理。[2] 在后来的一篇答辩中，亚力山大还用另外一种形式表述了这一结论：在无限宇宙中，a 型事例比 d 型事例有更大的确证力，当且仅当，个体 ϕ 的数量比个体 $\sim\varphi$ 的数量少。[3] 对于乌鸦悖论来说，如果个体是乌鸦的概率比是非黑的概率小，那么，一只黑乌鸦对"所有乌鸦都是黑的"提供的确证或支持要比一块绿翡翠提供的支持要多，这就不违反我们的直觉。或者说，如果背景知识告诉我们（在此是直觉），非黑的东西远比乌鸦多，那么，我们就知道 a 型事例比 d 型事例的确证力大。这样就排除了直觉悖论。

亚历山大方案的核心观念是个体的类的大小与证据是否确证假说密切相干。我们通常认为乌鸦的类和非黑的类大小是不等的，非黑的类要比乌鸦的类要大。因此，亚力山大揭示出我们的背景信念中有"一个个体是 ϕ

---

① H. G. Alexander, "The Paradox of Confirmation", *The British Journal for the Philosophy of Science*, Vol. IX (35), 1958, p. 232.

② 参见 Janina Hoisiasson - Lindenbaum, "On Confirmation", *The Journal of Symbolic Logic*, 5, 1940, pp. 133 - 148.

③ H. G. Alexander, "The Paradox of Confirmation—A Reply to Dr Agassi", *The British Journal for the Philosophy of Science*, Vol. X (39), 1959, p. 232.

的概率应该比它是 ~φ 的概率要小"这样一个预设，这一预设与类似"所有 φ 都是 Φ"的假说的确证密切相干。如果我们不作这样的预设，确证悖论就会产生；如果我们有了这样的预设，我们就会明白 a 型事例比 d 型事例有更大的确证力，从而不会产生直觉悖论。

亚历山大的解决方案并没有指明，判断一个证据对于所与假说是否相干的可操作标准，甚至没有给出一个一般性标准。他的结果是揭示了背景信念中与确证相干的一个预设，即一个个体是 φ 的概率应该比它是 ~φ 的概率要小。但这一预设的合理性，他没有给予证明，而只是独断地说它是一个"差不多总是得到辩护了的预设"①。另外，亚力山大的方案预设了这样一种确证的直觉观念：对于所与假说来说，更不可几事件的确证力要比更可几事件大。这种观念与确证理论中一个充满争议的问题——"证据的新颖性"问题密切相关。因此，它的合理性是需要辩护的。

二　确证的概率相干标准

尽管在没有任何附加知识加入的场景中，亨佩尔的拒斥非相干性标准——白天鹅、绿翡翠等证据对假说"所有乌鸦都是黑的"是不相干的——的解悖方案是成功的，但麦吉和亚历山大一样，并不满意亨佩尔的"裸"确证场景。他认为因何种原因拒斥非相干性标准与一定的确证情境相干。

如果考虑"非黑的个体比乌鸦多"这种背景信念，那么，就可以用另一种方案来解决确证悖论。我们可以与亨佩尔一样否定非相干性标准，但这是在另外一种不同意义下的否定。譬如，我们可以论证说，观察到非黑的非乌鸦没有观察到黑乌鸦的确证力大。由于直觉上前者的确证要弱得多。因此，我们误以为非黑的非乌鸦完全不能确证该假说。因此，在这种有附加信息加入的确证情境中，我们有肯定非相干性标准的错误直觉。推而广之，只要是 ~Φ 的个体比是 φ 的个体多，那么，一个是 ~Φ 且是 ~φ 的个体确证假说 ∀x（φ→Φ），但一个既是 φ 又是 φ 的个体比一个 ~Φ 且 ~φ 的个体对假说 ∀x（φ→φ）提供

① H. G. Alexander, "The Paradox of Confirmation", *The British Journal for the Philosophy of Science*, Vol. IX (35), 1958, p. 233.

更好的确证。① 这一结果与亚力山大的一样。

这一结论的得出有赖于麦吉所说的"反比原则"：相对于背景知识 k，一个假说 h 被一个观察报告 b 确证，当且仅当，通过把该假说添加到背景信念中，该观察报告变得更可能为真。也就是说，如果 b 相对于 k 和 h 的合取的概率大于它仅相对于 k 的概率，即 $Pr（b，k.h）> Pr（b，k）$，那么 b 确证 h。并且 h 对 b 的概率提高的幅度越大，b 对 h 的确证就更好。这一原则后来被胡克等人更恰当地称为"确证的相干标准"。② 之所以说这个名字更为恰当，是因为有历史的渊源——它和凯恩斯关于相干的论述密切相关。凯恩斯把 $Pr（p，r.q）= Pr（p，r）$ 这样的判断称为"不相干"，即证据 p 与假说 q 不相干，有无假说 q 并不影响 p 的概率。类似地，他把 $Pr（p，r.q）> Pr（p，r）$ 称为相对于 r，q 与 p "有利相干"；把 $Pr（p，r.q）< Pr（p，r）$ 称为相对于 r，q 与 p "不利相干"。麦吉后来接受了"确证的相干标准"这一称谓，并对它进行了更清楚的阐释。

麦吉认为确证的相干标准包括三个标准。一个最基本的形式是 C：相对于一定的背景知识或信念体 k，假说 h 被观察 b 确证，当且仅当，被观察的东西在给定 h 和 k 的情形下比在仅给定 k 的情形下更加似然地（likely）出现。用形式语言可以表示为：相对于 k，b 确证 h，当且仅当，$Pr（b，k.h）> Pr（b，k）$。标准 C 有两个比较性确证的扩展形式 C_1 和 C_2。C_1 是关于观察报告的确证力的比较的，可以表示如下：相对于 k，b_1 比 b_2 更好地确证假说 h，当且仅当，$Pr（b_1.k.h）/Pr（b_1，k）> Pr（b_2.k.h）/Pr（b_2，k）$。$C_2$ 是关于同一观察报告对不同假说的确证程度的比较，可以表示为：相对于 k，h_1 比 h_2 得到 b 更好的确证，当且仅当，$Pr（b，k.h_1）> Pr（b，k.h_2）$。③

如上文表明的，亚力山大和沃特金斯实际上也用到了这一预设，但他们并没明确地把它上升到"原则"的地位。相反，麦吉充分认识到了这

①　参见 J. L. Mackie, "The Paradox of Confirmation", *The British Journal for the Philosophy of Science*, Vol. XIII（52）, 1963, p. 267.

②　C. A. Hooker & D. Stove, "Relevance and the Ravens", *The British Journal for the Philosophy of Science*, 18, 1967, p. 309.

③　J. L. Mackie, "The Relevance Criterion of Confirmation", *The British Journal for the Philosophy of Science*, 20, 1969, p. 27.

一预设对确证理论的重要性，他认为这是沿着证据与假说是否相干路径来解决确证悖论的一些方案必不可少的，"我认为，这是判断什么与确证相干的一个相当普遍的标准。"①

我们现在来看麦吉是如何利用反比原则来解决确证悖论的。这一原则依赖如下假定：在无限宇宙中，乌鸦的概率是 x，黑性的概率是 y，并且 $x > y > 1/2$。这些是我们所拥有的背景信息 k。关于乌鸦和黑性，我们可能有的观察报告组合有四种：b_1（这是黑乌鸦）、b_2（这是非黑的乌鸦）、b_3（这是黑的非乌鸦）、b_4（这是非黑的非乌鸦）。根据这些假定，按照它们所处的不同确证情境，我们可以对这四种类型的观察报告的概率进行如下分布。

	b_1	b_2	b_3	b_4
相对于 k 的概率	xy	$x(1-y)$	$y(1-x)$	$(1-y)(1-x)$
相对于 $k > h$ 的概率	x	0	$y-x$	$(1-y)$

根据前面所说的假定，相对于 $k \wedge h$，由于 $x > xy$，根据反比原则，b_1 确证 h；同样，由于 $(1-y) > (1-y)(1-x)$，因此，b_4 也确证 h。确证的直觉悖论之所以产生是因为我们直觉上认为 b_4 并不确证 h。而这一结果表明我们的这一直觉是错误的。因此，确证悖论被消除了。再者，由于 $x/xy > (1-y)/(1-y)(1-x)$，根据反比原则的比较性确证标准，b_1 对 h 的确证要比 b_4 大。而通常我们误把确证相对比较弱当作根本不确证，正因如此，我们才误以为 b_4 并不确证 h。

麦吉意识到了这一标准有一些不合理的地方。一方面，"它允许比人们在实际的科学实践中通常看作是检验或试图证伪程序多得多的程序进入（假说检验）。"② 譬如说，相对于非黑的东西比乌鸦多这一背景知识，按照这一标准，不仅黑乌鸦确证乌鸦假说，而且非黑的非乌鸦也确证该假说。但实际在做鸟类学研究时，鸟类学家们却并不是关在屋子里看着自己桌上的白色玻璃杯、蓝色的壁画等！毫无疑问，从演绎逻辑的角度看，白色玻璃杯，或者说任何是黑的或是非乌鸦的个体都满足乌鸦假说。但是，

---

① 　J. L. Mackie, "The Paradox of Confirmation", *The British Journal for the Philosophy of Science*, Vol. XIII（52）, 1963, p. 273.

② 　Ibid.

"一个观察要确证一个假说要比满足它做得更多。"[1] 这实际上是要求我们对科学确证程序进行适当的限制，排除某些不必要的观察，以便与科学实际吻合。但另一方面，在这一确证情境中，进入的背景信息相对来说还是比较贫乏的。实际的科学活动中有更多的相干信息进入背景知识。一个令人满意的确证理论应该适合这种一般的、日常的情形。这样，麦吉的确证理论既要对证据施加某种限制，又要把它扩展到能适应有更多背景信息进入的确证情境。

麦吉对确证的限制是从"寻找"这一概念开始的。尽管它有心理色彩，但也有客观成分。譬如说，要寻找黑乌鸦就是采取某种程序，与观察我们遇到的所有东西这一程序相比较，这种程序能提高我们碰到黑乌鸦的机会。在这种意义上来说，检验或确证一个假说——类似于寻找对它的证伪，——就是采取某种提高我们证伪它的机会这样一个程序。假设给我们现有的这些背景信念 k 加入这样一个事实，即我们在寻找黑乌鸦，这样，我们的背景信念现在就成为 k_1。我们可以看出，同一证据对同一假说的确证有很大的变化：仅相对于 k，b_1 的概率是 xy；相对于 $k \wedge h$，b_1 的概率是 x，而相对于 $k_1 \wedge h$，b_1 的概率是 y。根据我们的背景假定，$xy < x < y$，因此，新的背景知识的加入使得 b_1 型的观察报告的概率高于其相对于 k 的概率 xy。它也把 b_1 型的观察报告的概率提高到高于其相对于 $k \wedge h$ 时的概率 x，但提高的比率没有前者高。这一点是显然的：$(y/x) < (y/xy)$。因此，把我们在寻找黑乌鸦这一事实加入到 k 中的后果就是，"降低了 h 的加入提高 b_1 型报告的概率的程度，并由此使得这样的报告对 h 的确证不是那么好。"[2] 这一结果与波普尔及其追随者的观点殊途同归：如果我们要确证一个假说，那么它的有利事例或观察报告对它给予较小确证。

假设我们把"在寻找非黑的乌鸦（即在非黑的类中寻找乌鸦）"这一信息加入背景知识 k 中，则会出现另一番景象。在这种确证情境中，仅相对于 k，这一检验程序提高了我们观察到非黑乌鸦的机会，因而降低了其他三种类型的观察事例的概率。但相对于 $k \wedge h$，则没有任何差别，因为

---

① 　J. L. Mackie, "The Paradox of Confirmation", *The British Journal for the Philosophy of Science*, Vol. XIII (52), 1963, p. 269.

② 　Ibid. , p. 274.

根据 h 及演绎逻辑，任何非黑的东西都不是乌鸦，无论我们如何努力寻找，在非黑的类中也不可能找到乌鸦，所以我们发现这样的事例的概率永远是 0，不会有任何提高。根据麦吉的反比原则，在后面这种情形下，这几种事例都不构成对假说 h 的确证或否证，它们是不相干的。

因此，我们可以合理地说：在一般情境中，观察者的观察策略，即他在寻找什么，会极大地影响某类型观察的概率以及这种类型的观察对一个假说的确证程度。换句话说，认知主体（这里指进行科学检验的人）的背景知识、认知策略和目的都与科学确证密切相干。科学确证不应该看作是亨佩尔式的纯句法概念，它与确证所处的情境密切相关，应该被看作是一个语用概念。

根据笔者对确证概念的语用性质的指认，确证悖论在不同的语境中有不同的解决方案。

（1）如果没有任何附加信息，那么可以用亨佩尔的方案解决。在这种语境中，我们可以毫不犹豫地抛弃尼科德标准中的"不相干"标准，将白粉笔看作假说"所有乌鸦都是黑的"的确证证据。

（2）如果所给背景信息只有"乌鸦的数量比非乌鸦少以及黑的东西比非黑的东西少"（由此，乌鸦比非黑的东西少），那么，上文所说的亚力山大的解决方案就足以解决确证悖论。在这一情境中，我们仍然可以抛弃不相干标准。这一策略的合理性可以由这一事实来解释：我们把相当弱的确证误当作根本不确证。

（3）如果允许我们日常所有的那些相干信息进入背景信息，那么，尼科德标准中的确证性标准大体上是正确的，而非相干标准则是错的。确证标准应该修改为：关于黑乌鸦的观察确证"所有乌鸦都是黑的"到某个有用的程度，仅当它们是在该假说的真正检验中作出的。而非相干标准则修改为：关于黑的非乌鸦的观察决不会确证'所有乌鸦都是黑的'到某种有用的程度，并且关于非黑的非乌鸦的观察确证它到某种有用的程度，仅当这些观察是在该假说的真正检验中作出的。[①] 这几种方案之间的差别并不在于它们所使用的根本原则的不同，而在于用来提供概率的信息

---

① 参见 J. L. Mackie, "The Paradox of Confirmation", *The British Journal for the Philosophy of Science*, Vol. XIII (52), 1963, p. 276.

的范围不同。

　　麦吉对确证悖论的解决依赖的是他所说的"反比原则",这一原则实际上已被亚力山大的方案所蕴涵。麦吉的贡献在于揭示出假说的确证与它所处的确证情境密切相干。由于背景信息的不同,同一个证据可能对同一个假说提供确证,也可能不提供任何确证。正因为如此,麦吉对确证的尼科德标准进行了修改,以适应所有相干信息都可以进入的确证情境。他的这一修改运用了证伪主义确证理论中的一个重要观念——真正检验。所谓一个真正的检验是指该次检验有可能证伪被检验假说。

三　对概率相干标准方案的质疑

　　胡克及其合作者斯塔夫（D. Stove）认为,尽管麦吉的相干性方案对证据和假说的相干问题作了很清晰的说明,并且可以消解已知的确证悖论,但它作为一个良好的解悖方案是不成功的。用我们的解悖方法论术语来说,它违反了 RZH 标准中的"足够狭窄性"要求,——因为它导致了新的悖论。

　　在麦吉对 b_1,b_2,b_3,b_4 这四种类型观察的概率分布表的第三栏,即关于 b_3 的那一栏,我们发现,相对于 k,b_3 的概率是 $y(1-x)$;而相对于 $k \wedge h$,b_3 的概率是 $y-x$。根据麦吉揭示的假定 $x < y < 1/2$,显然有 $(y-x) < y(1-x)$;而根据麦吉的相干标准,b_3 不仅不确证反而否证假说 h。但根据尼科德确证性标准,b_3（黑的非乌鸦）确证假说"所有东西或者是非乌鸦,或者是黑的",而这一假说与假说 h"所有乌鸦都是黑的"逻辑等值,根据确证的等值条件,b_3 型的观察报告应该确证假说 h。这样就不仅构成了直觉悖论而且构成了逻辑悖论。不难看出,这一悖论与确证悖论 2 极为相似,但它看来比确证悖论 2 更强。

　　胡克及其合作者在发现这一悖论后,分析了解决悖论的可能途径:（1）抛弃确证的相干标准;（2）修改麦吉的方案中所用的某个或某些前提。胡克表明这些前提可以表述为以下六个概率陈述:

（a）$Pr(Ra, k) = x$　　　　　　（d）$Pr(Ra, k.h) = Pr(Ra, k)$

（b）$Pr(Ba, k) = y$　　　　　　（e）$Pr(Ba, k.h) = Pr(Ba, k)$

（c）$Pr(Ba, k.Ra) = Pr(Ba, k)$　（f）$Pr(Ba, k.h.Ra) = 1$。

确证的相干标准确实有很强的直观合理性,并且它使用了比较性

"量化"方法，似乎比尼科德标准更好，因此，它被卡尔纳普、波普尔等逻辑学家和科学哲学家不加论证地接受。但是，接受一个信念是一回事，而该信念本身的真理性、合理性是另外一回事。换句话说，尽管它被当成一种既定事实并获得了独特的认识论权威地位，但确证的相干标准是需要辩护的，它和其他确证标准（如尼科德标准）只能具有同等的本体论地位。

另一方面，我们在接受确证的相干标准的同时，还可以质疑上述（a）—（f）这六个前提。胡克表明，要消除他们发现的关于 b_3 的悖论，就必须同时否定（d）和（e）。这实际上是要求断言，相对于 k，Ra 与 h 不利相干，而 Ba 与 h 有利相干。但这个要求会导致灾难性的结果。因为根据相干标准，这意味着，我们必须断言，相对于 k，Ra（即任何一个乌鸦）否证"所有乌鸦都是黑的"；而且 Ba（任何黑的东西，如黑皮鞋）确证我们的这个乌鸦假说。这无疑又是两个新的悖论。因此，胡克得出结论：麦吉的方案是无法修正的。[1]

对麦吉的方案作出否定性评价后，胡克和斯塔夫构造了自己的解决方案。他们方案的基本点与麦吉的相干标准方案是一致的，其策略是先对要解决的问题进行转换，然后对麦吉方案中的前提（d）和（e）进行修改。

麦吉所欲解决的问题是关于假说 h"所有乌鸦都是黑的"，而胡克所欲解决的问题是关于假说 h_1"$\forall(x)(Rx \rightarrow Bx)$"。这两个假说分别和尼科德标准与等值条件都可以构成确证悖论。实际上，很多哲学家和逻辑学家就不加分别地使用这两个假说。譬如，亨佩尔就把这两者等同。但胡克认为这两个假设完全不一样。从真值条件来看，存在一个既不是乌鸦又非黑的个体是 h_1 为真的充分条件，但对 h 来说就不是这样。而且 h_1 和 h 的区别并不在于自然语言和形式语言的区别。h_1 可以用自然语言表述为"一个个体是乌鸦实质蕴涵它是黑的。"[2] 把"实质蕴涵"这个技术性术语日常语言化一点，我们还可以把假说 h_1 表述为：每个个体事物或者不是乌鸦，或者是黑的。经过这样表述后，我们大多数情形下直觉上很容易确定

---

① 参见 C. A. Hooker & D. Stove, "Relevance and the Ravens", *The British Journal for the Philosophy of Science*, 18, 1967, pp. 311 – 313.

② 胡克用"⊃"表示实质蕴涵，我们还是用习惯的符号"→"来表示。——笔者注。

何物构成或不构成对它的确证。譬如，相对于 k，我们直觉上认为非乌鸦（~Ra）确证假说 h_1，而且黑的东西（Ba）也确证 h_1。因而，b_3 并不否证 h_1，而是确证 h_1。因此，它们之间的区别是根本性的，由它们所构成的问题也不一样。

对于胡克等所讨论的假说 h_1 来说，要消解关于 b_3 的悖论，就必须满足条件 $Pr（b_3, k.h_1） > Pr（b_3, k）$。相应地，我们必须对前提进行修改：把（d）和（e）分别修改为（d_1）$Pr(Ra, k.h_1) < Pr(Ra, k)$；（$e_1$）$Pr(Ba, k.h_1) > Pr(Ba, k)$。这样就与我们关于何物确证 h_1 的直觉吻合了。

同时，胡克和斯塔夫还必须保留相干标准的其他成果——b_1 和 b_4 都构成对 h_1 确证，否则，他们的方案就是"跳出油锅又进火坑"。现在来看看，胡克和斯塔夫的方案是否满足这一要求。我们现在所拥有的前提是（a）、（b）、（c）、（d_1）、（e_1）和（f_1）"$Pr（Ba, k.h_1.Ra） = 1$"，所用的标准依然是麦吉提出的确证的相干标准。

根据（d_1）和（a），可以推出 $Pr（Ra, k.h_1） = x - \phi$（在此，ϕ 是满足 $x > \phi > 0$ 的一个实数）；根据（e_1）和（b），我们可以推出 $Pr（Ba, k.h_1） = y + \varphi$（在此，$\varphi$ 是满足 $1-y > \varphi > 0$ 的一个实数）。要保留 b_1 和 b_4 都构成对 h_1 确证，b_2 构成对 h_1 的否证，我们必须相应地分别满足如下条件：$x-\varphi > xy$；$1 - （y + \varphi） > （1-y）（1-x）$；$0 - x（1-y） < 0$，即 $x（1-y） > 0$。相对于 h_1，b_3 的概率是 $Pr（Ba, k.h_1） - Pr（Ra, k.h_1）$，要避免关于 b_3 的悖论，我们就必须满足 $Pr（Ba, k.h_1） - Pr（Ra, k.h_1） \geqslant Pr（b_3, k）$，即 $（y + \varphi） - （x-\phi） \geqslant y（1-x）$。由于必须同时满足这几个条件，对这几个不等式进行运算可得：$2x（1-y） > \phi + \varphi > x（1-y） > 0$。如果在满足我们先前的假定 $0 < x < y < 1/2$ 的情形下，存在满足这个不等式的 ϕ 和 φ，那么，胡克等人的这一策略就有其合理性。确实有满足这些要求的赋值。例如，$x = 0.2$，$y = 0.4$，$\phi = \varphi = 0.1$。又如，$x = 0.3$，$y = 0.4$，$\phi = \varphi = 0.15$ 等。不难见得，这些赋值也满足相干标准的比较性标准 C_1。

值得一提的是，麦吉和胡克的方案都认为，相对于 k，b_1 的概率是 xy。这一点是值得怀疑的。b_1 的概率是 $Pr（Ra \wedge Ba）$。根据概率演算的普遍合取规则，$Pr（Ra \wedge Ba） = Pr（Ra）Pr（Ba/Ra）$。而他们的运算预设了 $Pr（Ra \wedge Ba） = Pr（Ra）Pr（Ba）$。这一点可以被解释为运用了"无差别假定"：黑性在所有个体中的比例与黑性在所有是乌鸦的个体中的比例是一样的。[1] 吉布森（L. Gibson）认为这是麦吉和胡克等人解决方案中的一个共同错误。他认为胡克的前提（c）Pr（Ba, k. Ra）= Pr（Ba, k）已经表明了这一点。吉布森这儿使用的是频率意义上的概率。

与吉布森不同的是，我们可以对这一前提进行逻辑概率的解读，即 Ra 并不影响 Ba 的概率。在没有关于乌鸦和黑性之间的某种联系的背景信念时，观察到乌鸦和观察到黑性是两个独立的事件，因此，可以运用概率演算的特殊合取规则"Pr（Ra∧Ba）= Pr（Ra）Pr（Ba）"。正如斯塔夫在对吉布森的答辩中指出的：吉布森把卡尔纳普的"概率$_2$"（逻辑概率）误读为"概率$_1$"（频率概率），因此，彻底地误解了他和胡克。[2]

胡克对麦吉的相干标准这一解决方案的质疑有其合理性。但正如他自己所说，h"所有乌鸦都是黑的"这种形式是科学信念或日常信念最普遍的表达形式，而 h_1"∀（x）（Rx→Bx）"就不是那么普遍了。[3] 科学实践需要的是对 h 形式的确证，而不是 h_1。从这个角度说，胡克的解悖方案违反了 RZH 解悖标准中的"非特设性"要求，因而不是一个良好的解悖方案。

另外，胡克认为相干标准的合理性还没得到论证，"就我所知，还不知道哪儿可以找到这样的论证。"麦吉在"确证的相干标准"一文中对此进行了回应，论证了相干标准的合理性。麦吉认为它的合理性在于：（1）它与在确证的基础上获得备选假说的方法吻合；（2）它的蕴涵与波普尔的教条"假说是由通过了严峻检验而得到确证的"接近；（3）它使得我们可以发现确证和科学解释之间的恰当关联。[4] 麦吉还对反对这一标准的三个论证，其中包括胡克的论证，作了回应。他的分析表明，"赞成确证的相干标准的论证都相对于这样的语境（contexts）：在其中，一个假说被

---

① 参见 L. Gibson, On "Ravens and Relevance and A Likelihood Solution of the Paradox of Confirmatio", *The British Journal for the Philosophy of Science*, 20, 1969, p. 76.

② D. Stove, "Mr Gibson on Ravens and Relevance", *The British Journal for the Philosophy of Science*, 20, 1969, p. 288.

③ 参见 C. A. Hooker & D. Stove, "Relevance and the Ravens", *The British Journal for the Philosophy of Science*, 18, 1967, p. 314.

④ J. L. Mackie, "The Relevance Criterion of Confirmation", *The British Journal for the Philosophy of Science*, 20, 1969, p. 34.

（或可以被）它所欲解释的观察现象直接支持。而所有反对这一标准的论证都相对于不是这一情境的其他语境。"①

麦吉把假说的确证与假说检验所处的情境密切相关起来。相对于不同的情境，同一证据与同一被检验假说的相干性情况是不一样的。在某个情境下，一个证据与一个被检验假说是"正相干"（用凯恩斯的术语就是"有利的相干"）；在另外的情境中，同一证据与同一被检验假说可能是"负相干"（用凯恩斯的术语就是"不利的相干"）、"不相干"。麦吉的这一思想与当代的情境理论是不谋而合的。明确确证概念的语用性质对于构建合理的确证理论，甚至信念或假说的接受规则有着重要的意义。

另外，麦吉对相干标准的辩护是放在假说检验的假说—演绎法（H—D 法）框架下。他正确地认为这是假说确证的最基本模式。但 H—D 法遭遇的最大诟病就是非相干证据问题。这一问题与确证问题是密不可分的。譬如，从 h "所有乌鸦都是黑的"和背景信息的合取 k，我们推出这样一个预测：（如果 a 是乌鸦，那么它是黑的）∨（我明天去打球）。假设这一预测被观察到了，我们如何解释它的确证地位？沃特斯（C. Kenneth Waters）认为相干逻辑的成果有可能为类似问题提供答案。② 类似地，我们有可能用相干逻辑理论来解决信念合理接受中的确证悖论问题，甚或构造合理的信念接受规则。

确证悖论的相干证据方案通过用概率演算方法来比较不同证据对假说的相干情况，以及对假说的确证力，从而达到解决确证悖论的目的。它的突出贡献是把假说确证与一定的背景信念相关起来，认为确证总是相对于一定背景信念，从而把亨佩尔式的二元假说确证关系修正为"假说—证据—背景信念"三元关系。相干证据方案对概率作的是逻辑阐释，亦即使用的是逻辑概率。正如第一章所言，对概率有另外的阐释。特别地，当代归纳概率确证理论中最流行使用主观主义的贝叶斯概率，即把概率理解

---

① J. L. Mackie, "The Relevance Criterion of Confirmation", *The British Journal for the Philosophy of Science*, 20, 1969, p. 37.

② C. Kenneth Waters, "Relevance Logic Bring Hope to Hypothetico – Deductivism", *Philosophy of Science*, 54, 1987, pp. 453 – 464.

为认知主体关于某一命题或假说的信念度。① 我们将在下一节探讨贝叶斯型信念度确证理论如何处理确证悖论。

第四节　贝叶斯型解悖方案②

贝叶斯型方案并不是某个单一的方案，而是一些具有某种共同特征的方案的总称。其基本特征之一是把确证看作证据—假说—背景信念之间的三元关系，而不是亨佩尔式的证据—假说的二元关系；它的另一个特征是明确地使用贝叶斯定理，来计算被检验假说在给定新证据和一定背景信念条件下的条件概率，并且把这种条件概率解释为认知主体基于一定的证据和背景信念对假说的信念度。从解悖技术路线来看，这一类方案与证据的概率相干性方案是一致的，即表明"非黑的非乌鸦"是"所有乌鸦都是黑的"的概率论上的相干证据；其主要不同之处在于它对"概率"作了主观信念度解释，以及贝叶斯型方案明确比较了两类证据对假说的"确证力"的大小。

20 世纪 80 年代贝叶斯确证理论有很大发展，几乎从 20 世纪 80 年代后期开始就确立了它在归纳确证领域的主导地位。由于确证悖论是确证领域发现的最严峻的难题，贝叶斯确证理论自然必须要应对并解决它，以证明这一理论的合理性。确实，几乎所有贝叶斯主义者的论著都提到了对确证悖论的解决。当代有名的确证理论专家、贝叶斯主义者伊尔曼（John Earman）就把对确证悖论的解决看作是贝叶斯确证理论的"成功故事"。90 年代以后，越来越多的人一遍遍地书写这种成功故事。③ 但不少人怀疑

---

① John Earman, *Bayes or Bust? A Critical Examination of Bayesian Confirmation Theory*, Cambridge：Massachusetts Institute of Technology，1992，p. 35.

② 本节主要内容曾发表在《科学技术与辩证法》2007 年第 1 期，稍有修改。

③ 这样的方案很多，可以参见以下经常引用的论著：Kevin B. Korb，"Infinitely Many Resolutions of Hempel's Paradox"，R. Fagin（ed.），*Theoretical aspects of reasoning about knowledge*. Asilomar, CA：Morgan Kaufmann，1994，pp. 138 – 149；Micheal Kruse，"Are there Bayesian success stories? The case of raven paradox"，2000；Patrick Maher，"Inductive logic and the raven paradox"，*Philosophy of science*，66，1999，pp. 50 – 70。更多具体文献可参考 P. Vranas，"Hempel's Raven Paradox：A Lacuna in the Standard Bayesian Solution"，*The British Journal for the Philosophy of Science*，55，2004，pp. 545 – 560.

这种成功，他们试图揭示这类方案中某些不合理假定，用不同的测度方法来解决确证悖论。但不同的测度方法实际上是方法论假定不同，这些不同方法论假定之间的争论对确证理论的发展起着推动作用，促进了确证悖论解决方案的"繁盛"，因此产生了多种多样的解决方案。[①]

为把握贝叶斯确证理论的主要内容，以及理解这一类占主导地位的解决方案，我们必须对其理论前提、解悖的技术性内容作一些分析。基于这些分析，本节表明贝叶斯型方案并不是确证悖论的"终极"解决方案，它还有很大发展空间，其发展动力源自对它所使用假定的辩护或修正。

一　贝叶斯型解悖方案的理论前提

贝叶斯主义是当代盛行的一个学术流派，它并不拘泥于某一领域，而在逻辑学、哲学认识论、科学哲学、统计学、决策论等领域都有着广泛的影响。确证悖论的贝叶斯型方案是信奉贝叶斯认识论，特别是贝叶斯确证理论的一些学者在解决确证悖论时所采取的一些方案的总称。这些方案的一个基本的共同特征是使用贝叶斯定理，计算给定的证据相对于一定背景知识对被检验假说的确证度，通过比较不同证据"确证力"的大小来达到消解悖论的目的。

贝叶斯定理是贝叶斯主义者所使用的概率公理系统中的一个重要定理。贝叶斯主义者所遵循的是柯莫哥洛夫概率公理系统。它包含以下三条公理：

（1）$P(A) \geq 0$，A 是一任意语句集中的语句；

（2）如果 A 是有效的（即在每个可能世界或模型为真），$P(A) = 1$；

（3）如果 $\neg(A \wedge B)$ 是有效的，那么 $P(A \vee B) = P(A) + P(B)$。

利用这三条公理，很容易得出如下重要概率规则：

（1）$P(\neg A) = 1 - P(A)$；

（2）如果 $A \leftrightarrow B$，那么，$P(A) = P(B)$；

（3）$P(A \vee B) = P(A) + P(B) - P(A \wedge B)$；

①　参见 Kevin B. Korb, "Infinitely Many Resolutions of Hempel's Paradox", R. Fagin (ed.), *The-oretical aspects of reasoning about knowledge*. Asilomar, CA: Morgan Kaufmann, 1994, pp. 138 – 149.

（4）如果 A 语义蕴涵 B，那么 P（A）≤P（B）。

根据这些公理和概率规则，我们可以推出贝叶斯定理。贝叶斯定理有许多不同的表述。鉴于条件概率在贝叶斯理论中的核心位置，有人直接把条件概率的定义当作简化的贝叶斯定理：P（H｜E）＝P（E｜H）×P（H）/P（E）。它断言的是：在证据 E 的条件下，假说 H 的概率等于，E 由 H 而得的似然度与 H 的先验概率的乘积，除以证据 E 的概率。本节将采用贝叶斯定理的这种表述形式。

贝叶斯认识论中有一个很重要的假定：一个假说 H 在获得新证据 E 之后的新信念度等于其获得 E 之前的（条件）概率，即 Pr_{new}（H）＝Pr_{old}（H｜E）。[1] 这就是所谓的贝叶斯"条件化原则"。这一原则引起了很多的争议，毕竟在假设 E 为真的条件下，我们对信念或假说 H 的信念度，和我们通过观察或检验已经确定地知道 E 为真时对 H 的信念度有可能是不一致的，特别在 E 是不确定事件，或者是一个概率性陈述时。实际上，在解决确证悖论时，几乎所有贝叶斯型方案都假定了这一规则。循着这一假定，我们可以发展出某种（些）方法来测度 E 支持（否证）H 的程度，也就是，在 E 的基础上 H 的验后概率超出（低于）它的验前概率的程度。这就是所谓的贝叶斯相干测度。这些不同的测度方法是确证理论争议繁多的又一领域。

贝叶斯确证理论有多种测度方法，菲尔森把几种常用方法梳理如下：

差别测度：d（H，E｜K）＝P（H｜E.K）－P（H｜K）

对数比率测度：r（H，E｜K）＝log（P（H｜E.K）/P（H｜K））

对数似然度比率测度：

　　l（H，E｜K）＝log（P（E｜H.K）/P（E｜(H.K)）

标准化差别测度：

　　s（H，E｜K）＝P（H｜E.K）－P（H｜(E.K)）。[2]

菲尔森论证了这几个相干测度是不等值的。对于相同的背景信念，使用不同的相干测度，同样的证据对同一假说的确证会有不同的结果。这就

---

[1]　John Earman, Bayes or Bust? A Critical Examination of Bayesian Confirmation Theory, Cambridge: The MIT Press, 1992, p.34.

[2]　Branden Fitelson, "The Plurality of Bayesian Measures of Confirmation and the Problem of Measure Sensitivity", *Philosophy of Science*, Issue66, 1999, S362.

是确证理论的测度敏感性问题。究竟使用何种测度更为合适？这一问题是贝叶斯确证理论的内部问题，但使用不同的测度对确证悖论的解决并无实质性的影响——任何一个测度都可以解决确证悖论。不同的测度方法实质是方法论假定的不同，正是这些不同方法论假定之间的争论促进了确证悖论的贝叶斯型解决方案的繁盛，产生了许多贝叶斯型解悖方案。①

二　标准贝叶斯方案对悖论的消解

在确证悖论研究文献中讨论最多的是确证的直觉悖论 1，它的含义可以简述如下：证据 E "非黑的非乌鸦" 是假说 H "所有乌鸦都是黑的" 的确证证据，但我们直觉上只认为 E_1 "黑乌鸦" 是假说 H 的确证证据。因此，这与我们的直觉相悖。确证的直觉悖论 1 的得出依赖于得到广泛承认的确证的尼科德标准和等值条件。

标准贝叶斯方案的基本策略是使得我们的上述 "悖论性" 结论合理。贝叶斯主义者的基本回答是：假定非黑的个体远多于乌鸦，那么 E 确实确证 H，但只是很小程度上的确证 H，即 E 对 H 的确证程度远低于对 E_1 它的确证程度；我们之所以认为 E 确证 H 是悖论性的，只是因为我们把这种很小程度的确证误解为根本不确证。这样，贝叶斯主义者实际上回答了确证悖论的两个问题——规范性问题和解释性问题。

忽略细节的不同，我们可以较为形式化地重建贝叶斯型解决方案。令 R，¬R，B，¬B 分别表示属性是乌鸦、是非乌鸦、是黑的、是非黑的；H 表示假说 $\forall x (Rx \rightarrow Bx)$；E 表示一任意个体 a 是非黑的非乌鸦，即 $\neg Ba \wedge \neg Ra$。标准贝叶斯方案使用的测度方法是最常见的差别测度法，根据差别测度法，相对于一定的背景信念集 K，E 对假说 H 的确证程度为：$P(H \mid E) - P(H)$。

1. $P(H \mid E) = P(E \mid H) P(H) / P(E)$。（贝叶斯定理）

2. $P(E) = P(\neg Ba \wedge \neg Ra) = P(\neg Ba) P(\neg Ra \mid \neg Ba)$（约定，概率演算合取规则）

3. $P(E \mid H) = P(\neg Ba \wedge \neg Ra \mid H) = P(\neg Ra \mid \neg Ba \wedge H) P(\neg Ba$

①　Kevin B. Korb, "Infinitely Many Resolutions of Hempel's Paradox", R. Fagin (ed.), *Theoretical aspects of reasoning about knowledge*, Asilomar, CA: Morgan Kaufmann, 1994, pp. 138 – 149.

｜H）（约定，概率演算合取规则）

　　4. H↔∀x（¬Bx→¬Rx）（演绎逻辑）

　　5. P（¬Ra｜¬Ba∧H）=1（4，概率演算）

　　6. P（E｜H）=P（¬Ba｜H）（3，5）

　　7. P（H｜E）=P（¬Ba｜H）P（H）/P（¬Ba）P（¬Ra｜¬Ba）（6，2，贝叶斯定理）

　　8. P（H｜E）-P（H）=P（H）［（（P（¬Ba｜H）/P（¬Ba））/P（¬Ra｜¬Ba））-1］（3，6，7）

　　如果假定 a 是随机取出的一个个体，并且该样本中非黑的个体远远多于是乌鸦的个体，即如果将这两个假定作为我们背景信念的一部分，那么，P（Ra）/P（¬Ba）的值非常小。根据贝叶斯定理，P（Ra｜¬Ba）=P（Ra）P（¬Ba｜Ra）/P（¬Ba）。由于 P（Ra）/P（¬Ba）的值非常小，因此，P（Ra｜¬Ba）的值也很小，即在给定 a 是非黑的个体条件下，a 是乌鸦的概率很小。并且，P（Ra｜¬Ba）的值不会超过 P（Ra）/P（¬Ba），这是因为根据贝叶斯理论所遵循的概率公理，P（¬Ba｜Ra）不可能大于1。我们令这个很小的概率值 P（Ra｜¬Ba）为 ε（在此，$0 < \varepsilon < 1$，且是一个很小的实数），那么，P（¬Ra｜¬Ba）=1-P（Ra｜¬Ba）=$1-\varepsilon$。

　　标准贝叶斯方案以这一假定为前提，即 Pr（Ba｜H）= Pr（Ba）。[1]它的意思无非是说，"个体 a 是黑的"的概率与假说 H 无关，于是，Pr（¬Ba｜H）= Pr（¬Ba）。相应地，我们还可以从这一假定推出 Pr（H｜¬Ba）= Pr（H）。根据这一假定，我们把前面的结果代入上式（8）中，于是，

　　9. P（H｜E）-P（H）=P（H）［（1/P（¬Ra｜¬Ba））-1］

　　　=P（H）［（1/1-ε）-1］

　　　=P（H）（ε/1-ε）。

　　这一结果显然是一个正数，并且很小（因为 ε 很小）。这意味着，证据 E 确实确证假说 H，但它只给很小程度的确证或支持。也就是说，以某

----

① Peter B. M. Vranas, "Hempel's Raven Paradox: A Lacuna in the Standard Bayesian Solution", *The British Journal for the Philosophy of Science*, Issue55, 2004, p. 548.

些假定为前提，经过严格的概率演算，我们有效且合理地得出"非黑的非乌鸦确实且仅在很小程度上确证乌鸦假说"这一结论。这为确证悖论只是表面上"悖论性的"提供了一个说明，从而消解了确证悖论1。

尽管标准贝叶斯方案至此已经消除了悖论，我们还可以进一步要求证明证据 E_1 "Ra∧Ba"（黑乌鸦）比证据 E "¬Ba∧¬Ra"（非黑的非乌鸦）更好地确证乌鸦假说。这实际上是要求相对于背景信念 K，P（H｜E_1）＞P（H｜E）。这构成了对标准贝叶斯方案的强化。这一强化方案证明如下：

仿照上面的计算，P（H｜E_1）－P（H）＝P（H）〔（（P（Ra｜H）/P（Ra））/P（Ba｜Ra））－1〕。类似上面，我们假定 P（Ra｜H）＝P（Ra），即一个个体 a 是乌鸦的概率与假说 H 无关，于是，P（H｜E_1）－P（H）＝P（H）〔（1/P（Ba｜Ra））－1〕。根据上面的9式，相对于背景信念 K，P（H｜E_1）＞P（H｜E），当且仅当，P（Ba｜Ra）＜P（¬Ra｜¬Ba）。

在没有乌鸦假说的情形下，假定 P（Ba｜Ra）＝P（Ba），P（¬Ra｜¬Ba）＝P（¬Ra）。因此，相对于背景信念 K，P（H｜E_1）＞P（H｜E），当且仅当，P（Ba）＜P（¬Ra）。根据概率验算规则，P（Ba）＝1－P（¬Ba），P（¬Ra）＝1－P（Ra），所以，相对于背景信念 K，P（H｜E_1）＞P（H｜E），当且仅当，1－P（¬Ba）＜1－P（Ra）。这实际上就是要求 P（¬Ba）＞P（Ra）。根据背景假定，一个是非黑的概率远大于它是乌鸦的概率，即 P（¬Ba）＞（Ra）。这一背景假定正是相干证据方案的背景假定！因此，相对于背景信念 K，P（H｜E_1）＞P（H｜E）。这就证明了观察到黑乌鸦比观察到非黑的非乌鸦更好地确证"所有乌鸦都是黑的"。

类似地，仿照确证的直觉悖论1解决方案的步骤，代入被认为是"悖论性"的证据，运用同样的概率演算规则，可以对其他几个悖论进行解决。在此，我们不一一详述。

三　对贝叶斯型解悖方案的质疑

贝叶斯型方案实际上有多重假定。最核心的假定就是它使用的三个公理。这些公理都不是纯粹的逻辑真理，它们都具有经验性质。从逻辑的角度看，我们当然可以对它们进行质疑，甚至还可以怀疑其自洽。面对种种非难，贝叶斯主义者豪森（Colin Howson）对贝叶斯概率规则和概率归纳逻辑进行了辩护，指出贝叶斯概率规则是逻辑规则，概率归纳逻辑是"一种新型的逻辑"。[①] 在质疑与辩护的互动中，贝叶斯理论不断地发展和完善。无论以豪森为代表的贝叶斯主义者的辩护是否成功，他们都不能否认其依赖公理的假定性质。无论如何，这一核心假定暂时还不需成为我们的靶子，我们有更容易"命中"的目标。

贝叶斯方案的第二层假定是贝叶斯"条件化规则"。从认识论来看，一个信念 A 在某信念 B 条件下的概率，与信念 A 在 B 为真的情况下的概率不一定是相同的；从情境理论来看，在评价信念 A 的概率时，评价者所处的情境是发生变化了的。贝叶斯主义强调贝叶斯理论是"从经验中学习"的良好模型，比其他概率理论更具有实践的合理性，按照该理论，验后概率是从经验中学习后得到的概率，它是对验前概率的一种更新（updating）。如果把验后概率等同于其条件概率，就会抹杀贝叶斯主义者所声称的优越性；如果抽掉这一假定，贝叶斯理论将没有连接验前概率与验后概率的桥梁，从而无以立足。贝叶斯理论及贝叶斯解悖方案的更深层次的合理性将取决于对这一假定的圆满解释。我们提出的这一问题可以成为贝叶斯解悖方案发展的动力之一。

贝叶斯解悖方案的第三层假定是与经验层面而不是与贝叶斯理论直接相关的。这些假定通常是贝叶斯解悖方案进行技术性推理的前提，它们往往是处在背景信念名目之下。这些假定至少包括：

（1）a 是随机取出的个体。这一假定是很模糊的。首先随机是一个模糊概念；其次，我们是从寰宇中随机取出，还是从非黑的类中取出，抑或是从乌鸦的类、非乌鸦的类、黑色个体的类中取出，获得证据性个体 a 的不同方式可能会对它的确证地位有重要影响。美国学者 P. Horwich 也对这一点进行了批评。[②]

（2）非黑的个体远比乌鸦个体多。有的方案还假定非乌鸦比乌鸦多、

---

①　Colin Howson, *Hume's Problem：Induction and the Justification of Belief*, Oxford：Clarendon Press, 2000, pp. 121 – 167.

②　P. Horwich, *Probability and Evidenc*, Cambridge：Cambridge University Press, 1982.

非黑个体比黑个体多。尽管这一点很符合我们的直觉，但它完全是经验假定。如果贝叶斯解悖方案要树立自己的"规范性的""演绎有效"的合理性形象，那么它就受损于这一假定的经验性质。

（3）贝叶斯解悖方案还假定：相对于一定的背景信念集 K，P（Ba｜H）= P（Ba）。我把这一假定称为"不相干假定"。因为该假定的含义无非是说假说 H 并不影响 Ba 的概率，这就等于说它们不相干。相应地，贝叶斯型解悖方案就假定了 P（¬Ba｜H）= P（¬Ba）。

标准贝叶斯方案使用了"P（¬Ba｜H）= P（¬Ba）"这一假定。我们可以看到，有了这个假定就足以得出贝叶斯式结论"E 确证并且在很小程度上确证假说 H"。从这个意义上说，"不相干"假定是这一结论的充分条件。如果能表明这一假定并不是它的必要条件，也许通过弱化这一假定可以替标准贝叶斯方案进行圆润和辩护。相反，可以证明这一假定是贝叶斯式结论的一个实践上的必要条件。[①]

前面形式证明中的第 8 式告诉我们：P（H｜E）－P（H）= P（H）[（（P（¬Ba｜H）/P（¬Ba））/P（¬Ra｜¬Ba））－1] = P（H）[（（P（¬Ba｜H）/P（¬Ba））/1 － ε）－1]。不难看出，P（H｜E）－P（H）要大于 0，仅当（P（¬Ba｜H）/P（¬Ba））/1 － ε 大于 1，而且我们还要求 P（H｜E）－P（H）很小，譬如小于一个很小的正实数 δ，于是，0 < P（H）[（（P（¬Ba｜H）/P（¬Ba））/1 － ε）－1] < δ。经过简单的运算，P（¬Ba｜H）/P（¬Ba）（（1 － ε）[1 + δ/P（H）]。由于 ε 和 δ 都是很小的正实数且 P（H）不等于 0，这实际上是要求 P（¬Ba｜H）/P（¬Ba）非常接近 1，这一要求得到满足仅当 P（¬Ba｜H）约等于 P（¬Ba）。因此，不相干假定是贝叶斯型解悖方案的一个实践上的必要条件。

非常有趣的是，在确证悖论中，称作"不相干假定"的那个公式告诉我们的是，一个非黑的个体 a 与乌鸦假说不相干，即非黑的个体不是假说"所有乌鸦都是黑的"的确证性证据，这正是尼科德标准中的"非不相干标准"！而且有点悖谬的是，一个非黑的个体不是假说 H 的确证性证据，但一个非黑的非乌鸦却是其确证性证据。把这一结果转化成"语句之间的关系"

① Peter B. M. Vranas, "Hempel's Raven Paradox: A Lacuna in the Standard Bayesian Solution", *The British Journal for the Philosophy of Science*, Issue55, 2004, p. 549.

这一确证话语就是，"¬Ba 与 H 不相干，而¬Ba∧¬Ra 确证 H"。这似乎意味着，¬Ra 能单独确证 H。也就是说，非乌鸦能单独地确证假说 H！这就说明贝叶斯型解悖方案在经验假定层面有漏洞。就我所知，还没人指出贝叶斯方案的这一假定与尼科德标准的联系，也没人注意和回应我指出的这一难题。"非相干"假定及其悖谬性难题将是新的贝叶斯方案的生长点，对它们的质疑和解决是产生新的贝叶斯解悖方案的推动力。

即使贝叶斯主义者解决了"非相干"假定及其悖谬性难题，我们还可以继续追问其他经验假定的合理性。前面塑述的强化贝叶斯方案还假定 Pr（Ba│Ra）= Pr（Ba）。这一假定的意思是说，在一个个体是乌鸦的条件下，它对该个体是否是黑的的概率没有任何影响！类似地，在一个个体是非黑的条件下，对它是否是乌鸦没有影响！贝叶斯主义者强调假说确证总是相对于一定的背景信念，如果我们的背景信念集中有类似于这样的信念：某种类的个体很可能具有相同的颜色，或者说，鸟类个体中有很多是黑的，那么，一个个体是乌鸦就对它是否是黑的有影响。这一背景信念很普遍很符合我们的直觉。而且，贝叶斯主义者没有也不能把它排除在背景信念之外，否则会与它的背景信念的相对性"教规"相悖。另外，我们还可以质疑其他经验假定。譬如，为什么非黑的个体比乌鸦多？以及为什么非乌鸦比乌鸦多、非黑个体比黑个体多？对这些假定的合理辩护都会构成贝叶斯型方案的新进展。

除了对经验假定的质疑外，还可以要求贝叶斯主义者对贝叶斯型方案的第二层次的"条件化规则"假定、第一层次的公理假定进行辩护。因此，尽管贝叶斯型方案在某种意义上可以很好地消解亨佩尔悖论，但我们并不认为贝叶斯型方案已经完全解决了它。作为一个目前最有希望的解悖方案，贝叶斯主义者还有很长的路要走。

一些贝叶斯主义者确实在这条道路上前进。一方面，有学者对贝叶斯型方案进行辩护，论证了贝叶斯主义者并不需要担心观察到很多非黑的非乌鸦；① 另一方面，林纳德（Susanna Rinard）继续对标准贝叶斯方案进

---

① Florian F. Schiller, "Why Bayesians Needn't Be Afraid of Observing Many Non – black Non – ravens", *Journal for General Philosophy of Science*, Vol. 43（1），2012, pp. 77 – 88.

行修正。他在 2014 年的一篇论文中给出了乌鸦悖论的一个新贝叶斯方案。他首先指出标准贝叶斯解决方案面临我前面提到的对该方案的质疑之一，即它衍推黑色的非乌鸦的东西确证所有乌鸦都是黑的，但非黑色的非乌鸦却确证所有乌鸦都是黑的。这似乎意味着非黑的东西确证乌鸦假说，而黑的东西不确证乌鸦假说。这无疑是一个很反直观的结论。林纳德给出的解决方案是："非黑的非乌鸦的东西和黑的非乌鸦的东西都不确证乌鸦假说，它们对它保持'中立'。"① 这一方案基于他所说的认知依赖性（epistemic dependence），而认知依赖性又基于这样一个事实：乌鸦这个类比黑这个类更自然。

如其所言，林纳德的这一解决方案依赖"乌鸦这个类比黑这个类更自然"这一事实。但是，他无法解释这个断言何以是一个事实！因此，贝叶斯主义者依然还有很长的路要走。菲罗斯（Philose Koshy）则更为极端，他认为"贝叶斯型方案根本没有处理确证悖论，……因为该悖论是关于证据的本性（确证、削弱或中立）的，而不是关于证据支持度的。"② 这样，他对贝叶斯路径解悖方案作了根本性否定判决。

需要强调指出的是，无论相干证据方案还是贝叶斯型解悖方案，它们对"相干"或"不相干"的使用都是在命题或事件概率上是否相互影响或独立的意义上使用的。但是这种使用与日常生活主体甚至实际进行科学研究的认知主体的使用是不同的。这些主体在对假说进行评价和检验，以确定是否以及在多大程度上相信被检验假说时，通常不是通过计算甚至考虑观察报告和被检验假说之间的概率依赖关系来判定它们之间是否相干，而是通过考虑观察报告和被检验假说所谈论的内容是否一样来判定。确证是认知主体的认知评价活动的关键阶段，对确证的关系项之间是否相干的判断应该诉诸认知主体的认知实践。从而，好的确证悖论解决方案应该给出更符合认知实践的相干标准。

---

① Susanna Rinard, "A New Bayesian Solution to the Paradox of the Ravens", *Philosophy of Science*, 81, 2014, p. 81.

② Philose Koshy, "A Solution to the Raven Paradox: A Redefinition of the Notion of Instance", *Journal of Indian Council of Philosophical Research*, Vol. 34 (1), 2017, p. 102.

第五节　证据的关于性同一性相干方案①

如前所言，确证悖论的悖结在于形如 "¬ Ba ∧ ¬ Ra" 的观察报告是否是形如 "∀x（$Rx→Bx$）" 的假说的确证性证据。更具体来说，观察报告 "¬ Ba ∧ ¬ Ra" 是否是假说 "∀x（$Rx→Bx$）" 的相干证据。从前面对具有代表性的心理主义方案、相干证据方案和贝叶斯型方案的讨论来看，它们实际上都是通过解释观察报告 "¬ Ba ∧ ¬ Ra" 为什么是假说 "∀x（$Rx→Bx$）" 的相干证据，来达到消解悖论的目的。但这些方案都因各自的不足之处而不能令人满意。特别地，被誉为确证悖论标准解决方案的贝叶斯型方案对证据和相应假说之间的相干性采用的标准是概率的依赖性，概率上相干的两者在经验内容上不一定相干。因此，这一 "相干" 观显然不符合认知主体的认知实践。

根据第一节的论证，确证悖论实质是认识论中的合理相信悖论。对认识论问题就应该寻求认识论解决，前述代表性方案之所以有诸多令人不满意之处，其原因之一是这些方案没有自觉地把握到确证悖论的认识论悖论特征，但这些方案事实上或多或少包含一些认识论因素，这间接为在认识论路径上寻找解悖方案提供了辩护。因此，本节将在深入开掘确证悖论诸代表性解决方案之认识论意蕴基础上，提出一个认识论路径上的消解方案。该方案的核心想法是用证据与假说在关于性上的同一性来约束确证性证据和假说的相干性。关于性同一性是指一个陈述和另一个陈述所谈论的主旨（subject matter）或所关于的（about）东西是一样的，显然它本质上是一个认识论概念。因此，本方案本质上属于认识论路径上的消解方案。

一　心理主义方案中的认识论因素

在构述确证悖论后，亨佩尔对其进行解决。亨佩尔方案的基本策略是承认悖论性结论，即肯定 "绿树叶" 等确实确证 "所有乌鸦都是黑的。" 亨佩尔认为，我们之所以有产生悖论这一印象，是因为我们 "依赖一个

---

① 本节部分内容曾发表在《湖南科技大学学报》2013 年第 5 期，收录时有较大删改。

令人误解的直觉"。因此，"它没有客观依据，而只是一种心理幻像。"①引文中关于产生悖论印象的原因——"令人误解的直觉"和"心理幻像"表明亨佩尔方案中有明显的认知与心理因素，但这种因素尚未引起学界的重视。究其原因，一方面是学界没有把握到确证悖论本身是信念辩护领域的认识论悖论；另一方面是学界主流解悖方案具有演绎主义取向，认为悖论需要的是逻辑解决。现将在分析文本的基础上，深入挖掘其中的认识论与心理学意蕴。

亨佩尔认为这种误解的根源之一是，人们通常认为"所有 P 是 Q"这种形式的假说断言的是关于个体的某个有限类 P，譬如在"所有乌鸦是黑的"中就是关于乌鸦的类。但这种观点是错误的，因为"它混淆了逻辑考虑和实践考虑"。亨佩尔认为，在实践中，人们对被检验假说感兴趣的是该假说对特定个体类是否适用；但从逻辑上来说，这种形式的被检验假说是关于"所有个体"的断言。根据亨佩尔使用的一阶语言，"所有 P 是 Q"可以表述为"（$\forall x$）（$Px \rightarrow Qx$）"，其含义是"对所有个体来说，如果它是 P，那么它是 Q"。确实，从逻辑视角看，"所有 P 是 Q"这种形式的假说是关于所有个体的断言，而不仅局限于主项所提到的个体类。在此，亨佩尔预设了构建确证理论需要使用逻辑语言，这种语言扩大了自然语言所预设的适用范围。但这一预设是需要辩护的。正如亨佩尔所说，在实践中人们感兴趣的是被检验假说是否对特定的个体类适用，实际从事确证这一认识活动的科学工作者选择的被观察对象正是被检验假说对其下断言的个体类，即全称条件式中主项所提及的类。

亨佩尔认为误解的另一根源是因为人们潜在地引入了某些附加知识，他以假说"钠盐燃烧呈黄色"的两种被检验情境为例说明这一点。第一种情境是我们知道被检验的东西是一块纯净的冰、冰不含钠盐等。实验发现，这块冰放在无色火焰上燃烧时火焰没有变黄。这一实验结果确证假说"燃烧不呈黄色的都不是钠盐"，根据确证的等值条件，该结果确证"钠盐燃烧呈黄色"。这实际就是我们所说的确证悖论。但亨佩尔对此的评论是，在有这些背景知识的情境下，实验结果并没有加强该假说，从而也不会产生悖论。第二种检验情境是我们不知道被检验个体是什么，也不知道

---

①　Hempel Carl G. , "Studies in the Logic of Confirmation", *Mind*, Vol. LIV, 213 , 1945 , p. 18.

其化学成分。实验结果表明它燃烧时不呈黄色，且随后的化学分析表明它不含钠盐。对此，亨佩尔评论道："我们毫不犹豫地同意这一结果正是我们根据假说'钠盐燃烧呈黄色'所期待的东西……因此，此处获得的数据资料构成了该假说的确证性证据。"[①] 在此，亨佩尔方案假定了下述认识论直觉：

> 如果认知主体 S 已经知道 a 不是乌鸦，S 随后关于 a 的颜色的观察结果不构成关于乌鸦颜色的任何证据；但是，如果 S 事先对 a 无所知，那么当 S 得知 $\neg Ba \wedge \neg Ra$ 时，它就为"所有乌鸦都是黑的"提供了正面证据。

这两种检验情境唯一不同的是有无关于被检验个体化学成分的背景信念，因此，在亨佩尔方案中，附加的背景知识在消解确证悖论时至关重要。而对关于实际事情的背景知识的依赖和相对性显然属于认识论而非逻辑范畴；并且亨佩尔的用语"所期待的"也突显了此处具有心理因素。因此，亨佩尔方案具有明显的认识论和心理意蕴。

归纳确证本身是一项关于认知实践的事业，是对实际认知主体，特别是对进行科学研究的科学家的实践活动进行准确描述，进而提出更精确的方法论上的认识模式的哲学事业。因此，确证理论应以主体的认知实践为来源和根基，而不是抛开具体语言和科学实践以纯形式的人工语言为基础。这里确实有一个误解，但这个误解是亨佩尔的而不是一般认知主体的。亨佩尔强调在人工语言基础上对确证进行逻辑构造是本末倒置，真正恰当的方式是以主体的语言与认知实践为基础，用准确反映认知主体语言实践的人工语言来进行逻辑构造。上述对亨佩尔关于误解的评论的澄清表明亨佩尔方案中确实有认识论因素，但被他忽视而未合理开掘与利用。

二 概率相干性方案中的认识论意蕴

在观察报告和被检验假说在概率上不独立这一"相干"意义上的一些方案中也蕴含丰富的认识论因素。最早对确证悖论进行概率论解决的是

---

① Hempel Carl G, "Studies in the Logic of Confirmation", *Mind*, Vol. LIV, 213, 1945, p. 19.

古德（I. J. Good）。[①] 其解决方案的要旨是拒斥尼科德标准，认为从概率相干性角度看，尼科德标准并非总是真的。他为该标准给出了下述反例。令 K 表示下述两个假说 H_1 和 H_2 中有且仅有一个是真的；Pr（· | ·）表示某个合适的概率函数。

H_1：有 100 个黑乌鸦且没有非黑的乌鸦，以及 1000000 个其他个体（即所有乌鸦都是黑的）。

H_2：有 1000 个黑乌鸦 1 个白乌鸦，以及 1000000 个其他个体。

令证据 E 为 $Ra \wedge Ba$，a 是一个随机抽样的个体。于是，

$$Pr（E | H_1 \wedge K）= \frac{100}{1000100} < \frac{1000}{1001001} = Pr（E | H_2 \wedge K）$$

由此，古德认为相对于背景知识 K，E 降低了假说 H_1 的概率。而根据尼科德标准，E 应该提高 H_1 的概率，因此，尼科德标准不正确而应抛弃，从而不会产生确证悖论。但是这一反例与背景知识 K 中关于黑乌鸦的统计性概率分布有关，如果换为另一组概率分布，结果就会不一样。因此，古德的概率性解决方案本质上与亨佩尔方案一样，相对并依赖特定背景知识。

逻辑贝叶斯的晚近代表马赫（Patrick Maher）基于卡尔纳普概率归纳逻辑对确证悖论进行解决。[②] 忽略技术细节，可将马赫方案的要旨重述如下："假如没有其他背景证据，命题'所有乌鸦都是黑的'被黑乌鸦、黑的非乌鸦、非黑的非乌鸦所确证。"[③] 该方案与亨佩尔方案一样，其基本策略是接受悖论性语句"（¬Ba ∧ ¬Ra）确证 ∀x（Rx→Bx）"；与古德方案不同的是，它承认尼科德标准的正确性和合理性。马赫还通过比较证据对假说确证度的差别测度、似然度测度和比率测度方式，进一步表明："以任何样本命题作为背景证据时，非黑的非乌鸦和黑乌鸦对乌鸦假说'所有乌鸦都是黑的'的确证强度都是一样的。"[④] 这样，马赫的方案在纯

① Good I. J. , "The white shoe is a red herring", *British Journal for the Philosophy of Science*, Vol. 17, 4, 1967, p. 322.

② Maher P. , "Inductive Logic and the Raven Paradox", *Philosophy of Science*, 66, 1999, pp. 50—70.

③ Ibid. , p. 54.

④ Maher P. , "Inductive Logic and the Raven Paradox", *Philosophy of Science*, 66, 1999, p. 59.

形式框架内消解了确证对特定背景知识或证据的相对性和依赖性。但这种对背景知识依赖性的取消并没有得到学界的认同。

学界关于确证悖论的主流观点是，非黑的非乌鸦确实确证乌鸦假说，但它对乌鸦假说的确证度比黑乌鸦低得多。并且日常主体有这样一个更弱的认识论直觉：即便非黑的非乌鸦确证乌鸦假说，它对乌鸦假说的确证度也比黑乌鸦低得多。这些都表明马赫取消确证对背景知识的依赖性不符合认识论直观，是不合理的。

与马赫相反，许多人致力于在有背景知识"在场"的确证情境中寻求对确证悖论的解决，这些方案主要是第三节所述相干证据方案。这些方案的共同之处是，根据一定的背景假定，表明非黑的非乌鸦确实确证乌鸦假说，但确证的强度远比黑乌鸦的确证强度低。譬如，假定乌鸦的数量比非乌鸦少、黑的东西比非黑的东西少、非黑的个体比乌鸦多，等等。显然这些作为背景信念的假定都是经验的而非逻辑的，它们属于认识论范畴。

被誉为确证悖论之标准解决方案的贝叶斯型方案是概率相干性方案的新进展。这一类型方案的基本策略是使得"悖论性"结论有效、合理。贝叶斯主义者的基本回答是：非黑的非乌鸦确实确证乌鸦假说，但只在很小程度上确证；我们之所以认为这是悖论性的，是因为我们把这种很小程度的确证误解为根本不确证。但是，正如前文所指出的，这一解决依赖多重假定。这些假定包括贝叶斯"条件化原则""非黑的个体远多于乌鸦""一个个体是黑的概率与乌鸦假说无关"等。

事实上，本章中没有重点讨论的奎因的自然类方案[①]也本质地依赖一些认识论直觉。与前述方案不同的是，自然类方案的策略是拒绝承认非黑的非乌鸦确证"所有乌鸦都是黑的"这一悖论性结论。其理由是"非黑的""非乌鸦"都是指称非自然类的不合法谓词，由它们所构成的假说没有任何确证性证据。这就掐断了确证的"传递性"源头，从而防止了悖论产生。自然类方案建筑在自然类和非自然类的区分上。奎因认为区分的标准是相同性和类似性。但相同性和类似性是两个非常模糊的概念，奎因无法给出令人满意的相同性和类似性的定义，最终对自然类的判断只能诉

---

① Quine W. V., "Natural Kinds", Douglas Stalker (ed.), *Grue! The New Riddle of Induction*, Chicago: Open Court, 1994, pp. 41–56.

诸直觉。

三　关于性同一性对确证悖论的消解

前述论证表明：确证悖论是一个认识论悖论，各代表性方案各自都明显依赖某些认识论假定或直觉。目前的主流方案都承认悖论性结论"非黑的非乌鸦确证'所有乌鸦都是黑的'"。它们首先借助某些背景假定用概率工具表明这种确证力很小，进而利用"人们将这种很小的确证力误认为根本不确证"这一心理假定，从而达到消解悖论的目的。但对日常或进行经验科学研究的认知主体来说，他们在对某个待决信念（假说）进行评价从而决定是否相信或接受时，并非总是进行精确的概率计算，而是依赖日常直觉进行决断，从而对他们来说悖论性结论依然存在。因此，良好的解悖方案应该拒斥悖论性结论，而非仅从表面上"圆润"悖论印象。

由于构造确证悖论只用到尼科德标准、确证的等值条件，而彻底解决违反直觉的确证悖论应该拒斥悖论性语句，因此必须拒斥/修改尼科德标准或者确证等值条件。新方案的基本策略是重塑尼科德标准而将确证等值条件修改为确证内容等同条件。

尼科德标准：形如'$Ra \wedge Ba$'的观察报告确证形如'$\forall x (Rx \rightarrow Bx)$'的假说；形如'$Ra \wedge \neg Ba$'的观察报告否证该假说；形如'$\neg Ra \wedge Ba$'或'$\neg Ra \wedge \neg Ba$'的观察报告与该假说不相干。

确证内容等同条件：如果观察报告 E 确证假说 H，那么 E 确证所有与 H 对世界作相同断言的假说。

$\forall x (\neg Bx \rightarrow \neg Rx)$ 与 $\forall x (Rx \rightarrow Bx)$ 在关于性上是不同的，它们所谈论的主旨不一样，所以它们不可能在经验内容上等同。

根据尼科德标准，'$\neg Ba \wedge \neg Ra$'确证 $\forall x (\neg Bx \rightarrow \neg Rx)$，但假说 $\forall x (\neg Bx \rightarrow \neg Rx)$ 并不与'$\forall x (Rx \rightarrow Bx)$'经验内容等同，确证的"传递性"通道被打断，得不出'$\neg Ba \wedge \neg Ra$'确证'$\forall x (Rx \rightarrow Bx)$'，从而悖论被消解。这一方案仅基于认知主体的语言和认知实践，不要求主体对世界有更多的背景信念，也不假定主体有较强的概率演算能力，而能

更彻底消解确证悖论，因此它比其他方案更优越。

关于该方案，有可能质疑此处的尼科德标准太强，因为它增加了"不相干"条款。但这才是对尼科德标准完整、准确的表述。因为尼科德在此引文后又作了更完整的阐释，他说"一个事实影响一个定律的概率，只有两种直接的模式……因此，特定真理或事实对全称命题或定律的概率的整个影响都是通过这两种基本关系进行的，我将其称为确证和否证。"[①] 据此，很明显尼科德认为'¬Ra∧Ba'和'¬Ra∧¬Ba'这样的事实与全称假说'∀x（Rx→Bx）'概率上独立，它们既不确证也不否证该假说，从而与它不相干。

有人可能继续质疑，即便这一"强化"版本是尼科德标准的本真形态，它也可能不合理。认知心理学的实验结果可以对此给予辩护。认知心理学家沃森（P. C. Wason）做了下述关于条件句真值情况的认知试验：桌上平放有4张卡片，规则为"如果卡片的一面是元音字母，那么其背面就是偶数。"这4张卡片朝上的一面分别是"A""K""2""7"。试验任务是，为了确立该规则的真，应该翻开哪些卡片？试验结果与确证悖论结果非常类似，46%的受试者选择卡片"A"和"2"，而仅有4%的受试者选择翻开朝上一面是"A"和"7"的卡片。沃森对这一实验结果的解释是，"受试者潜在认为，（基于一定证据）一个条件陈述不是有两个而是三个真值：真、假、'不相干'。"[②]将这一解释用到确证悖论上就是，认知主体认为关于非黑的东西的观察报告与假说"所有乌鸦都是黑的"不相干。显然，认知心理学试验为尼科德标准中的"不相干"条件给予了辩护。

在评价假说时，认知主体关注的是假说对世界所作的断言是否是真的，关注的是假说的内容，是假说所关于的话题或主旨（*subject matter*）。确证的内容等同条件强调的正是假说所谈论的话题至少要相同。也即是说，确证内容等同条件以下述认识论上的关于性同一性原则为根据。

① Nicod J. , *Foundation of Geometry and Induction* , London：Routledge，1930，p. 219.

② Wason P. C. , "Reasoning", Foss B. M. Harmondsworth（ed.）, *New Horizon in Psychology*, UK：Penguin，1966，p. 146.

　　确证的关于性同一性原则：一个观察报告确证一个假说，仅当这两个陈述在它们所关于的东西或所谈论的主旨上同一。

　　确证的经验内容等同条件进一步要求两个假说对世界作相同断言时才是有经验内容等同的，这类似于科里亚（Fabrice Correia）所说的"事实上等值"（factually equivalent）。当两个语句描述了同样的事实或情境时，我们就说这两个语句事实上等值。① 但科里亚没有具体说明如何确定两个语句"描述了同样的事实或情境"，而是假定几个语句在事实上等值的时候，它们具有何种逻辑性质或推论关系。雅布罗（Stephen Yablo）在其2014年的专著中对如何确定假说的内容做了非常精致的说明。② 确证的经验内容等同条件蕴涵，关于性（aboutness）的同一性是观察报告与被检验假说是否相干的标准。这里的"关于性"是指陈述是关于什么的，即所谈论的主旨、话题。在确证悖论这一案例中，假说"所有乌鸦都是黑的"是关于乌鸦的颜色的，观察报告 E_1 "a 是乌鸦且是黑的"也是关于乌鸦的颜色的；但观察报告 E_2 "d 是非乌鸦且是非黑的"不是关于乌鸦而是关于"非乌鸦"的。E_2 不满足相干的关于性的同一性标准，因此它与乌鸦假说不相干，不是乌鸦假说的确证性证据，从而确证悖论不会产生。

　　其次，确证不是一个真值函项联结词，而是一个类似知道、相信等具有意向性的联结词。在进行等值替换时不一定保持原来的真值，这就凸显了等值条件不合理。但两个具有同样经验内容的假说一定具有同样的真值，在确证等值条件成立的语境中，确证内容等同条件也一定成立。因此，内容等同条件是等值条件在认识论上的对应物，可以看作对它的强化。

　　再者，如果接受尼科德标准而不修改确证等值条件将会产生明显的逻辑悖论。说明如下：根据尼科德标准，"$\neg Ba \wedge \neg Ra$"确证 $\forall x (\neg Bx \to \neg Rx)$，根据确证的等值条件，"$\neg Ba \wedge \neg Ra$"确证"$\forall x (Rx \to Bx)$"，根据尼科德标准的"不相干"条款，"$\neg Ba \wedge \neg Ra$"不确证"$\forall x (Rx \to$

　　① Fabrice Correia, "On the Logic of Factual Equivelence", *Review of Symbolic Logic*, 9 (1), 2016, p. 103.

　　② Stephen Yablo, *Aboutness*, Princeton：Princeton University Press, 2014, pp. 95 – 111.

Bx)",于是悖论产生。显然,在此尼科德标准的"不相干"条款可以看作是关于性的同一性这一相干标准的逻辑推论。

关于该方案,还可能质疑用确证内容等同条件取代确证等值条件的合理性。对此我们可作如下辩护。首先,等值条件关注的焦点是被检验假说之间的逻辑真假关系,而非假说对世界所作断言与世界是否符合。但经验科学是对世界的本质和规律的研究,确证关注的是基于一定证据假说是否真实地反映世界。认知主体探究世界的目的是获得真理,如果假说 H 是真的,则认知主体对其认知态度接近完全相信。显然,两个逻辑等价的命题并不一定对世界作同样的断言。譬如,在日常语言实践中,"所有乌鸦都是黑的"是关于乌鸦的断定,而"所有非黑不是乌鸦"是关于非黑的类的断定。

确证悖论的主要代表性解决方案都没有完满解决该悖论给我们的启示是,回归其原发语境找出其真正的悖结,然后"对症下药"。对确证悖论的发生学考察表明,它是关于合理相信的认识论悖论;其解悖史显示,所有主流方案都明显地依赖某些认识论上的假定。因此,确证悖论的良好解悖方案应该在认识论路径上寻求。最后一节表明,如果用经验内容等同条件这一认识论标准取代确证等值条件这一逻辑标准,相应地,用证据与假说在关于性上的同一性这一相干标准取代以往被视为标准解决方案所使用的概率相干标准,可以非常符合直观地在认识论上消解确证悖论。

第三章　确证之可投射性难题

第二章表明，归纳确证的定义面临证据的相干性难题。古德曼认为即便解决了确证的证据相干性难题，当时流行的亨佩尔事例确证理论和卡尔纳普的确证度理论还面临着如何界定哪种类型的假说可以被确证的问题。古德曼认为，合理的确证定义必须满足的一个条件是只有可投射性假说才可以得到确证。通过引进一个新谓词"绿蓝"，古德曼认为，根据流行的确证理论，观察报告"翡翠 a 是绿的""翡翠 b 是绿的""翡翠 c 是绿的"等是绿假说"所有翡翠都是绿的"的相干证据，同时也是绿蓝假说"所有翡翠都是绿蓝的"的相干证据，但这样会得出将来某个翡翠既是绿的又是蓝的这一矛盾结论。古德曼认为，这一矛盾结论的得出是因为包含绿蓝谓词的绿蓝假说不具有可投射性。因此，在古德曼看来，这一理论状况所展现的难题是如何界定假说的可投射性。由于这一矛盾结论的得出与古德曼的谓词"绿蓝"有关，因此，该难题被广泛地称为绿蓝悖论、古德曼悖论、新归纳之谜。

该悖论一经提出就在科学哲学和归纳逻辑等领域引起广泛而持久的争论，沿着语言论、科学方法论和贝叶斯主义等路径提出了 20 多种解决方案。随着 21 世纪形式知识论（formal epistemology）的兴起与逐步流行，越来越多的知识论家也加入绿蓝悖论的研究行列，提出了知识论路径的解决方案，蒂莫西·威廉姆森（Timothy Williamson）① 就是主要代表之一。尽管关于绿蓝悖论的研究热潮一直没有消退，围绕该问题也产生了丰富成果，但绿蓝悖论代表性研究文献的编纂者埃尔金（Catherine Z. Elgin）20年前的那番评论对今天的研究现状仍然适用："对于绿蓝悖论究竟是什

---

① Timothy Williamson, *Knowledge and Its Limits*, Oxford：Oxford University Press, 2000, p.224.

么，它该如何解决，以及它对知识论、自然科学、语义学和心理学意味着什么等问题还有巨大分歧。"①

通过简要考察绿蓝悖论的研究历史不难发现，已有研究成果基本上是围绕包含绿蓝谓词的绿蓝假说本身之"合法性"展开争论。具体来说，这些方案的解题逻辑是：谓词绿蓝不具可投射性，包含不可投射谓词的假说是不可投射的，不可投射的假说不可被确证，因此包含绿蓝谓词的假说不可被确证，从而不能根据它们进行预测，悖论就不会产生。显然，谓词绿蓝是否具有"合法的"可投射性是这些方案的关键出发点。根据现有代表性方案，谓词绿蓝不具可投射性的理由主要有：（1）它包含时间定位性词项；（2）它因没有使用记录或使用记录不多而不具有牢靠性；（3）它没有反应自然属性；（4）相较于谓词绿，它不具简单性，等等。这些方案在解悖技术上很直观明了，但在哲学说明和辩护上遇到极大难题，没有哪一个方案得到学界广泛承认。

本章在深入分析绿蓝悖论产生语境基础上，力图回答埃尔金所说的关于绿蓝悖论有巨大分歧的问题，即回答绿蓝悖论是什么，它的认识论意蕴是什么，在考察主流解悖方案成就得失的基础上，提出一个不同于主流解悖范式的新解悖路径。

第一节　绿蓝悖论是关于确证的更深层悖论

20世纪四五十年代是确证理论的黄金期，始于亨佩尔对确证的一系列逻辑研究，特别是他关于证据性支持四个条件的研究：衍推条件、一致性条件、特殊后承条件和逆后承条件。② 此时，确证领域最流行的就是亨佩尔的事例确证理论，不少对归纳辩护和归纳确证感兴趣的归纳逻辑学家和科学哲学家参与到对亨佩尔确证理论的讨论之中。绿蓝悖论就是在这场大讨论中发现的。

---

① Catherine Z. Elgin, *Nelson Goodman's New Riddle of Induction*, New York: Garland Publishing, 1997, p. xi.

② Stephen Yablo, *Aboutness*, Princeton: Princeton University Press, 2014, p. 97.

一　绿蓝悖论的发现

亨佩尔在"确证之逻辑研究"一文中对他所发现的（尼科德）确证悖论给出了心理主义消解，但在对归纳确证感兴趣的哲学家古德曼①看来，亨佩尔的确证理论并不令人满意，"尽管在亨佩尔的论文中，在对它（确证——引者）进行表面上的直接描述时所产生的某些矛盾得到了解释和克服，但不幸的是，还存在一些同等严峻的困境。"② 古德曼所说的这种严峻的困境主要有两个。③ 其一是它面临任意观察报告确证任一假说这一确证灾难，其实质是证据相干性难题；其二是本章所研究主题确证的可投射性难题；对第一个困境即确证灾难说明如下：

1. 设 E 是一任意观察报告（假设）

2. 设 H 是一任意假说（假设）

3. 设 E^* 是一逻辑真陈述（假设）

4. E 衍推 E^*（演绎逻辑）

5. E 确证 E^*（4，衍推条件）

6. H 衍推 E^*（演绎逻辑）

7. E 确证 H（5，6，逆后承条件）

（7）式表明，任意观察报告确证任意假说。

古德曼在 1946 年"对确证的质疑"这篇短文中以事例表达了第二个严峻的困境。绿蓝型谓词"S"正是在这个事例中引入的：

假定在到欧洲胜利日为止的 99 天中，我们每天都从碗里取出一个弹球，并且每个被取出的弹球都是红的，那么，我们可以合理地预测：Ra_{100}，即第 100 个弹球是红的。现在引进绿蓝型谓词"S"："到欧洲胜利日为止被取出且是红的，或者在此之后被取出且是非红的。"④

---

① 在构述绿蓝悖论之前，古德曼就归纳有效性的辩护问题和演绎的辩护问题进行了对比，得出的结论是归纳得到了演绎完全同样方式的辩护，因此，传统的归纳问题已经解决，尚未解决的新归纳问题是"新归纳之谜"，即他所说的确证的定义问题。

② Nelson Goodman, "A Query on Confirmation", *The Journal of Philosophy*, 43, 1946. p. 383.

③ 事实上亨佩尔确证理论面临的严峻困境至少还包括第二章所论证的、未被古德曼发现的亨佩尔确证悖论。

④ Nelson Goodman, "A Query on Confirmation", *The Journal of Philosophy*, 43, 1946. p. 383.

　　显然，根据亨佩尔的事例确证理论，前面的证据也很好地确证预测"Sa_{100}"，但实际上我们并不期望第 100 个弹球是非红的，"'Sa_{100}'并不能从所给的那些证据得到些微的可信性。"[1] 如果我们接受预测"Sa_{100}"这一信念，那么会导致 a_{100} 既是红的又不是红的这一矛盾结论。

　　1954 年，古德曼在其《事实、虚构与预测》一书中更为明确地阐述了这一严峻困境，这就是学界所通称的绿蓝悖论。在构述绿蓝悖论之前，古德曼认为亨佩尔确证理论之所以不令人满意，是因为只有律似性陈述才能受到其事例的确证，但它不能区分偶似性陈述和律似性陈述。因此，为了构造令人满意的确证定义，"我们必须找到一种区分律似性陈述和偶似性陈述的方法。"[2]找到这样一种区分方式表面看来似乎不是很困难也不迫切，可以通过渐进的方式逐步改进。但古德曼认为，下面的例子表明这一任务比表面上看上去的严峻得多。

　　假设在某个时间 t 之前被观察的所有翡翠都是绿的。那么，在时间 t 我们的观察结果支持假说"所有翡翠都是绿的"（称之为绿假说）。根据确证的定义，断言翡翠 a 是绿的、翡翠 b 是绿的的每个观察陈述都确证假说"所有翡翠是绿的"。现在引入一个没有"绿的"那么熟悉的新谓词绿蓝的（grue）：

　　　　它适用于在时间 t 之前检验过的所有事物，当且仅当它们是绿的；但也适用于其他事物，当且仅当它们是蓝的。[3]

那么，在时间 t，对应于断言某个翡翠是绿的的每个观察陈述，我们有一个相应的陈述断言该翡翠是绿蓝的。翡翠 a 是绿蓝的，翡翠 b 是绿蓝的，都确证假说"所有翡翠都是绿蓝的"（称之为绿蓝假说）。分别根据这两个假说进行预测，可以分别得出"随后将被检验的翡翠是绿的"和"随后将被检验的翡翠是绿蓝的"。"根据我们的确证定义，这两个预测得到了描述同样观察结果的证据陈述的同样确证。"[4] 但根据谓词"绿蓝"的

---

　　[1]　Nelson Goodman, "A Query on Confirmation", *The Journal of Philosophy*, 43, 1946. p. 383.

　　[2]　Nelson Goodman, *Fact, Fiction and Forecast*, Cambridge：Harvard University Press, 1983, p. 73.

　　[3]　Ibid., p. 74.

　　[4]　Ibid..

定义，如果一个随后被检验的翡翠是绿蓝的，那么它是蓝的而不是绿的。显然，根据绿假说和绿蓝假说，可以得出某个翡翠既是绿的又不是绿的这一悖谬性结论。"尽管我们很清楚这两个不一致的预测中哪个被真正确证，但根据目前的确证定义，它们得到了同等好的确证。"[1] 这就是广为人知的绿蓝悖论。

二　绿蓝假说的逻辑结构

从绿蓝悖论的构造过程可知，它直接地是关于谓词"绿蓝"从而也是关于绿蓝假说的，因此，要准确理解绿蓝悖论就必须精确分析"绿蓝"及由其构成的绿蓝假说的逻辑结构。

古德曼对"绿蓝"的定义是如下表述的："它适用于在时间 t 之前检验过的所有事物，当且仅当它们是绿的；但也适用于其他事物，当且仅当它们是蓝的。"但在随后的讨论中，学界对古德曼这一表述并不完全一致。粗略起来，大致有如下几种。

其一，普特南（Hilary Putnam）在《事实、虚构与预测》第四版前言中是这样定义"绿蓝"的：某物是绿蓝的，如果它在某日期之前被观察且是绿的，或者在该日期前没被观察且是蓝的。[2]

其二，汤姆森（J. J. Thomson）将"绿蓝"定义为：x 是绿蓝的，当且仅当，x 是绿的且在时间 T 之前首次以某种方式被检验，或者 x 是蓝的且在 T 之前没有以任何方式被检验。[3]

其三，埃尔金把"绿蓝"的定义表述为：某物是绿蓝的，当且仅当，它在某个将来的时间 t 之前被检验且被发现是绿的，或它没有被如此检验且是蓝的。[4]

其四，斯塔尔纳克（Douglas Stalker）认为古德曼对绿蓝的定义是：某物是绿蓝的，如果它在时刻 t 之前被检验且确定为是绿的，或者如果它

---

① Nelson Goodman, *Fact*, *Fiction and Forecast*, Cambridge: Harvard University Press, 1983, p. 74.

② Ibid. , p. vii.

③ J. J. Thomson, "Grue", *Journal of philosophy*, 63, 1966, pp. 289 – 309.

④ Catherine Z. Elgin, *Nelson Goodman's New Riddle of Induction*, New York & London: Garland Publishing Inc. , 1997, p. xiii.

在时刻 t 之前未被检验且是蓝的。[1] 国内学者陈晓平对"绿蓝"定义的表述几乎与此一样。[2]

从以上绿蓝问题的提出者和研究者们对"绿蓝"的理解来看，它的涵义基本上是明确的，这些表述之间也没有实质性的差别。比较重要的区别在于古德曼使用了"其他事物"这一用语。关键在于如何理解"其他事物"。从逻辑上来讲，它可以理解为除"在 t 之前被检验且是绿的事物"以外的所有事物。这包括：（1）t 之后的所有事物（无论它们是否是绿的、是否被检验）；（2）t 之前未被检验且是绿的事物；（3）t 之前未被检验且是蓝的事物；（4）t 之前被检验且是蓝的事物。由于古德曼的语境告诉我们，t 之前所有被检验过的翡翠都是绿的，因此，可以排除（4）。至于（1），依据古德曼和埃尔金，我们可以把 t 理解为关于将来的某个时刻，而我们当下是不能检验未来的东西的；并且，古德曼的定义还告诉我们，t 之后的（因而是未被检验的）翡翠都是蓝的，因此，（1）可以理解为"在 t 之后未被检验且是蓝的的所有事物。"

参照古德曼的论述和其他研究者的表述，对"绿蓝"的精确含义的一种可能界定是，它适用的个体是下述集合中的元素：

定义 1. $\{Grue(x)\} = \{x \mid (Ct_1(x) \land G(x)) \lor (\neg Ct_1(x) \land B(x)) \lor (\neg Ct_2(x) \land B(x))\}$

在此，"Ct_1"表示在 t 之前被检验过，"Ct_2"表示在 t 之后被检验过，"G"表示"是绿的"，"B"表示"是蓝的"。或者等价地表述为：

定义 2. $Grue(x)^* \equiv (Ct_1(x) \to G(x)) \land (\neg Ct_1(x) \to B(x)) \land (\neg Ct_2(x) \to B(x))$

定义 3. $Grue(x)^{**} \equiv (Ct_1(x) \land G(x)) \lor (\neg Ct_1(x) \land B(x)) \lor (\neg Ct_2(x) \land B(x))$

最近有学者对绿蓝谓词（Grue）含义的刻画基本与此一致。这一刻画与笔者上述刻画的主要差别在于对时间词项 t 的处理。显然，上述刻画以时刻 t 为界将时间分为两段，在 t 之前用 t_1 表示，在 t 时刻之后用 t_2 表示。如果不做此种区别，绿蓝谓词（Grue）可以相应地定义为：

---

[1]　Douglas Stalker, *Grue! The New Riddle of Induction*, Chicago: Open Court, 1994, p. 2.

[2]　参见陈晓平《归纳逻辑与归纳悖论》，武汉大学出版社 1994 年版，第 269—270 页。

$GRx \equiv (O_{Tx} \rightarrow Gx) \wedge (\neg O_{Tx} \rightarrow Bx)$

$GRx \equiv (O_{Tx} \leftrightarrow Gx) \wedge (\neg O_{Tx} \leftrightarrow Bx)$ [①]

如果对 t 之间和之后的时间段不分别用 t_1 和 t_2 表示，Grue (x)** 可表述为：

$Grue(x)^{***} \equiv (Ct(x) \wedge G(x)) \vee (\neg Ct(x) \wedge B(x))$。

根据上面的符号设定，令"Ex"表示 x 是翡翠，作为证据的观察报告"时刻 t 之前被检验过的翡翠 a 是绿的""时刻 t 被检验过的翡翠 b 是绿的"可以被刻画为"$Ea \wedge C_{t1}a \wedge Ga$""$Eb \wedge C_{t1}b \wedge Gb$"。相应地，"时刻 t 之前被检验过的翡翠 a 是绿蓝的"可被刻画为"$Ea \wedge C_{t1}a \wedge Grue(a)$"。

绿假说"所有翡翠都是绿的"可以表示为：

H1：$\forall(x)(E(x) \rightarrow G(x))$。

绿蓝假说"所有翡翠都是绿蓝的"可以表示为：

H2：$\forall(x)(E(x) \rightarrow Grue(x))$。

根据上面对 Grue 的含义的分析，绿蓝假说可以进一步分析为：

H2*：$\forall(x)(((E(x) \wedge Ct_1(x)) \rightarrow G(x)) \wedge ((E(x) \wedge \neg Ct_1(x)) \rightarrow B(x)) \wedge ((E(x) \wedge \neg Ct_2(x)) \rightarrow B(x)))$。如果对 t 之间和之后的时间段不分别用 t_1 和 t_2 表示，可刻画为：

H2**：$\forall(x)((E(x) \rightarrow (Ct(x) \rightarrow G(x))) \wedge (E(x) \rightarrow (\neg Ct(x) \rightarrow B(x))))$。根据前面对 Grue (x) 的等价定义，也可刻画为：

H2***：$\forall(x)((E(x) \wedge Ct(x) \wedge G(x)) \vee (E(x) \wedge \neg Ct(x) \wedge B(x)))$。

仿照上面的结构，绿假说相应地可被重新刻画为：

H1*：$\forall(x)(((E(x) \wedge Ct_1(x)) \rightarrow G(x)) \wedge ((E(x) \wedge \neg Ct_1(x)) \wedge G(x)) \wedge ((E(x) \wedge \neg Ct_2(x)) \rightarrow G(x)))$。以及

H1**：$\forall(x)((E(x) \rightarrow (Ct(x) \rightarrow G(x))) \wedge (E(x) \rightarrow (\neg Ct(x) \rightarrow G(x))))$。

H1***：$\forall(x)((E(x) \wedge Ct(x) \wedge G(x)) \vee (E(x) \wedge \neg Ct(x) \wedge G(x)))$。

在此，H2** 和 H2***，以及相应的 H1** 和 H1*** 是逻辑等价的，它

们之间的差别主要在于一个用合取式进行刻画，一个用析取式进行刻画。尽管这两者逻辑上等价，但在解悖上会有很不同的动机和理由。例如，由于 H2*** 是这个析取假说是由析取谓词 Grue（x）*** 的定义扩展而得，一些解悖方案可能将悖论的焦点放在这个析取谓词表达的是析取属性上，而一个析取肢可能构成对从另一个析取肢归纳概括出的假说的"击败者"。关于绿蓝悖论，确实有最新解悖方案是在这个路径上展开。①

于是，绿蓝悖论说的是，观察报告 ε "Ea $\wedge$ C$_{tl}$a $\wedge$ Ga" 是 H1* 的证据，即 ε 确证 H1*，并且 ε 确证 H2*。根据 H1* 和 H2* 分别做的预测是"某个将来的个体 α 是绿色的"和"某个将来的个体 α 是绿蓝的"，即 G（α）$\wedge$ B（α），由于蓝色不是绿色，可以进一步得出：G（α）$\wedge \neg$（G（α）。这样，根据古德曼说的"根据我们的确证定义"，加上他对 grue 谓词的定义，合乎逻辑地得出了一对矛盾语句，这就是学界所称的绿蓝悖论。由于绿蓝悖论是古德曼在其著作中的"新归纳之谜"这一章正式提出来的，绿蓝悖论也确实是一个难解的谜题，因此学界又称之为"新归纳之谜"。

三　绿蓝悖论是深层的确证悖论

绿蓝悖论是在归纳的有效性辩护问题转向归纳确证问题的语境中提出的，这表明绿蓝悖论是关于归纳确证的悖论。古德曼在提出绿蓝悖论的"新归纳之谜"这一章开篇就说："通常被认为是归纳问题的东西已经被解决或消解了；我们面临的是还没得到广泛理解的新问题。"② 古德曼所说的被消解了的归纳问题是归纳有效性的辩护问题。他对这一问题的消解是从与演绎的辩护问题得出的。这个问题就是"对有效的和非有效的预测之间的区别进行定义的问题"③。科学预测是科学实践的两大重要目的之一。其中一个是对已知现象进行更广泛和深入的解释与说明；另一个是进行预测以指导我们的日常行为和科学研究。这两种活动都与假说的确证

①　Wolfgang Freitag, "The Disjunctive Riddle and the Grue – Paradox", *Dialectica*, Vol. 70 （2）, 2016, pp. 185 – 200.

②　Nelson Goodman, *Fact*, *Fiction*, *and Forecast*, Cambridge: Harvard University Press, 1983, p. 59.

③　Ibid., p. 65.

与接受密切相关。特别地，预测是关于将来未知事件或现象的陈述。它是根据某所与假说和一定的背景信念演绎地推出的，因此，要判定和定义一个预测是否有效就与假说的接受密切相关。如果我们不接受一个假说，或不对它具有一定的信念度，我们是不会依据它进行预测以指导我们的行为的。更深层次地，有效和非有效预测的定义问题就是信念或假说的确证定义问题。这样，古德曼就对归纳问题进行了彻底取消，"对归纳进行辩护的问题已经被对确证进行定义的问题所取代"①。这里明显表明，古德曼所说的新问题实质是归纳确证问题，归纳确证问题已经取代传统的归纳有效性的辩护问题，具体来说，就是确证的定义问题。对"确证"进行显定义的目的在于，为我们判断在何种情境下、哪些证据构成对所与假说的支持和确证提供一个客观标准，或者说，为我们接受某假说或信念提供一个客观标准。

其次，古德曼提出绿蓝悖论是直接针对亨佩尔的确证定义。古德曼首先明确说"亨佩尔教授对确证的定义问题……做了一些开创性的工作。"然后，古德曼简要地列举了这些确证定义面临的一些困境。譬如，确证的推论条件问题、确证的合取问题、前文讨论的确证悖论等，古德曼对这些问题还勾勒了可能的解决路径。最后，古德曼认为，即使暂时摆脱了这些困境，"我们的满意也是短命的，新的更严重问题出现了"②。正是在该句引文之后，古德曼提出了绿蓝悖论。而在描述这一悖论产生的直接原因时，古德曼说，"尽管我们很清楚这两个不一致的预测中哪个被真正确证，但根据目前的确证定义，它们得到了同等好的确证。"这进一步说明绿蓝悖论确实是关于确证的悖论。

根据古德曼的观点，只有律似性陈述才能得到其事例的确证，要消解绿蓝悖论就必须找到一个检识出绿假说和绿蓝假说中哪一个是律似性陈述哪一个是偶似性陈述的标准。但现在没有这样一个标准，现有的确证的定义不仅有一些我们不想要的推论，而且它会再次使我们陷入"任何东西确证任何假说"这一令人无法忍受的境地。在此，我们可以明显地看出

---

① Nelson Goodman, *Fact, Fiction, and Forecast*, Cambridge: Harvard University Press, 1983, p. 81.

② Ibid., p. 72.

绿蓝悖论是在假说确证语境中产生的关于假说确证的悖论，正如古德曼自己所说，"这个问题有时被看作很像是确证悖论"①。无独有偶，塞恩斯伯利明确认为绿蓝悖论是确证悖论，并将它和乌鸦悖论同放在其著作中"确证悖论"这一节进行讨论。

关于绿蓝悖论是确证悖论这一指认得到了最新研究成果的支持。波伊斯（Kenneth Boyce）在 2014 年发表的一篇论文明确说绿蓝悖论是确证悖论。他认为亨佩尔确证悖论与古德曼绿蓝悖论是等价的，"我认为古德曼的悖论对亨佩尔确证理论的威胁并不比亨佩尔自己的确证悖论大。"②

但在我看来，与亨佩尔发现的确证悖论相比较，绿蓝悖论更为根本。首先，单个的绿假说或绿蓝假说都会遭遇到确证悖论。古德曼自己在《事实、虚构与预测》也明确地表达了这一观点，"如果我们选择一个合适谓词，根据我们的确证定义，……我们再一次陷入一个不可忍受的结果：任何东西确证任何假说。"③ 其次在同一著作的另一个地方，古德曼评论说，"如果用确证理论中广为接受的逆后承关系来定义确证，我们的定义会使得任一陈述会确证任一其他陈述，经过极大地修改后，我们的定义仍然会有原来的灾难性结果——任一陈述确证任一陈述。"④

正如我们表明的，这两个假说的结合也产生悖论。绿蓝悖论关涉的是一个假说能否被确证而不仅是被何种证据确证的问题。显然，前一问题更为根本。再者，如果我们把亨佩尔悖论看作是单个信念或假说接受为知识过程中出现的悖论，那么，绿蓝悖论表面看来是两个或多个相竞争的信念或假说之间的选择与接受过程中出现的悖论，在科学实践中，科学理论的建立往往是先提出多个相竞争假说，然后选择最好的那一个。因此，相竞争假说的选择和接受问题是科学实践中更基本、更普遍的问题。

确证本质上是一项经验认识活动，它关注的是假说对世界所作的断言

---

① Nelson Goodman, *Fact, Fiction, and Forecast*, Cambridge: Harvard University Press, 1983, p. 75.

② Kenneth Boyce, "On the equivalence of Goodman's and Hempel's paradoxes", *Studies in History and Philosophy of Science*, 45, 2014, p. 32.

③ Nelson Goodman, *Fact, Fiction, and Forecast*, Cambridge: Harvard University Press, 1983, p. 75.

④ Ibid. , p. 81.

是否以及多大程度为真。对确证定义的研究就是如何刻画证据是否以及多大程度上支持假说为真。确证悖论是在科学确证这一认识活动中产生的悖谬性境地，其得出所依赖的重要前提之一是认知共同体关于确证的公共背景信念（即亨佩尔的确证定义）。因此，作为确证悖论的绿蓝悖论本质上是认识论悖论。

第二节　时间定位性、牢靠性与可投射性

　　根据本章第一节的论证，绿蓝悖论是关于合理相信的确证悖论。该悖论的得出除了依赖当时流行的亨佩尔事例确证理论之外，谓词绿蓝也是悖论得出的关键。该悖论的悖结在于绿蓝假说是否可被投射，从而可被现有观察报告"时刻 t 之前被检验的翡翠 a 是绿的"确证的问题。在古德曼说"我们都知道绿假说和绿蓝假说中哪一个被真正确证时"，其潜在的意思是只有绿假说被真正确证，绿蓝假说没有被真正确证。但亨佩尔确证理论不能区分出这一点。于是，古德曼诊断该悖论的悖结"……就是可投射性假说和不可投射性假说的区分问题"①。假说是由命题来表达的，而命题的基本构成成分是谓词，因此，古德曼认为一个假说可以被确证必须满足的一个条件是它所使用的谓词是可投射的。于是，问题就化归为谓词的可投射性问题。更具体来说，问题在于说明谓词绿蓝为什么不可投射。

　　事实上，关于绿蓝悖论的解决方案基本上都是根据古德曼的诊断，来说明谓词绿蓝为什么不可投射。这些理由可以分为三大类。第一类是从语词所表达的属性和语词的使用记录上进行说明，这一类可以看作语言论方案；第二类是从简单性和可证伪性等科学方法论标准来比较谓词"绿"和"绿蓝"；第三类则从贝叶斯归纳逻辑的角度来度量谓词"绿蓝"在不同使用情境的可投射性。

　　我们发现，这些方案的一个共同之处是本质地依赖对谓词"绿"和"绿蓝"是否具有对称性的判断。这一问题实质是："绿蓝"是用"绿"和"蓝"定义的，"绿"是否可以对称性地用"绿蓝"和"蓝绿"来定

---

　　①　Nelson Goodman, *Fact, Fiction, and Forecast*, Cambridge：Harvard University Press, 1983, p. 83.

义的问题。因此，这几个谓词定义的对称性问题是各方案的理论前提。本
节主要探讨语言论路径上的三个代表性方案。特别地，在此路径上所确立
的对称性论点，可以当作后面两大类方案的出发点。

一　时间定位性谓词不可投射

在亨佩尔发表其经典论文"确证之逻辑研究"后一年，古德曼 1946
年的一篇短文"对确证的质疑"中对当时的确证理论进行系统质疑。他
对确证的质疑包括对卡尔纳普的确证度函数和亨佩尔定性确证定义的质
疑。在质疑中，古德曼所使用的例子是绿蓝型谓词"S"。卡尔纳普的答
辩也是针对它的。卡尔纳普认为只有纯定性属性才是归纳地可投射的，而
纯定位（positional）属性是不具有归纳地可投射性的，而且卡尔纳普倾向
认为混合属性也不具有归纳地可投射性。① 由于谓词"S"涉及了一个时
间性词项——欧洲胜利日，它是一个时间定位性谓词，因此，它不具有可
投射性。从而可以避免古德曼的质疑。

古德曼认为"绿蓝"的不合法性并不在于它指涉了一个时间性词项
因而是一个时间性谓词（temporal predicate）。因为"绿蓝"和"绿"具
有对称性，它们之间区别的关键是看以何者作讨论的出发点。如果以
"绿蓝"为基本谓词来定义"绿"，那么，"绿"就是一个指涉时间性词
项的不合法谓词，而"绿蓝"则不涉及时间性词项从而是合法可投射的。
因此，卡尔纳普的这种诉诸时空性的解决方案无效。但巴克和阿钦斯坦试
图通过思想实验去论证这两个谓词之间并不具有对称性。

（一）巴克和阿钦斯坦的非对称性论证

巴克和阿钦斯坦假定有一个说"绿蓝"土著语言的绿蓝先生。按照
古德曼的对称性论点，绿蓝先生可把"绿"定义为：适用于所有那些在
某个时间 t 之前（譬如，公元 2020 年）被检验是绿蓝的事物，或者在此
之后是蓝绿（bleen）的事物。相应地，他把"蓝"定义为：适用于所有
那些并且只有那些在公元 2020 年前是蓝绿的事物，或者在此之后是绿蓝
（grue）的事物。

---

① 参见 Rudolf Carnap, "On the Application of Inductive Logic", *Philosophy and Phenomenologi-cal Research*, 8, 1947, p. 146.

　　设想有两幅小草地素描且这两幅素描是一样的。现在假定有两幅更大的图。根据图中所绘人物的装束、建筑物的风格或某些其他暗示，我们得知第一幅图是关于公元 2020 年以前的，第二幅图是关于公元 2020 年以后的。现在把两幅较小的草地素描分别置入这两幅图中，"为了使这两幅图中的草成为绿蓝的，我们应该使用何种颜料？"①

　　显然，绿蓝先生的涂色概念可以分两种情况：（1）他称一幅画是绿蓝的，当且仅当他用绿蓝颜料来涂；（2）他称一幅画是绿蓝的，当且仅当，在某个时间 t 之前他用绿颜料来涂，或者在某个时间 t 之后用蓝颜料来涂。如果我们以"绿蓝"为基础谓词，假定一幅图是关于 2021 年的，那么这幅图中的草地是绿蓝。如果绿蓝先生采用第一种涂色概念，那么，他应该用绿蓝颜料来涂这幅图中的草地。但是，绿先生会坚持认为这幅关于 2021 年的图画中的草地是绿的，应该用绿颜料来涂，而按照古德曼对"绿蓝"和"绿"的对称性定义，绿先生应该把草地涂成蓝颜色而不是绿颜色，从而产生了冲突。因此，绿蓝先生不能采用涂色概念（1）而只能采用涂色概念（2）。

　　根据古德曼的对称性论点，"绿蓝"作为日常语言中的基本谓词是非时间性谓词，绿蓝先生不需要探知时间而只需观看所欲了解的事物的颜色，就可以正确地使用它。相对于我们关于两幅图的思想实验，采用涂色概念（2）的绿蓝先生应该只看草地而不看图中的其他可以推知时间的暗示，就可以正确地知道，第一幅图应该用绿颜料而第二幅用蓝颜料。根据涂色概念（2）的内涵，如果绿蓝先生能正确地选择合适的颜料，这就表明，他能看出这两幅图的差别，从而知道哪幅图是关于公元 2020 年前以及哪幅图是关于公元 2020 年以后的；或者他是在碰运气；或者他根本不能进行选择。如果是前者，绿蓝先生就是具有超感能力。但在日常使用颜色概念时，并不需要使用者是一个具有超感能力的精灵。如果绿蓝先生的正确使用只是碰运气，那么，他就不是理性主体。因此，绿蓝先生不能正确地进行选择。绿蓝先生不能正确地进行选择的原因在于他不知道各幅图所描绘景物的时间。在这个意义上说，"绿蓝"对绿蓝先生仍然是时间性

　　① S. F. Barker & Peter Achinstein, "On the New Riddle of Induction", Catherine Z. Elgin（ed.），*Nelson Goodman's New Riddle of Induction*, New York & London: Garland Publishing, Inc, 1997, p. 63.

谓词。但古德曼关于谓词的对称性假定却要求，"绿蓝"对绿蓝先生来说是非时间性谓词。这就进一步加强了这一论点"谓词'绿蓝'和'绿'在其逻辑特性上是非对称性的。"①

　　巴克和阿钦斯坦认为，古德曼对这一非对称性论点的可能反驳是论证绿先生也会处于绿蓝先生这样的"三难"境地。譬如，古德曼可以这样论证。与前面的思想实验类似，假定有两幅关于南京大学校园的图画，第一幅上面有一个通知，通知表明这幅图是公元1998年作的；第二幅上面的通知暗示这是公元2010年的南京大学。除此之外，其他景色几乎一样。假定有两幅一样的比上述图画小得多的草地素描。现在，我们把两幅较小的草地素描置入这两幅图画中。绿先生根本看不见这两个通知，从而不知道哪一幅是公元1998年哪一幅是公元2010年的南京大学校园图。试问，绿先生应该分别把图画中的这两幅素描涂成什么颜色？显然，绿先生使用的是绿—蓝语言，"绿"对他来说是非时间性谓词。他会毫不困难地把两幅素描都涂成绿色。他不需要任何超感能力去首先探知每幅画各自所属的时间。因此，绿先生在类似的情境下并不会处于绿蓝先生的"三难"境地。而在这种情形下，绿蓝先生不能合乎理性地正确涂色。如果让绿蓝先生知道每幅画各自所属的时间，他就可以正确地知道第一幅图是绿蓝的了。从而对绿蓝先生来说，"绿蓝"是时间性定位谓词。这进一步表明了"绿蓝"和"绿"并不具有古德曼所说的对称性。

　　在反驳了古德曼关于谓词的对称性假定之后，巴克和阿钦斯坦得出这样一个结论："不应该按照古德曼所偏好的那种粗暴方式对这一建议（非时间性谓词比时间性谓词更具有合法的可投射性——引者）置之不理。"②换句话说，他们与卡尔纳普一样，认为时空性方案是绿蓝悖论的良好解决方案。

　　（二）对非对称性论点的反驳

　　针对巴克和阿钦斯坦的非对称性论证，古德曼在《定位性和图画》

　　① S. F. Barker & Peter Achinstein, "On the New Riddle of Induction", Catherine Z. Elgin (ed.), *Nelson Goodman's New Riddle of Induction*, New York & London: Garland Publishing, Inc, 1997, p. 66.
　　② Ibid., p. 69.

一文中进行了反驳。古德曼认为他们的主要论点是：一幅图或一种表达可以用在一个非定位性谓词的所有事例上，而要囊括一个定位性谓词的所有事例至少需要两种不同的表达。譬如，一块绿颜料可以表征所有绿色的事物而不管它们的日期，但要表征所有绿蓝的事物需要两块颜料：绿颜料用于时间 t 以前，蓝颜料用于时间 t 以后。但古德曼认为情况并非如此简单。因为不同的颜色通常可以用不同的方式来表征。在黑白图画中，不同的颜色可以用不同的阴影描绘。譬如，绿色可以用交叉阴影表示，蓝色用点表示。同样，这种方法可以用于"绿蓝"。譬如，我们可以用垂直影线表示在时间 t 之前是绿的或在此之后是蓝的的所有事物。那么，这种对"绿蓝"的表征应该与点对蓝色、交叉阴影对绿色的表征同样合法。如果一幅图是用这种方法绘制的，那么，绿蓝先生不需要图中任何关于时间的暗示，也不需要任何超感能力，就可以辨认出图中的事物是否是绿蓝的。这样，"绿蓝"就不是一个时间性的定位谓词而是一个非定位谓词，因此，对绿蓝先生来说，它具有归纳地可投射性。这无疑是巴克和阿钦斯坦的非对称性论证的一个反例。

随后，古德曼批评了巴克和阿钦斯坦不能区分定位性和非定位性谓词。他们不能逻辑地成功定义定位性和非定位性谓词之间的区别，而只能诉诸对日常语言的使用来对这两者进行区分。他们会说，只要使用某种习以为常的表达模式，那么，非定位性谓词对其所有适用事例来说就是单个的无时间差别性表达。在我们熟悉的日常语言中，没有一个词能表达所有是绿蓝的事物，我们必须借助"绿"和"蓝"这两个不同的日常语词。基于这种理由，巴克和阿钦斯坦会把"绿蓝"作为定位性谓词挑选出来。但这恰好说明之所以这样，完全取决于"绿"和"蓝"而不是"绿蓝"碰巧属于日常语言。这就是说，"这完全取决于关于习惯或牢靠性（entrenchment）的一些事实。"①

这样，古德曼在对巴克和阿钦斯坦诘难的反驳中再次回到了他的牢靠性论点。他认为对绿蓝悖论的哲学解决必须诉诸所使用谓词的牢靠性。因此，他说，在巴克和阿钦斯坦把对定位性的定义限制在最习以为常的表达

---

① Nelson Goodman, "Positionality and Pictures", *Philosophical Review*, 69, 1960, pp. 523 – 524.

方式上时，"他们同样是在诉求于牢靠性，只不过是采取了一种更迂回和隐蔽的方式。"[1] 他们并没有对绿蓝悖论提供新的解决方案。

乌尼安（Joseph Ullian）也不满意巴克和阿钦斯坦对对称性论点的诘难。他认为古德曼对此诘难的回应为之又添了新的一分。他的目的在于加强古德曼的论证并将长钉更深地送进巴克—阿钦斯坦推理路径的心脏。[2]

巴克和阿钦斯坦思想实验中的绿蓝先生会怎样表达公元 2021 年草地的颜色呢？假定绿蓝先生会用他所希望的颜料来表达这块草地的颜色。在他看来，这块草地肯定是绿蓝的。那么，他就得用绿蓝颜料来表达绿蓝这一颜色。由于所讨论的草地的时间是关于公元 2021 年的，根据绿蓝的语义，它又是蓝的。因此，如果我们用日常方式来考虑颜色，绿蓝先生应该使用蓝颜料。从而，绿蓝颜料并不能适用于它所表达的所有事例。巴克和阿钦斯坦正是这样做的。这种做法实际上把"绿蓝"排除在合法的颜色词之外。他们之所以这样做，是因为他们潜意识里认为绿蓝并不是一种颜色，只有绿或蓝才是。这恰好说明他们在以未决问题为据。最终来说，"这是一个非常类似于古德曼所诉诸的标准——牢靠性。"[3]

乌尼安还从颜色表达方式的角度来反驳巴克—阿钦斯坦论证。尽管古德曼正确地认为表达颜色的方法是多种多样的。但有一种最自然的表达颜色的同一性的方法：匹配（matching）。那么，根据绿蓝的语义，绿蓝先生应该分别用绿颜料和蓝颜料来表达公元 2020 年前和公元 2020 年后的绿蓝草地。因为公元 2020 年前的绿蓝和绿色匹配，公元 2020 年后的绿蓝和蓝色匹配。既然它们属于同一颜色"绿蓝"，公元 2020 年前的绿色也应该和公元 2020 年后的蓝色相匹配。这在巴克和阿钦斯坦看来是荒谬的。

乌尼安对此进行了质疑：是谁说公元 2020 年前的绿色和公元 2020 年后的蓝色不匹配？心理学上的一个事实是，"匹配"是一个相对性概念。在某些认知主体看来是相匹配的东西对另外的认知主体可能是不相匹配的，反之亦然。因此，尽管在绿先生看来，公元 2020 年前的绿色和公元 2020 年后的蓝色确实不匹配，但这并不表明，在绿蓝先生看来这两者也

①　Nelson Goodman, "Positionality and Pictures", *Philosophical Review*, 69, 1960, pp. 523 – 524.

②　Joseph Ullian, "More on "Grue" and Grue", *Philosophical Review*, LXLX, 1960, p. 511.

③　Ibid. , p. 511.

不匹配。我们完全可以假定绿蓝先生和绿先生对颜色的反应是完全不同的。

为了进一步说明，乌尼安为绿蓝先生引进了一个对应于绿先生的"颜色"的语词"色颜"。在此，"色颜"对绿蓝先生的功用相当于"颜色"对绿先生的功用，只不过它们所施加的对象不一样。现在我们完全可以说，绿先生所谓的公元 2020 年前的绿色和公元 2020 年后的蓝色，在绿蓝先生看来是同一种色颜——绿蓝。一种色颜当然与其自身相匹配。为了描绘公元 2020 年前和公元 2020 年后的绿蓝物体，他只需使用一种色颜即绿蓝为颜料。因为这两个时间的绿蓝没有任何差别。这就表明"绿蓝"对绿蓝先生来说并不是一个时间性定位谓词。因此，巴克和阿钦斯坦的非对称性诘难是不成功的。

在笔者看来，巴克和阿钦斯坦的论证实际上有"层次混淆"的嫌疑。如果我们始终以绿蓝语言为基本语言，那么，无论图画中草地是关于哪一年的，它都是绿蓝的。在绿蓝先生的视野中，绿先生是在用两种不同的颜料绿和蓝表达同一个颜色。这样，在绿蓝先生眼里，绿和蓝就都是时间定位性谓词，因为它们并不能适用于所表达的同类事物的所有事例。这就支持了古德曼的对称性论点。我们在讨论绿蓝先生的观点时，应该内在地进入绿蓝语言情境，始终在绿蓝范式下看问题，而不是在日常语言（即绿先生所使用的绿语言）情境中看问题。否则就会犯"层次混淆"的错误。而巴克和阿钦斯坦的论证正是始终在绿语言范式下进行的。阿钦斯坦和古德曼等人之间争论的一个重要成果是确立了谓词"绿"和"绿蓝"的对称性。此后关于绿蓝悖论的研究基本以这一对称性论点为出发点。

二　可投射性的牢靠性标准

古德曼和乌尼安两人对巴克—阿钦斯坦论证的反驳都认为，这一论证最终地诉诸于牢靠性概念。牢靠性作为一个哲学概念，是古德曼首次用来解决绿蓝悖论的。

休谟质问我们过去的经验为什么可以扩展到将来？我们还可以进一步质问扩展的是什么？当然，最自然的回答是我们扩展的是过去经验到的事例和将来事例之间的相似性。但是否所有的相似性都能扩展呢？那些能扩展的相似性是什么呢？它如何被检测出来？乌尼安的答案是：我们可以有效地预测其过去和将来事例的相似性，主要是那些在适当的背景条件下可以通过其谓词而辨认出来的相似性。[①]

古德曼的牢靠性方案走的正是这个路径。他的策略是，在适当的背景信念下（包括我们所使用的语言和谈话方式、相干的经验证据等），通过考察所涉及谓词的非逻辑特性，检测出能被扩展或投射的相似性。问题在于谓词的非逻辑特性有很多，我们应该以哪一种特性为检测标准。正如古德曼对归纳和演绎辩护的类比中所蕴含的那样，他喜欢编纂学意义上的标准——"如果这些普遍法则精确地编纂了被接受的归纳实践，这些法则就得到了辩护。"[②] 在确定选择谓词的何种特性作为标准时，古德曼也采用了一个编纂学标准，即谓词的使用记录。

早在 1946 年《对确证的质疑》一文中，古德曼就表达了该思想的萌芽。他认为我们毫无疑问是通过把过去的模式投射到将来而进行预测的，但在过去所展现的那些模式中选择要进行投射的模式时，我们使用的是一个实践标准。[③] 古德曼此时还没找出这样一个具体的实践标准。直到在哈佛大学的演讲中，古德曼才正式地提出了一个编纂学上的实践标准——牢靠性。

在古德曼看来，新归纳之谜或绿蓝悖论就是确证的定义问题，或者说有效投射的定义问题。在处理这一问题时，我们大脑里并非空无一物，而是储备了一些知识或被接受了的陈述，在解决问题时完全可以使用这些储备信息。这样，我们处理确证或投射的定义问题时就有一个崭新的视角：如果我们从过去的证据、假说及其投射出发，我们的任务就是在过去实际投射的基础上定义有效投射或可投射性。

何谓实际投射呢？古德曼认为，如果一个假说的一些事例被检验且被确定为真之后，且在余下的事例未被检验之前，该假说被接受，那么，该假说可以说成是被实际地投射。用古德曼的术语学就是："只要一个假说

---

① Joseph Ullian, "Luck, License, and Lingo", Douglas Stalker（ed.）, *Grue! The New Riddle of Induction*, Chicago: Open Court, 1994, p. 33.

② Nelson Goodman, *Fact, Fiction, and Forecast*, Cambridge: Harvard University Press, 1983, p. 64.

③ Nelson Goodman, "A Query on Confirmation", *The Journal of Philosophy*, 43, 1946, p. 385.

在被检验时有一些未决事例、一些正面事例以及没有否定事例，那么，采纳该假说就构成了实际的投射。"[1] 但是，这种实际的投射经常会冲突。投射绿假说和绿蓝假说而产生的绿蓝悖论就是明证。如何解决这种因投射冲突而产生的悖论呢？

古德曼认为这一问题很好解决，这就是"我们必须查阅这两个谓词过去的投射记录。"[2] 显然，"绿"由于是一个更早的"老手"且有比"绿蓝"多得多的投射，它有更深远的影响。因此，我们可以说，谓词"绿"比谓词"绿蓝"牢靠得多。

牢靠性方案对绿蓝悖论技术层面的解决，即消除逻辑矛盾，是非常简明的。如果同时依据两个相竞争谓词进行投射会产生矛盾的结果，那么，我们只能选择依据其中较牢靠的那一个进行投射。如古德曼指出的，由于在日常语言使用记录中，"绿"比"绿蓝"牢靠，我们应该依据"绿"而不是"绿蓝"进行投射，这样，"绿蓝"就是不可投射的，从而不会得出矛盾的预测。

在古德曼那里，"被投射谓词的卓越牢靠性即使不是可投射性的必要标志，也是其充分性标志。"[3] 那么怎样来比较谓词的牢靠性呢？古德曼认为，谓词的牢靠性只是谓词外延的牢靠性的省略说法，谓词的牢靠性来自语言的使用，我们应该从其语言之根中去寻找。从而，比较谓词牢靠性的主要标准就是检查它们过去的记录。但谓词的牢靠性并不完全取决于其被实际投射的频率，而主要在于其使用频率。乌尼安有类似的观点，他认为最好的方式是把我们的注意力放在语言的最基本的维度——它的起源和使用。

即使我们承认古德曼关于牢靠性的这些论点，他的牢靠性方案到此还只是排除了逻辑矛盾，它还必须满足良好解悖方案的第三条标准，即给予牢靠性以更深层次符合直觉的哲学说明。因为我们可以追问，为什么在绿蓝悖论中真正可投射的谓词"绿"恰好是出现较早的且被经常投射的那一个？古德曼对此的回答是："为什么只有正确的谓词如此幸运地碰巧非

---

① Nelson Goodman, *Fact*, *Fiction*, *and Forecast*, Cambridge: Harvard University Press, 1983, p. 90.

② Ibid. , p. 94.

③ Ibid. , p. 98.

常牢靠，其原因就在于很牢靠的谓词由此而成为正确的谓词。"① 古德曼的这一辩解显然有 "鸡生蛋蛋生鸡" 之嫌。

古德曼的方案纯粹建立在语言实践上，因此，尽管它可能是一个不错的尝试，但作为悖论的解决方案，它是不能令人满意的。古德曼方案中的 "投射性" "牢靠性" 等概念是不明确的。我们对它们所知的仅是：如果我们在过去（在该假说中使用它以前）没有某个语词，那么，它在我们的语言中就是非投射性的和不牢靠的。对不同的认知主体来说，通常很难判断某个语词以前是否被使用过。难道我们在检验假说之前非得查阅所有的文字记载吗？古德曼没有也不可能给出一个合理的标准。在这个意义上说，该方案是特设性的，并不符合科学实际。

另外，我们可以进一步追问，为什么有的谓词会比其他谓词有更多良好记录，从而更牢靠？从编纂学上来说，一个谓词比另一个更牢靠是因为它有更多的良好记录，但为什么一个有良好记录而另一个没有？为什么一个使用得较早而另一个较迟？是什么决定了它们之间的这种差别？乌尼安认为这类似于追问：我们是否有另外一套与现在这套同样好甚至更好的概念系统，或完全不同的另外一种语言呢？古德曼未对此给予回答。乌尼安对此的回答则是："除了耸耸肩外，其他任何回答都是不恰当的。" 我们之所以恰好拥有现有的这套语言，"只是因为我们非常走运。"② 在发表这种观点 30 年之后，乌尼安仍然认为我们之所以能用现在的这套语言或概念系统只是我们非常走运。③ 但科学的发展就仅仅因为是我们有良好的运气吗？

古德曼通过把诸如 "导电的" "基因" 等新颖谓词与其牢靠的共展谓词绑定的方式来使其获得牢靠性，这与检查过去实际投射的方式有很大差别。古德曼没有对这种绑定方式使得新颖谓词获得牢靠性的机制给出详细而有说服力的论证。因此，牢靠性标准难以和新颖谓词的可投射性吻合。另外，在物理学史上，我们有两种时空观念：以牛顿为代表的绝对时空和

---

① Nelson Goodman, *Fact*, *Fiction*, *and Forecast*, Cambridge: Harvard University Press, 1983, p. 98.

② Joseph Ullian, "Luck, License, and Lingo", Douglas Stalker (ed.), *Grue! The New Riddle of Induction*, Chicago: Open Court, 1994, p. 37.

③ Ibid., p. 39.

以爱因斯坦为代表的相对时空。显然，绝对时空概念产生得更早且"记录"更多，按照牢靠性的判定标准，绝对时空更牢靠，我们应该投射的是绝对时空。但现代物理系学表明相对时空更为合理。另一方面，在实践中，这两种观念都在使用着。因此，古德曼的牢靠性标准似乎并不能在所有导致冲突的谓词中作出决断。幸好，科学家并不是按古德曼的方案来进行科学研究的。在经验科学中，我们当然需要用语言来表达我们的观念，但古德曼过分夸大了确证关系的语言依附性。

即使我们承认古德曼的牢靠性标准在某种意义上确实可以说是区分可投射性和不可投射性的充分条件，但正如乌尼安所言，我们现有语言和概念系统中的谓词的牢靠性只是因为运气。古德曼以及许多哲学家都不能给出对这种牢靠性的更深刻的哲学说明。这样，牢靠性方案作为一种知识论悖论的解悖方案就具有较强的特设性了。

第三节　自然属性的可投射性①

牢靠性显然是从外延的维度来刻画谓词。譬如，古德曼认为，谓词的牢靠性只是谓词外延的牢靠性的省略说法。谢弗勒（Israel Scheffler）也明确地说过："可投射性涉及的是关于谓词（或其外延的）的保守原则。"② 由于牢靠性方案并不能令人满意，绿蓝悖论的讨论从纯外延维度进一步向内涵维度拓展。其代表人物之一是瑞典人工智能专家伽登佛斯（Peter Gördenfors）。他认为一个谓词是可投射的，当且仅当它表达自然属性，并进一步提出了判断谓词是否表达自然属性的可操作标准。

伽登佛斯并不是从内涵维度讨论绿蓝悖论的第一人。卡尔纳普在回应古德曼对其确证理论的质疑的时候就明确表示，古德曼的"S"谓词不是纯定性谓词，而是一个涉及时间词项的时空定位性谓词，这种谓词表达的是纯定位属性而不表达纯定性属性，在卡尔纳普看来，只有纯定性属性才可以被投射。不难看出，卡尔纳普的这一观点实际上被巴克和阿钦斯坦用

---

① 本节部分内容曾以《新归纳之谜的概念空间方案》为题在《自然辩证法研究》2004 年第 3 期发表，稍有修改。

② Israel Scheffler, *The Anatomy of Inquiry*, Indianapolis: Hackett, 1981, p. 320.

来解决绿蓝悖论，因此时空定位性方案实际是一个内涵进路的方案，可以看作自然属性方案的先驱。但真正系统讨论谓词是否表达自然属性的是哲学家奎因。

一　奎因的自然类思想

谓词表达属性，谓词的内涵就是其所表达的属性。在逻辑学中，类和属性的关系极为根本，关于类和属性何者是第一位的争论也极为激烈。但比较主导的观点认为类是由属性决定的。要从内涵的维度来区分可投射和不可投射谓词就必定会与类密切地相关。因此，奎因说："一个可投射谓词就是对某个类的所有事物且仅对这些事物为真的谓词。"[1] 按照奎因的观点，古德曼的新归纳之谜之所以是一个"谜"与类的观念的模糊性有关。

类又是与相似性密切关联的。对思维和语言来说，甚至没有任何东西比相似性更为根本。相似性是我们把事物归类的最根本的依据。休谟的归纳之谜和古德曼的新归纳之谜都是扩展和投射相似性的。因此，问题在于相似性。一般说来，同一个类中的个体之间比它和另一个类中的个体更为相似。这样，类就是比较相似性的一个重要指标。通常认为类是由属性决定的。循着这一思想进路，奎因提出了自己的绿蓝悖论解决方案——自然类方案。所谓自然类就是反映了自然属性的类。具体到绿蓝悖论这个案例，由于"绿蓝"没有反映自然属性，因为它不是仅对一类事物为真，而是对某类绿个体和某类蓝个体同时为真，因此，它是不可投射的。于是，我们不能用它来进行投射或进行预测，从而并不导致矛盾。这样，绿蓝悖论就得到了解决。

但为什么说谓词"绿"就反映了自然属性呢？或推而广之，"为什么我们现在已有的内在主观的属性空间与自然中功能性相关的个体集符合得如此之好……？为什么我们的主观属性空间要对自然有一种特别的追求和对未来有一种特殊的信赖？"[2] 奎因对此给的哲学说明诉诸进化论，他说：

---

[1]　W. V. Quine，"Natural Kinds"，Douglas Stalker（ed.），*Grue！The New Riddle of Induction*，Chicago：Open Court，1994，p. 42.

[2]　Ibid.，p. 48.

"达尔文的自然选择理论可能会对此给一个合理的部分解释。"① 显然，奎因的这一解释不能令人满意。我们可以继续追问，为什么人现在的这种主观属性空间会在优胜劣汰中幸存下来呢？除此之外，奎因的自然类方案还受损于类、相似性等概念固有的模糊性。

另外，奎因的主观属性空间概念并不具首创性。美国的实用主义哲学家皮尔士（Charles S. Peirce）在他之前曾提出过性质空间的概念，归纳逻辑学家卡尔纳普在其归纳逻辑系统里面也提出了类似于此的状态空间概念。其次，奎因未能对主观属性空间概念作更为详细的阐述，也没有给出判断自然属性的可操作性标准，这一工作是由伽登佛斯在其对绿蓝悖论的解决方案中完成的。

二　伽登佛斯的概念空间方案

伽登佛斯认为可投射性问题是决定哪些谓词能以及哪些谓词不能用在归纳推理中的问题，是解决归纳有效性和合理性问题的关键。他"接着"奎因"说"，为奎因的自然属性提供了一个可操作性标准——凸性规则（convexity rule），这也是他的"概念空间"方案的要旨。

伽登佛斯的"概念空间"是一个在本体论上先于任何语言形式的概念框架，类似于库恩的"范式"。它是一个认知实体，由一系列性质维度组成。这些性质维度包括颜色、重量、一般空间的三个维度、温度、时间和质量。我们可以思考客体的性质而不必假定这些性质在其中得到表达的语言，在这个意义上说，这些性质维度是先于语言的。每个性质维度被赋予某种拓扑结构。譬如，我们通常把一般空间看作欧几里德三维空间；把时间维度看作与实数同构；把重量维度看作与正实数同构等。对性质维度的解释有两种，一种是心理解释，另一种是科学的理论解释。对同一个性质维度采取不同的解释会有很不同的结果。譬如在科学活动中，对颜色的解释主要是根据不同种类的光的波长，这是一种一维结构；而从心理解释的视角来看，颜色则表现为一种圆形的拓扑结构，即色彩从黄色经过橙、红、蓝、紫、绿等又回到黄色，形成一个色圈。并且心理解释的视角比科

---

① W. V. Quine, "Natural Kinds", Douglas Stalker (ed.), *Grue! The New Riddle of Induction*, Chicago: Open Court, 1994, p. 49.

学解释的视角表达了更多的拓扑性质。譬如，我们在心理上可以谈论色圈中相对的色彩的互补，而用波长则无法谈论相对的色彩或色彩的互补。既然概念空间和其构成物——性质维度——是认知实体，那么，它们的拓扑结构就应该由心理量度来表征，而不是由科学理论来决定。基于这种认识，伽登佛斯认为颜色包括色彩、亮度和饱和度这三个心理维度。色彩是色圈这样一个圆形拓扑结构；亮度则是一个从白到黑的线性结构；而饱和度则是一个颜色密度由从 0 逐步增加的线性结构。

更为抽象地说，某个概念空间 S 由性质维度 D_1，……，D_n 所组成的序列构成。S 中的一个点由矢量 s =（d_1，……，d_n）表示，其中每个维度都有一个系数。相对于某个已知概念空间，对某个体属性的完整描述就是为之在该空间中指派一个点。按这种方式，每个个体都有特定的颜色、空间位置、重量、温度等。如果某个体只被指派一个偏矢量，这就是说，该个体的所有性质并未完全决定或者为我们所知。一旦某个体的所有性质维度都被指派一个值，那么该个体就得到了完整的描述。

伽登佛斯在解决可投射性问题时以奎因的自然类观点为起点。他说："不同性质维度的各种拓扑属性使得我们可以引入自然属性的观念。"[1] 伽登佛斯把自然属性定义为概念空间的某个区域，一个属性是自然的，仅当该属性所处的区域是凸的。一个凸的区域由这样一个标准来表征：对于该区域中的每一个点的对偶（s_1，s_2），在点 s_1 和 s_2 之间的所有点也在该区域内。概括说来，伽登佛斯认为，如果一个谓词所表达的属性在概念空间中是一个凸的区域，那么该属性是自然属性，从而该谓词是可投射的。我把伽登佛斯的这一观点称为"凸性规则"。凸性规则为可投射性提供了一个判断标准。

我们来看看概念空间方案怎样解决绿蓝悖论。在我们的日常概念空间中，颜色表现为一个色圈（图 1）。很显然，色圈中的每一种色彩所处的区域都是凸的，因而这些属性是自然的。根据凸性规则，表达这些属性的谓词"绿""蓝"等是可投射的。在这儿没有引入时间维度。而根据古德曼的定义，谓词"绿蓝"引入了时间维度，概念空间改变了，由原来的

① Peter Gärdenfors, "Induction, Conceptual Spaces, and AI", Douglas Stalker (ed.), *Grue! The New Riddle of Induction*, Open Court, 1994, p. 126.

圆形的拓扑结构变为圆柱形拓扑结构（图2）。显然"Grue"所表示的是一个非凸区域，因此，根据凸性规则，它表达的不是自然属性，从而是不可投射的。我们不能对它进行投射或者作预测，这样不会产生相互矛盾的预测，从而消解了绿蓝悖论。

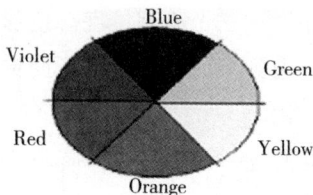

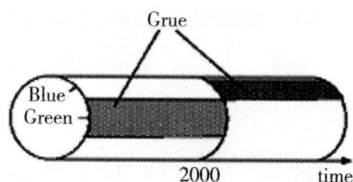

图1　色圈　　　　　　　　图2　表示"Grue"的非凸形的时一色圆柱体

　　伽登佛斯对绿蓝悖论的"解决"有几个假定。首先，是否反映自然属性是可投射性的判断标准；其次，可投射性可以作为区分似律性陈述和偶似陈述的一个条件；再次，绿蓝悖论可以归结为似律性陈述和偶似陈述的区分等。应该说这些假定都是值得怀疑和探讨的。下面我将表明，即便这些假定是正确的，伽登佛斯的解决方案也有一些基本性缺陷。

三　对概念空间方案的质疑

　　如前所述，伽登佛斯的概念空间概念是对奎因的"属性空间"和卡尔纳普的"状态空间"的发展。概念空间蕴涵着我们应该从多视角来认识事物，应该用发展、变化的观点看事物。譬如，颜色这一亚概念空间就暗含着变化的观点：色彩的循环；亮度从白到黑的变化；颜色密度由0逐步增强等。古德曼的颜色空间增加了时间维度，可以看作是对日常颜色空间的发展。伽登佛斯不能发现和贯彻他的概念空间理论所蕴涵的辩证法思想，依然以日常颜色空间为"本体"，否定古德曼颜色空间的"本体"地位。在问题解决上表现为："绿"的拓扑结构在日常概念空间里是一个凸的区域，表现了自然属性，因而是可投射的；而"绿蓝"则不然。如果以古德曼颜色空间为"本体"将会是另一番景象。但我现在批判的焦点并不在此，而在一些更为"技术性"的问题。

　　（一）凸性规则运用的不彻底性

　　伽登佛斯认为，凸性可以作为可投射性的一个标准。他正是根据"绿蓝"在图2所示的概念空间中的区域不是凸的而否定了"绿蓝"的可投射性。然而，缺乏"凸性"实际上不能成为伽登佛斯把"绿蓝"当作不自然且不可投射谓词的正当理由。因为他反复说，某个谓词表达的属性是否是自然属性是相对于给定的概念空间而言的，"在某个给定的概念空间的拓扑结构或测量结构的帮助下，有可能定义自然属性的观念"。[①] 伽登佛斯还明确表示，即使"绿蓝"型谓词相对于我们的标准概念空间不具有"凸性"，我们还是可以构造这样一个概念空间："绿蓝"在其中指谓自然的属性，而"绿"和"蓝"则指谓非自然的属性。

实际上，古德曼已经给了我们这样的思路：如果我们以"绿蓝"和"蓝绿"（bleen）为初始谓词，同样可以定义"绿"和"蓝"。例如，"绿"可以定义为"适用于时间 t 之前被检验的翡翠——如果它们是绿蓝的，也适用于其他翡翠——如果它们是蓝绿的。"[②] 根据古德曼和伽登佛斯的阐述，我们可以构造一个如图 3 所示的概念空间。该概念空间和图 2 所示的空间有同样的圆柱形拓扑结构，在该空间中，"绿蓝"所属区域是凸的。如果严格遵循凸性规则，"绿蓝"应该具有可投射性，但伽登佛斯却否认了这一点。显然，伽登佛斯的否认是基于凸性规则以外的其他理由。否则，他就自相矛盾。

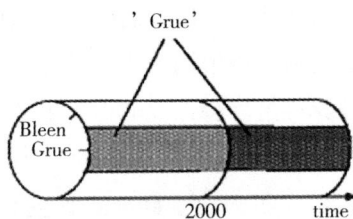

图 3 Grue 所属区域是凸的　　　图 4 Mortal 所属区域是非凸的

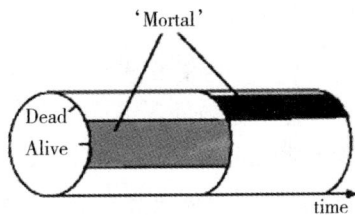

循着伽登佛斯的思想进路，可以用概念空间术语把古德曼的绿蓝问题表述为：为什么"绿蓝"在图 3 中显示出的"凸性"并不赋予它可投射性，而如果它在图 2 中显示出"凸性"却赋予其可投射性？伽登佛斯用

① Peter G？rdenfors, "Induction, Conceptual Spaces, and AI", Douglas Stalker (ed.), *Grue! The New Riddle of Induction*, Chicago: Open Court, 1994, p. 129.

② Nelson Goodman, *Fact, Fiction, and Forecast*, Cambridge: Harvard University Press, 1983, p. 80.

凸性规则无法回答这一问题，只有求助于日常概念空间，并且赋予其本体论上的优先地位。为什么日常概念空间具有优先地位？为了避免循环论证，伽登佛斯只得再次跟随奎因对其作进化论式的辩护。

在笔者看来，伽登佛斯的方案只不过表明：并非所有的概念空间都足够好，合法的概念空间是以自然的性质维度为基础的（这一点正是伽登佛斯否定绿蓝具有可投射性的潜在理由——尽管他没有明确表述出来）。换句话说，概念空间并不能作为自然属性的判定标准，也不能为其提供哲学辩护，它只是自然属性的符号化、图形化的表征。

（二）凸性不是可投射性的必要条件

伽登佛斯是用凸性来定义自然属性的，凸性是属性的自然性的充分必要条件，因此，它可以作为某属性是否自然的判断标准。由于伽登佛斯赞同奎因以自然的属性作为可投射性的标准，所以，伽登佛斯的凸性规则就是可投射性的判断标准和充分必要条件。伽登佛斯不坚决地执行凸性规则就暗示了，凸性规则不是可投射性的充分条件。不幸的是，笔者将以实例表明凸性也不是可投射性的必要条件。

"绿蓝"型谓词的特别之处并不在于它们把某个或某些更基本的性质维度和时间维度结合在一起，但它们有一个共同特点，即它们蕴含了某种性质变化。一个谓词蕴含性质的变化并不能成为说该谓词表达的属性不自然的理由。因为许多正常且可投射的谓词都具有这种特性。考虑受到良好检验的假说 H "所有人都是会死的"。"会死的"用英文表示就是"mortal"，它有"不能永存"之意。在 H 中，它蕴含了人由生到死这种变化。无疑，"会死的"在自然语言中表达了自然属性，是可投射的。按照伽登佛斯的概念空间理论，仿照他对 Grue 的图示（图 2），我们可以在某个概念空间中把"Mortal"表达成如图 4 所示。很显然，它所属的区域是非凸的，根据凸性规则，它应该是不可投射的。实际情况却是，不管它是否具有凸性，"会死的"表达了自然属性，也具有可投射性。这样的例子在自然语言中比比皆是，又如"易碎的""可燃的"，等等。

以上谓词都是我们所熟知的，且有的涉及时间维度。但我们可以构造一个不太熟悉且不关涉时间维度的谓词。古德曼认为有些不太熟悉的谓词也具有可投射性，譬如，晚近出现的"遗传的""基因的"等科学术语就是可投射的——尽管我们对之不是很熟悉。他的这一思想为我们的构造提供了辩护。

现在我们构造一个绿蓝型谓词"固液气的"。它可定义为：适用于所有在温度 C_1 以下是固态的事物，或者适用于在温度 C_1 和 C_2 之间且是液态的事物，也适用于在温度 C_2 以上是气态的其他事物。在此 $C_1 < C_2$。依照伽登佛斯对 Grue 的图示，我们可以构造一个同样具有圆柱形拓扑结构的概念空间。只不过在该空间中，表示温度维度的温度轴取代了图 2 中的时间轴，且 C_1 和 C_2 把温度轴分为三部分；圆柱形的底面用表示物相的固态、液态和气态取代图 2 中表示颜色维度的"绿""蓝"等。"固液气的"在该概念空间中所属区域由三个部分构成，即 C_1 以下且是固态的部分，处于温度区间 $[C_1, C_2]$ 且是液态的部分，以及 C_2 以上且是气态的部分。很显然，该区域是非凸的，但我们并不因此而认为"固液气的"是不可投射的。相反，我们会承认它的可投射性。考虑"水是固液气的"这一概括陈述。假定我们已经检验了很多不同地方的水，它们都是固液气的。由此我们预测，玄武湖的水也是固液气的，该预测并不产生绿蓝悖论式的结果。即使我们作更进一步和细致的预测，也不会产生不相容的预测。因为预测"玄武湖的水在 C_1 以下是固态的""玄武湖的水在温度 C_1 和 C_2 之间时是液态的"和"玄武湖的水在温度 C_2 以上是气态的"是相容的。这一实例说明"固液气的"具有可投射性，至少具有古德曼意义上的可投射性。

基于上述理由，笔者对概念空间方案作为绿蓝悖论的良好解决方案的资格持怀疑态度。作为自然属性路径方案的最高成就，概念空间方案不能令人满意地解决绿蓝悖论。

耶克尔（Gal Yehezkel）在 2016 年的一篇论文中认为绿蓝悖论与"自然齐一性"有密切关系，"自然齐一性蕴涵时间和空间对假说是因果不敏感的，正是时间和空间对因果的不敏感性使得我们可以构建自然律，使得它们可以适用于无限多的案例，而不管时间和空间的定位性。"[1] 这一方案实际超越了绿蓝悖论的语言论解悖路径，而走上了绿蓝悖论的形而上学解悖路径。这一新方案实际上构成对以卡尔纳普和阿钦斯坦等人为代表的

---

① Gal Yehezkel, "The New Riddle of Induction and the New Riddle of Deduction", *Acta Analytica*, Vol. 31, 2016, p. 41.

时空定位性方案的一个反驳，而与笔者下面所提出的自然属性的情境因果制约方案有相通之处。

四　自然属性的情境因果制约方案①

主体总是在一定情境中决断对某属性进行归纳投射和对某属性不进行归纳投射。情境是在一定时空点上个体具有的属性或关系，它世界的一个实在而具体的部分，该部分使某些命题为真而其他命题为假。有一个极大的情境（事实），我们称之为"世界"。对每个命题 p 来说，世界使其为真或为假。较小的情境，即世界的真部分，使某些命题为真，某些为假，而另外一些的真值则没有定义。情境类型是抽象掉时空场点的情境，它是一种抽象的情境；情境殊型是指特定时空点上的具体情境。因此，不具时空场点的属性是情境类型。譬如，属性绿就是情境类型。而情境殊型可以粗略地理解为情境类型的具体化。因此，情境类型对自然属性的判定起本质性作用。

一般说来，一个殊型总与另一个殊型之间具有一定的制约关系。殊型之间的制约关系可以定义为：殊型 s_1 制约 s_2，当且仅当，如果殊型 s_1 是现实的，那么殊型 s_2 必定是现实的。也就是说，每个包含殊型 s_1 的情境必定也包含殊型 s_2。殊型 s_1 和 s_2 具有制约关系，意味着 s_1 和 s_2 有某种因果关联，即从因果的角度来看，s_1 必定先于 s_2，亦即 s_1 和 s_2 有因果后继关系。对于任意的 s_1 和 s_2，s_2 是 s_1 的因果后继（$s_1 N s_2$），当且仅当，对任意殊型 s_3，s_3 是 s_2 的部分，当且仅当，s_3 是现实的且 s_1 紧先于 s_3。可以将这一定义符号化为：

$$\forall x \forall y \ (x N y \ =_{def} \forall z \ (z \subseteq y \leftrightarrow (Az \ \& \ (x <_0 z))))。$$

其中，$z \subseteq y$ 表示 z 是 y 的部分 Az 表示 z 是现实的，$x <_0 z$ 表示 x 紧紧先于 z。

类似地，情境类型之间也有因果制约关系。例如，类型摩擦和类型生热之间就具有因果制约关系。利用殊型间的因果制约关系，可以将类型间的因果制约关系定义如下：

---

① 本小节的部分内容曾作为"绿蓝悖论的情境因果论解决方案"的一小节发表在《福建论坛》2014 年第 3 期。

$(\phi \mid \sim \psi) =_{def} \square \forall x ((Ax \& (x < \phi) \rightarrow \exists y (xNy \& (y < \psi))))$[①]

其含义是，类型 ϕ 与类型 ψ 具有因果制约关系，当且仅当，对任意的情境殊型 x，如果 x 是现实的并且 x 支持类型 ϕ，那么，存在一个殊型 y，y 是 x 的因果后继且 y 支持类型 ψ。显然，从 ϕ 到 ψ 的因果制约，衍涵每个情境类型 ϕ 后面必然紧跟着一个情境类型 ψ。

由于根据情境论属性可以看作类型，于是析取属性可以看作析取类型 $\phi \vee \psi$ 这种形式。这样就有望利用析取类型 $\phi \vee \psi$（与其他任意类型间的因果制约关系，给出析取类型是否表征自然属性的判定标准。利用著名情境论学者罗伯特·孔斯（Robert Koons）给出的伪装的（单纯的）析取类型的定义，我们可以判定任意析取类型是否表征自然属性。

相对于情境 s，$(\phi \vee \psi)$ 是单纯析取（或伪装的）类型，当且仅当，对每个类型 χ，如果 $s < ((\phi \vee \psi) \mid \sim \chi)$，那么存在 s 的真部分 s_1 和 s_2，$s_1 < (\phi \mid \sim \chi)$，$s_1 \not\models (\psi \mid \sim \chi)$，并且 $s_2 < (\psi \mid \sim \chi)$，$s_2 \not\models (\phi \mid \sim \chi)$。[②]

根据这一定义，属性绿蓝明显是一个伪装的、单纯析取属性。因为任何涉及绿蓝的因果制约关系都可分解到两个分离的因果制约关系中，一个涉及属性绿（并且在时刻 t 之前被观察到），另一个涉及属性蓝（并且未在时刻 t 被观察到）。这两个分离的制约关系每个都可以被支持伪装的绿蓝制约关系的那些殊型的真部分所支持。伪装的类型不是真正的类型，它绝不是因果相干的。

在绿蓝悖论发现的情境中，所有被观察到的事例都只属于两个析取肢中的一个，但我们在投射中使用的是一个析取属性。这个伪装的析取类型表明，没有任何知识连接这两个析取肢。在这种情况下，归纳地投射该析取属性是不可靠的，它是一个自然选择所不待见的程序。因此，我们不能投射绿蓝属性，从而绿蓝悖论被消解。

这一消解方案可以得到目的功能认识论的辩护。普兰廷加认为，绿属性和绿蓝属性中哪一个可投射不是由其逻辑性质决定的，关键在于一个功能正常的成年人在现实情境中实际投射的是哪一个。并非时刻 t 之前被观

①　Robert C. Koons, *Realism Regained*, Oxford: Oxford University Press, 2000, p. 56.

②　Ibid., p. 63.

察到的绿翡翠不为所有翡翠是绿蓝的提供任何支持，而是说它对所有翡翠是绿的提供的支持更强。这种支持强度或可投射度由什么决定呢？普兰廷加的回答是："不是别的，正是我们的设计计划。"① 功能正常的人会发现某些被计划的投射比其他投射有分量得多。只有心智的目的功能出现故障，我们才会在归纳中使用绿蓝这样的属性。② 因此，在绿属性和绿蓝属性产生冲突的时候，功能正常的人总会选择投射绿属性而非绿蓝属性。

第四节　基于证据视角的新型解悖方案

绿蓝悖论本质上是在确证理论中产生的悖论。确证理论是对确证关系的逻辑研究，确证关系是基于一定的背景信念，证据和假说之间的认知支持关系，它有证据和假说这两个关系项。如前所论证，绿蓝悖论的语言论路径方案以谓词"绿蓝"的不可投射性为标靶展开，但谓词是假说的必要构成成分，此类方案认为谓词的不可投射性决定了包含这些谓词的假说的不可投射性，因此，这些方案实际是以假说的不可投射性为标靶。科学方法论路径上的方案直接以假说的简单性③或可证伪性④等方法论特征为标靶展开。利用贝叶斯确证逻辑的贝叶斯可投射性方案⑤或者以假说的事例或者以假说本身的可投射性为靶子。因此，现有解悖方案实际是在以待确证假说为标靶的假说范式下进行的，即通过表明绿蓝假说根据某种标准不可投射来消解悖论。但现有假说范式下的解悖策略均不成功。鉴于此，我们转换解悖视角，聚焦于确证的另一个关系项证据，从证据这一新视角来解决绿蓝悖论。

---

① Alvin Plantinga, *Warrant and Proper Function*, New York: Oxford University Press, 1993, p. 135.

② Robert C. Koons, *Realism Regained*, Oxford: Oxford University Press, 2000, p. 219.

③ Gilbert Harman, "Simplicity as a Pragmatic Citerion for Deciding What Hypotheses to Take Seriously", Douglas Stalker (ed.), *Grue! The New Riddle of Induction*, Chicago: Open Court, 1994, pp. 173 – 192.

④ 顿新国:《绿蓝悖论的证伪主义方案辨析》,《华中科技大学学报》, 2006 年第 6 期, 第 23—27 页。

⑤ John Earman, "Concepts of Projectivity and the Problem of Induction", Douglas Stalker (ed.), *Grue! The New Riddle of Induction*, Chicago: Open Court, 1994, pp. 97 – 115.

一　对绿蓝悖论的消解

在描述绿蓝悖论之产生时，古德曼明确说，根据亨佩尔的确证定义，观察陈述"（被观察的）翡翠 a 是绿的""（被观察的）翡翠 b 是绿的"等是绿假说的证据陈述（着重号为笔者所加，下同）。并且"对于每个断言某翡翠是绿的的证据陈述，都有一个相应的断言某翡翠是绿蓝的的证据陈述确证绿蓝假说'所有翡翠是绿蓝的'。……从而根据我们的确证定义，从这两个假说分别做出的预测得到了描述同样（same）观察结果的证据陈述的同样的（alike）确证。"① 由古德曼在绿蓝悖论构造过程中反复提及证据陈述可知，证据在此是一个非常关键的概念。这表明从证据的视角来解决绿蓝悖论是恰当的。

但古德曼在这里关于证据和确证的断言是含混不清的。在断言两个预测得到了描述同样观察结果的证据陈述的同样确证时，古德曼表达的意思究竟是什么呢？

第一种可能是："（时刻 t 之前被观察的）翡翠 a 是绿的""（时刻 t 之前被观察的）翡翠 b 是绿的"这样的观察报告直接确证预测"将来某个时刻 t 之后的某个翡翠是绿的"，从而是该预测的证据；类似地，它们也直接确证预测"将来某个时刻 t 之后的某个翡翠是蓝的"，从而是该预测的证据。

第二种可能是：根据亨佩尔的确证定义，这些观察陈述同时确证绿假说和绿蓝假说，从而也就间接地确证作为这两个假说之逻辑推论的预测。如果能表明"（时刻 t 之前被观察的）翡翠 a 是绿的"这样的观察陈述确证绿假说，但并不如古德曼所断言的也确证绿蓝假说，那么矛盾预测不能得到建构，绿蓝悖论就被消解。或者，即便某观察陈述是绿蓝假说的确证证据，但它不是作为其逻辑推论的预测的确证证据，绿蓝悖论也会被消解。

为了更清晰地刻画根据古德曼所强调的"我们的确证定义"（即亨佩尔的确证定义），观察陈述分别与绿假说和绿蓝假说是否具有确证关系，

①　Nelson Goodman, *Fact*, *Fiction and Forecast*, Cambridge: Harvard University Press, 1983, p. 74.

我们可以用一阶语言来表达这些陈述。令"$C_{t_1}x$"表示"x 在时刻 t 之前被观察",在此 t_1 表示在某个将来的时刻 t 之前;相应地,"$C_{t_2}x$"表示"x 在时刻 t 之后被观察",在此 t_2 表示在某个将来的时刻 t 之后。"Ex""Gx""Grx""Bx"分别表示"x 是翡翠""x 是绿的""x 是绿蓝的""x是蓝的"。于是,观察陈述 ε "(在时刻 t 之前)被观察过的翡翠 a 是绿的"表示为"$Ea \wedge C_{t_1}a \wedge Ga$";绿假说 H1 "所有翡翠是绿的"可表示为"$\forall x（Ex \rightarrow Gx）$";根据古德曼对绿蓝的定义,绿蓝假说 H2 "所有翡翠是绿蓝的"可以表示为"$\forall x(Ex \rightarrow((C_{t_1}x \rightarrow Gx) \wedge(\neg C_{t_2}x \rightarrow Bx)))$"。对应于绿蓝假说,绿假说的结构可以完整表示为"$\forall x(Ex \rightarrow((C_{t_1}x \rightarrow Gx) \wedge(\neg C_{t_2}x \rightarrow Gx)))$"。

首先考虑古德曼表达的第一种可能性,即观察报告直接确证两个预测。绿假说预测是"所有时刻 t 之后未被观察的翡翠是绿的",即 $\forall x((Ex \wedge \neg C_{t_2}x) \rightarrow Gx)$。这儿的预测可以弱化为"时刻 t 之后某个未被观察的翡翠是绿的",即 $\forall Ex \wedge \neg C_{t_2}x \rightarrow Gx)$。绿蓝假说预测是,"所有时刻 t 之后未被观察的翡翠是蓝的",即 $\forall x((Ex \wedge \neg C_{t_2}x) \rightarrow Bx))$,同样可被弱化为"$(Ex \wedge \neg C_{t_2}x \wedge Bx)$"。亨佩尔的确证定义说的是,"如果一个观察报告 B 衍推假说 H 在该观察报告所提及的个体的类上的展开,那么该观察报告 B 直接确证假说 H。"[①]为简单起见,仅考虑现有"描述同样观察结果的"陈述 ε "在时刻 t 之前被观察的翡翠 a 是绿的",即"$Ea \wedge C_{t_1}a \wedge Ga$"。绿假说预测在观察陈述 ε "$Ea \wedge C_{t_1}a \wedge Ga$"所提及的个体类 $\{a\}$ 上的展开 D_{H1} 是 $((Ea \wedge \neg C_{t_2}a) \rightarrow Ga)$。其逻辑等价于 $(\neg(Ea \wedge \neg C_{t_2}a) \vee Ga)$。由于 $\varepsilon \vDash Ga$,$Ga \vDash Ga \vee \neg(Ea \wedge \neg C_{t_2}a)$,因此,$\varepsilon \vDash D_{H1}$。根据亨佩尔确证定义,观察陈述 ε 直接确证绿假说预测。

类似地,绿蓝假说预测在类 $\{a\}$ 上的展开 D_{H2} 是 $((Ea \wedge \neg C_{t_2}a) \rightarrow Ba)$。其逻辑等价于 $(\neg(Ea \wedge \neg C_{t_2}a) \vee Ba)$,亦即 $((\neg Ea \vee C_{t_2}a) \vee Ba)$。显然,$(Ea \wedge C_{t_1}a \wedge Ga) \nvDash ((\neg Ea \vee C_{t_2}a) \vee Ba)$,亦即 $\varepsilon \nvDash D_{H2}$。根据亨佩尔确证定义,绿蓝假说预测没有得到确证。因此,悖论得不到建构。

考虑古德曼可能表达的第二种情况,即观察报告通过确证绿假说和绿蓝假说,从而间接确证两个预测。显然,此种情况下,绿蓝悖论能否建构

①　Carl G. Hempel, "Studies in the Logic of Confirmation", *Mind*, Vol. 54, 1945, p. 109.

的关键在于观察陈述是否确证这两个假说。如前，观察陈述为 ε "$Ea \wedge C_{t1}a \wedge Ga$"；绿假说 H_1 为 "$\forall x(Ex \rightarrow ((C_{t1} \rightarrow Gx) \wedge (\neg C_{t2}x \rightarrow Gx)))$"；绿蓝假说 H_2 为 "$\forall x(Ex \rightarrow ((C_{t1}x \rightarrow Gx) \wedge (\neg C_{t2}x \rightarrow Bx)))$"。

绿假说 H_1 在 $\{a\}$ 上的展开 D_{H1}^* 是 $(Ea \rightarrow ((C_{t1}a \rightarrow Ga) \wedge (\neg C_{t2}a \rightarrow Ga)))$，亦即 $(\neg Ea \vee (\neg C_{t1}a \wedge C_{t2}a) \vee (\neg C_{t1}a \wedge Ga) \vee (C_{t2}a \wedge Ga) \vee (Ga \wedge Ga))$。由于 $\varepsilon < Ga$，显然有 $\varepsilon < D_{H1}^*$。根据亨佩尔确证定义，观察陈述 ε 直接确证绿假说 H_1。由于绿假说的预测被绿假说 H1 逻辑地衍推，根据亨佩尔对间接确证的定义，"如果一个假说被一个语句集衍推，且该语句集中每个语句被某观察陈述直接确证，那么该观察报告确证该假说"，观察陈述 ε 间接确证绿假说 H1 的预测。

类似地，绿蓝假说 H_2 在 $\{a\}$ 上的展开 D_{H2}^* 是 $(Ea \rightarrow ((C_{t1}a \rightarrow Ga) \wedge (\neg C_{t2}a \rightarrow Ba)))$，根据蕴析律和分配律可以得到 $(\neg Ea \vee (\neg C_{t1}a \wedge C_{t2}a) \vee (\neg C_{t1}a \wedge Ba) \vee (C_{t2}a \wedge Ga) \vee (Ga \wedge Ba))$。显然，$\varepsilon \not\models D_{H2}^*$。因此，$\varepsilon$ 并不直接确证绿蓝假说。从而，ε 并不间接确证绿蓝假说的预测。此时，绿蓝悖论也得不到建构。

二　对消解方案的辩护

如果古德曼认为绿蓝悖论确实是可以被建构的，那么我们可以合理地要求他给出得出悖论所依赖的其他前提，因为我们在此表明了仅依赖他所说的根据"我们的确证定义"和"描述同样观察结果的证据陈述"，绿蓝悖论严格说来是得不到建构的。

古德曼在此可能隐含了一个关于确证的证据析取假设。从古德曼明确说，"对于每个断言某翡翠是绿的的证据陈述，都有一个相应的断言某翡翠是绿蓝的的证据陈述"，可以推测这一假设。可将这一假设表述如下：

证据析取假设：如果 $\Downarrow$ 是绿假说的证据，那么 $\Downarrow \% \Diamond$ 是绿蓝假说的证据。

对于绿蓝案例，这个假设说的是：如果观察报告"翡翠 a 被观察且是绿的"是绿假说的证据陈述，那么"翡翠 a 被观察且是绿的，或者，某个翡翠 x 没被观察且是蓝的"是绿蓝假说的证据陈述。

如果是这样，绿蓝悖论同样不能得到建构。在得出悖论性结论时，古德曼明确说"描述同样（same）观察结果的证据陈述的同样的（alike）

确证", 显然, 观察报告 ε "翡翠 a 被观察且是绿的" 陈述的是一个事实, 而 ↓%◇ "翡翠 a 被观察且是绿的, 或者, 某个翡翠 x 没被观察且是蓝的" 是 ε 的一个逻辑推论, 它严格说来不是一个对事实的观察报告, 而只是一个可观察陈述。即便将后者也看作观察报告, 它们也不可能描述同样的观察结果, 因为这两个陈述既不是逻辑等价的, 也不是笔者对确证所要求的经验内容等同。这样, 我们就得不出古德曼的上述断言。

为了使绿蓝悖论得出所依赖的 "描述同样观察结果的证据陈述" 这一条件成立, 我们必须抛弃这一假设, 而仅考察 "同一个" 观察报告 "翡翠 a 被观察且是绿的", 因为它确实描述了同样的观察结果。

以上分析表明, 古德曼的断言——根据亨佩尔的确证定义, "(在时刻 t 之前被观察的) 翡翠 a 是绿的" 这样的观察陈述同样地确证绿假说预测和绿蓝假说预测——是错误的。观察陈述 ε 确实确证 (无论是直接还是间接) 绿假说以及绿假说预测, 从而是绿假说和绿假说预测的证据; 但 ε 既不确证绿蓝假说也不确证绿蓝假说预测, 从而也不是绿蓝假说和绿蓝假说预测的证据。这一方案所精确塑述的绿假说和绿蓝假说同构, 它不依赖对谓词 "绿蓝的" 任何语言上或哲学上的特定说明, 也不依赖对包含绿蓝谓词的绿蓝假说任何方法论上的要求, 仅从古德曼所说的绿蓝悖论由以推导出的基本前提出发, 严密论证了绿蓝悖论并非可以从古德曼断言的前提逻辑地导出, 从而消解悖论。

三　解悖的证据路径趋向

实际上, 这一方案提出了绿蓝悖论研究的一个趋向: 从假说解悖范式转向了证据解悖范式。以绿蓝悖论为例从形式要求方面探讨证据与相应假说的确证或支持关系, 而对证据的实质性要求及其与假说确证之间关系的深入讨论对构建好的确证逻辑同样具有重要意义。

值得重视的是, 最新研究成果已经开始关注从证据的实质性要求方面来解决绿蓝悖论。斯科拉姆 (Alfred Schramm) 就是其中一个代表。斯科拉姆首先区分了一般性证据和实质性 (significant) 证据, 认为只有实质性证据才构成对相应假说的确证, 可将这一观点称为 "实质性证据原则"。他对实质性证据原则规定如下:

实质性证据原则："对任意证据性命题 e'Oai∧Uai'（无论此处的 U 是初始谓词还是非独立谓词），证据 e 是实质性的，当且仅当，（1）e 及其客观性条件都被接受为真；（2）e 被接受是基于经验。"①

一个证据 e 被接受是基于经验的意思是，对于"所有 P 都是 Q"这样的假说，证据 e 是对通过对是 P 的东西的观察得到的。显然，绿蓝性证据"（Ea∧C_{t1}a∧Ga）∨（Ea∧¬C_{t2}a∧Ba）"不是通过观察得到的，而是从证据性命题"（Ea∧C_{t1}a∧Ga）"逻辑推论而得。斯科拉姆还认为，一个证据被接受为真还需要假设反事实条件，"对于一个被观察是绿的翡翠 Ea_i，我们必须接受即使翡翠 Ea_i 没有被观察，它也会是绿的，即 ¬O_{Tai}□→G_{ai}。"②

斯科拉姆的这两个条件绿蓝性证据"（Ea∧C_{t1}a∧Ga）∨（Ea∧¬C_{t2}a∧Ba）"都不满足，因此它不是绿蓝假说的实质性证据，从而它不能确证绿蓝假说，绿蓝悖论被消解。

多斯特（Chris Dorst）对斯科拉姆的这一方案进行质疑。一方面，他认为斯科拉姆对绿蓝悖论的理解是狭义的；另一方面，斯科拉姆的这个条件与杰克逊的反事实条件非常相似并且更强，而杰克逊的反事实条件遇到很多反例，且这些反例适用于斯科拉姆的反事实条件框架。③

最近有人从谓词所表达属性的另一个角度提出了一个新的解决方案。这一方案不是根据该属性是否是自然的而被确定是否可投射，而是将属性是否会被证据击败作为投射的标准。这一方案认为，我们从是 K 的样本中的个体都具有属性，不能归纳地得出"所有 K 都是 P 或者 F"，在此 F 是与 P 相对立的属性。也就是说"所有 K 都是 P 或者 F"这样的假说是不可投射的。显然，这一假说对应于绿蓝悖论中的绿蓝假说。弗雷塔格（Wolfgang Freitag）指出"P 或者 F"这种形式的假说之不可投射性是因为支持它的证据在认识论上所依赖的证据会击败"P"假说。应用于绿蓝悖论，"与绿假说不同的是，绿蓝假说不可投射，因为绿蓝证据依赖一个

①　Alfred Schramm, "Evidence, Hypothesis, and Grue", *Erkenntnis*, 79, 2014, p. 577.

②　Ibid. , p. 576.

③　Chris Dorst, "Evidence, Significance, and Counterfactuals: Schramm on the New Riddle of Induction", *Erkenntnis*, 81, 2016, pp. 143 – 154.

被击败的假说的证据。"① 这样，这个方案实质已经是证据路径上的新方案。

　　这些最新研究成果表明绿蓝悖论的解决逐步趋向从假说解悖范式转向证据解悖范式，同时，绿蓝悖论传统解悖方案的不成功也间接为此提供了支撑。当然，好的解悖方案会对证据的实质性要求方面提出更令人满意的条件和标准。这不仅对令人满意地解决绿蓝悖论有重要意义，而且对构建良好的确证理论和证据理论有重要的意义。

　　根据本章的论证，绿蓝悖论是一个比确证悖论更深层的悖论。语言论路径的方案诉诸绿蓝假说包含的谓词的不可投射性来消解悖论。其理由主要有：谓词绿蓝不是纯定性谓词而是时空性谓词、绿蓝谓词使用记录少而不牢靠、绿蓝谓词不表达自然属性等。这类方案共同策略是通过说明绿蓝谓词的不可投射性来表明绿蓝假说的不可投射性。科学方法论路径的简单性、可证伪性方案利用科学方法论中的假说评价标准来消解悖论。贝叶斯型解决方案尽管在解决确证悖论上得到很多人的承认，但在解决更深层的绿蓝时却并不成功。这三大路径解悖方案的解悖焦点都是针对假说的某些性质，因此可以看作解悖的假说范式。这些方案的不成功促使我们改变解悖视角，将焦点集中在确证关系的另一个关系项证据上。本章给出了这一路径上的一个消解方案，并对之给予辩护。进而强调指出，对证据的实质性要求、对证据的本性以及对证据的传递性、在合取和析取运算下的闭合性等逻辑性质的研究不仅对包括确证悖论和绿蓝悖论在内的悖论解决有重要意义，而且在构建好的确证理论和当代作为辩护理论的知识论有重要意义。绿蓝悖论以及确证理论的研究应该并正走向证据范式。

---

① Wolfgang Freitag, "The Disjunctive Riddle and the Grue – Paradox", *Dialectica*, Vol. 70 (2), 2016, p. 185.

第四章　确证之洛克预设难题

此前两章分别论证了展现确证之证据相干性难题的确证悖论和展现确证之可投射性难题的绿蓝悖论都是合理相信悖论。尽管有学者认为古德曼发现的绿蓝悖论和亨佩尔发现的确证悖论等价①，但第三章论证了绿蓝悖论是比确证悖论更深层次的关于确证和合理相信的悖论。学界解决确证悖论的主导范式是利用贝叶斯确证理论来刻画待检验假说基于一定证据的确证度。这种刻画可以分为递增确证和绝对确证。递增确证指的是，如果基于一定证据被检验假说的置信度高于没有该证据时的置信度，那么该证据确证被检验假说。绝对确证是指，如果基于一定证据被检验假说的置信度高于某个临界值，那么该证据确证该被检验假说。这两种确证度概念背后隐含的一个预设是：如果基于一定证据某个假说的概率非常高，那么该假说就得到了很好的确证，是可以合理相信的。我称这一预设为"洛克预设"，这一预设被弗雷（Richard Foley）称为"洛克论点"②，有时又被称为"高概率接受（相信）规则""概率临界值规则"。但凯伯格发现的彩票悖论表明，并非基于一定证据具有很高概率的命题就是可合理相信的，即贝叶斯确证的"洛克预设"遭遇了严峻难题。

第一节　彩票悖论及其展现的逻辑问题

学界通常认为彩票悖论是由凯伯格发现。凯伯格最早在 1959 年符号

---

① Kenneth Boyce, "On the equivalence of Goodman's and Hempel's paradoxes", *Studies in History and Philosophy of Science*, 45, 2014, pp. 32 – 42.

② Foley, R., *Working Without a Net*, Oxford：Oxford University Press, 1993, p. 40.

逻辑学会的一次会议上报告了彩票悖论，1960 年在科学哲学与科学史国际大会上又谈到该悖论。1961 年在其著作《概率与合理信念的逻辑》中正式发表。① 在 1970 年的一篇论文"合取主义"中，凯伯格再次对该悖论给予更精确的说明。② 本章将以该论文中陈述的彩票悖论为蓝本。

一 彩票悖论是合理相信悖论

根据凯伯格的论文，彩票悖论大致如下：考虑一次有一百万张奖券的抽奖活动。其中有且只有一张彩票会中奖。考虑假说"第 7 张彩票不会中奖"。根据假设，这是一次公平的抽奖活动，这个假说只有一百万分之一的机会是假的。这是相信这一假说的充足理由。根据同样的论证，有理由相信假说"第 i 张彩票不会中奖"。根据合取原则，我们可以得到合取式："第 1 张彩票不会中奖"并且"第 2 张彩票不会中奖"并且……。最后，可以合理相信：对任意的 $1 \leqslant i \leqslant 1000000$，第 i 张彩票不会中奖。但根据这次公平抽奖活动规则有：对某个 $1 \leqslant i \leqslant 1000000$，第 i 张彩票会中奖。根据合取原则，信念集 S 中必定既包含前面那个全称量化命题又包括后面这个存在量化命题。但它们的合取显然是一个矛盾式，即有某张彩票 i 既会中奖又不会中奖。这就是广为人知的彩票悖论。这一悖论性结果的导出有赖于下面几个假定：

（i）一致性条件：一个合理相信的命题汇集应该是一致的。这个条件实际上是不矛盾律要求。因为我们不能同时相信两个互相矛盾的结论，否则就违反了不矛盾律。

（ii）演绎闭合条件：一个合理相信的命题汇集应该是演绎闭合的。这个条件的含义是说，一个合理相信的命题汇集的所有逻辑推论都是可以合理相信的。表述得严格一点就是：在时间 t 对于某个认知主体 S 来说，如果属于命题集 Φ 的每个命题 φ 都是合理可相信的，并且从命题集 Φ 可以逻辑地推论出 ψ，那么，对于处在时间 t 的认知主体 S 来说，ψ 是合理可相信的。

① Kyburg, H. E., *Probability and the logic of rational belief*, Middletown: Wesleyan University Press, 1961, pp. 197 – 199.

② Kyburg, H. E., "Conjunctivtis", Marshall Swain (ed.), *Induction*, *Acceptance*, *and Rational Belief*, Dordrecht: D. Reidel Publishing Company, 1970, p. 56.

　　具体到彩票悖论上就是合取封闭原则。如果我们可以合理相信第 1 张彩票不会中奖，第 2 张彩票不会中奖，……，第 i 张彩票不会中奖，根据信念的合取规则，"所有彩票都不会中奖"是我们合理相信的这些单称命题的逻辑推论，于是，我们可以合理相信"所有彩票都不会中奖"这一命题。

　　（iii）洛克论点：存在这样一个临界值 ε，ε<1。如果一个命题的主观概率大于 ε，那么，这个命题是可以合理相信的。上面的例子中，ε 值是 0.999999。我们之所以相信所涉及的单称概率性命题，是因为我们潜在地认为这个临界值是合理的。显然，在直觉上一个主观概率高达 0.999999 的命题是可以合理相信的。这样，第一个条件是不矛盾律的应有之意；第二个条件是演绎有效的逻辑推理规则；而第三个条件也高度符合认知主体的日常直觉。

　　这一例子表明我们并不能通过提高单个命题的概率相信标准来避免悖论性结果，因为 0.999999 已经是一个很高的概率标准了。更一般地，无论作为相信标准的概率临界值 ε 有多高，只要它小于 1，那么，彩票悖论就不可避免。因为只要我们规定彩票的张数超过 1/（1-ε），那么，"第 i 张彩票不会中奖"的概率就会超过 ε，我们就可以分别合理相信所有 n 个这样的单称命题。从而，我们必定可以构建矛盾等价式。

　　根据前面对归纳悖论的界说，凯伯格的彩票例子完全符合归纳悖论的三大构成要素。特别地，它明确地是关于概率性单称命题的合理相信问题的，因此，它是合理相信悖论，从而，也是知识论悖论。由于这一悖论最早是由凯伯格发现的，因此，它有时被命名为"凯伯格悖论"。类似于乌鸦悖论，不少学者根据所举事例把它形象地叫作"彩票悖论"。又因为它明显地是关于信念或知识接受问题的，因此，有时又被称为"知识接受之谜"。

　　事实上，彩票悖论可以看作是关于确证的悖论，并且与绿蓝悖论一样，它是对亨佩尔发现的确证悖论和古德曼发现的绿蓝悖论的深化。在彩票悖论的构造过程中，"第 i 张彩票中奖的概率是一百万分之一"这一命题可以理解为，在"这是一次有且仅有一百万张彩票的公平抽奖活动"这一背景知识和"每张彩票中奖的概率一样"这一背景假定的基础上，假说或命题"第 i 张彩票会中奖"的概率是一百万分之一。相对于一定的证据，假说"第 i 张彩票会中奖"的概率是不同的。更具体来说，在背景假定相同的情况下，相对于一次有且仅有一百张彩票的公平抽奖活动，假说"第 i 张彩票不会中奖"的概率是 0.99，而相对于一次有且仅有一百万张彩票的公平抽奖活动，假说"第 i 张彩票不会中奖"的概率是 0.999999。也就是说，"第 i 张彩票中奖的概率是一百万分之一"这一命题表达的含义实际应该是，相对于一定的证据，"第 i 张彩票会中奖"的概率是一百万分之一；相应地，相对于一定的证据，"第 i 张彩票不会中奖"的概率是 0.999999。

而如前所述，确证悖论主流解决方案的策略是：通过表明基于一定的证据，乌鸦假说的概率得到提高（最理想的是达到一个很高的概率值），来为相信乌鸦假说的合理性提供辩护。但彩票悖论说的是，即便基于一定的证据，彩票假说"第 i 张彩票不中奖"的概率高达 0.999999，也会得出相互矛盾的结论，即我们不能合理相信这一彩票假说。正是在这个意义上，我们可以说彩票悖论是对确证悖论的深化。如果按照波伊斯（Kenneth Boyce）的绿蓝悖论与确证悖论等价的观点，那么彩票悖论是这三个悖论中悖论度最高的。根据第三章的讨论，绿蓝悖论的悖论度高于确证悖论的悖论度，它们都是关于确证或合理相信的悖论，绿蓝悖论之完满解决需要表明绿假说比绿蓝假说得到现有观察陈述的支持度高。如果基于一定证据（关于时刻 t 前被检验翡翠是绿的），绿假说的概率比绿蓝假说要高，并且基于该证据体绿假说的概率很高，根据（贝叶斯）确证理论所隐含的关于合理相信（信念）的洛克论点，绿假说可以被合理相信。但无论这个概率值多高，我们相信它都可能导致矛盾，这正是凯伯格悖论所展示的。因此，确证悖论、绿蓝悖论和彩票悖论构成了一个悖论度逐步提高的合理相信悖论家族。

二 彩票悖论展现的逻辑问题

从上面彩票悖论的构造过程可以看出，彩票悖论的得出本质地依赖洛克论点和合理信念的合取封闭原则。严格说来，洛克论点是一个认识论上的合理性原则，而合理信念的合取封闭原则是一个关乎后承关系的逻辑规则。因此，彩票悖论向我们展现的问题包括认识论问题和逻辑问题。由于前面我们明确指认了彩票悖论的认识论性质，因此在此不详加讨论洛克论点，而是将重心放在彩票悖论的逻辑问题上。

合理信念的合取封闭原则说的是，如果一个被合理接受的信念体由几个信念构成，那么相信这几个信念的合取也是合理的。在彩票悖论的构造中，如果我们不对单个的合理信念进行合取，或者对合取进行限制使之不能推出"所有彩票都不中奖"，则矛盾等价式得不到建构。因此，彩票悖论展现的问题之一是合理信念的合取封闭原则是否成立。

众所周知，在经典命题逻辑中，命题在合取、析取等逻辑运算下确实是封闭的。合理信念的合取封闭原则是关于信念的逻辑运算法则。但命题的逻辑运算是一回事，信念的逻辑运算是另一回事。事实上，这里有一个混淆，即混淆了信念和作为信念之对象（信念内容）的命题。通常我们不会对信念和命题做严格的区分，那是因为我们认为信念往往是用命题表达的。但这个用来表达信念的命题实际上表达的是认知主体所相信的东西，无论我们将这个被相信的东西看作相信的对象还是相信的内容（尽管这两者有很大区别，但在此并不重要）。正如在彩票悖论的构造过程中，说可以合理相信"第 i 张彩票不中奖（p）"时，我们断言的是我们对 p 这个命题的认知态度，这个命题的内容是第 i 张彩票不中奖，而不是对这个命题本身下断言。信念当然可以用命题表达，但要表达相信第 i 张彩票不中奖，应该是命题"相信 p"。而此时这个命题不是"p"而是另一个命题"Bp"。对不带任何模态算子的 p 当然可以进行合取运算，但对带有相信这一内涵性认知算子的命题 Bp 来说，对之进行演绎的合取运算是需要辩护的，甚至对很多逻辑学者和知识论家来说，这一法则是不成立的。

于是，彩票悖论对逻辑学家所提的问题有如下几个：

1. 如果经典后承关系对非确定性推理来说不可靠，那么何种后承关系对信念集（而不是命题集）来说是可靠的？

2. 如果合取引入规则对非确定推理不可靠，那么在非确定推理语境下，这一规则是应该抛弃还是应该进行拯救以便可以部分使用？

3. 在信念集这一层次上，如果有时候持有合起来不一致的信念是合理的，那么这种现象有多频繁呢？何时这种合起来不一致是可容忍的，何时应被看作必须修正的信号？①

　　直到 1980 年之后，才有人严肃地对待非确定推理中的后承关系问题。一开始只处理定性路径上的非确定性推理，这就是我们所说的"非单调逻辑"。尽管在前两个问题上有一些努力，并取得一些成果，但正如麦金森（David Makinson）所说，这些成果并不能令人满意且遇到一些新问题。与纯粹外延化演绎逻辑情形不一样，在归纳逻辑中，实际情况是，没人能给出一个关于非确定性推理的纯形式规则来确定具体的后承关系。在我看来，其主要原因在于，经典演绎逻辑是纯外延化逻辑，究其实质，它处理的是个体和个体之间的关系，而以确证逻辑为代表的当代归纳逻辑所要处理的本来就是个体和属性之间的关系，主要探讨的是所谈论的个体（个体类）是否以及在多大范围内具有某些相应的属性，以及在何种意义上我们可以相信个体与属性之间的这种关系。属性是严格内涵性的，个体的属性显然也是内涵性的。也就是说，以确证逻辑为代表的当代归纳逻辑是关于认知主体对世界所做的断言，是关于"内容"的，而不是个体与个体之间的纯形式关系。正是这种区别使得当代归纳逻辑没有经典演绎逻辑的那种纯形式规则，并且它也不是必须具有这种规则。因此，我在这实际对前两个问题给予了否定回答。第三个问题实际上是关于合理相信不一致信念的可能性问题，它给我们的启发是需要制定一些规则以便帮我们确定何时可以合理地持有不一致的信念。就我所知，对这个问题尚未有人解答。在我看来没有一个纯演绎的形式规则能解答这个问题，这样的非形式规则类似高概率接受规则，需要在知识论路径上寻求。

三　凯伯格对逻辑问题的回答

　　彩票悖论的哲学内涵表明它是一个合理相信悖论，它的解决必定与合理相信的标准密切相关。彩票悖论的构建有赖于前面所说关于合理相信的三个假定。最早明确提出命题接受规则的是确证悖论的发现者亨佩尔。亨佩尔的接受规则包括三个合理性条件和一个概率分离规则。三个"定性

---

　　① David Makinson, "Logical questions behind the lottery and preface paradoxes: lossy rules for uncertain inference", *Synthese*, 186, 2012, p. 514.

的”合理性标准是：

（1）一个已经被接受了的命题集合 K 的所有逻辑推论也应该被接受。

（2）一个被接受的命题集合 K 应该是逻辑上一致的。

（3）经推理接受进集合 K 的任何陈述都是相对于整个系统 K 来判决的。这实际上是“全证据”要求。

亨佩尔的本意是要根据假说的概然度和其内容测度共同来决定是否选择和接受某一个假说，即给出一个接受命题的“定量”标准，但他得出来的却是一个纯概率的接受规则。

概率分离接受规则：相对于一定的背景信念，在证据 e 的条件下，假说 h 的概率 $P_{(H|E)} = \varepsilon$。如果 $\varepsilon > 1/2$，我们接受 h；如果 $\varepsilon < 1/2$，我们拒绝接受 h，或接受其否定 ¬ h；如果 $\varepsilon = 1/2$，我们可以接受也可以不接受 h，或悬置判断。

凯伯格把亨佩尔的这一接受规则称为“分离规则”。[①] 不难见得，前面所说彩票悖论的构建所依赖的三个假定与亨佩尔的接受规则和接受所必须满足的合理性条件几乎相同。合理性条件（1）实际上就是“演绎闭合条件”；合理性条件（2）实际上就是“一致性条件”；亨佩尔的概率分离接受规则只是“概率临界值条件”的一个事例。既然这三个广为接受的背景信念的结合会导致彩票悖论，解决办法自然是修改或摒弃其中的一个或几个。

应该着重指出的是，亨佩尔此处的合理性条件和接受规则是针对命题而不是“信念”。洛克论点或高概率接受规则也是关于命题的，是关于在何种情况下可以合理地相信某个命题。但信念合取引入规则针对的是信念而不是命题，即它谈论的是几个合理的信念是否可以进行合取运算的问题。换句话说，在彩票悖论构造过程中，洛克论点的使用要“先于”信念合取引入规则的使用，前者是后者的“前提”。

另外，不难看出，洛克论点或高概率接受规则强于亨佩尔的概率分离接受规则。既然满足更严苛的高概率接受规则都会导致彩票悖论，那么满

---

① 凯伯格把“概率临界值条件”称为“概率分离规则”。这是因为在凯伯格看来，某个概率值是决定是否接受某命题或信念的标准。它像一个分水岭，一个概率高出该概率值的命题就可以被合理接受；而一个概率低于该概率值的命题就不能被合理接受；对概率等于该概率值的命题则悬置判断。

足较弱的亨佩尔的概率分离接受规则也会导致彩票悖论，因此，在解决彩票悖论时学界通常以洛克论点为标靶。针对洛克论点，有人认为只要一个命题不是确定性命题，无论它的概率有多高，我们都不能合理相信和接受它。具体到彩票案例，对其中的任何一张彩票不管它不中奖的概率有多高，我们都要悬置判断而不能相信和接受这一命题，只有所有抽奖结果出来后才能对之采取相应的认知态度，选择相信、接受或拒斥。正如凯伯格所认为的，这一策略显然代价太大，以致于使我们不能相信关于我们周边世界的任何东西。

因此，凯伯格本人的策略是保留洛克论点或高概率相信（接受）规则，弱化演绎的合取封闭条件和一致性条件如下：

（1）弱一致性原则（凯伯格系统中的公理1，又称对偶一致性）：在给定语言 L 中，B 为合理信念或者背景知识汇集，S 为 L 中的任一陈述，$(S)(S \in B) \rightarrow \neg(\neg S \in B)$。

凯伯格还将这一原则推广为：对任意的 S_1，…S_{n-1}，如果它们分别都属于 B，那么 $\neg(S_1 \cdots S_{n-1})$ 不属于 B。

（2）弱演绎闭合原则（公理2）：如果 $S \supset T$ 是语言 L 中的定理，且 $S \in B$，那么 $T \in B$。[①]

弱演绎闭合条件和弱一致性条件，加上概率临界值条件，可以避免彩票悖论。因为如果 $P(H \mid E) > \varepsilon$（在此，$\varepsilon$ 表示概率接受规则中的临界值），H 就被接受进知识汇集。而 H_1 是 H 的逻辑推论，根据概率理论，$P(H_1 \mid E) > P(H \mid E) > \varepsilon$。这样，接受一个作为知识汇集中的元素的逻辑推论并不导致把一个概率小于临界值的命题接受为知识。另一方面，我们接受"第 i 张彩票不能中奖"，即我们可以分别接受"第 1 张彩票不会中奖""第 2 张彩票不会中奖"……"第 n 张彩票不会中奖"。即使一共只有 n 张彩票，根据弱演绎闭合条件，我们也不能合理相信"所有彩票都不会中奖"，不能让它进入知识汇集 K 中。从而矛盾等价式不能得到

---

① Kyburg, Henry E., "Conjunctivtis", Marshall Swain (ed.), *Induction, Acceptance, and Rational Belief*, Dordrecht: D. Reidel Publishing Company, 1970, p. 78.

建构，悖论也就被消解了。

不难看出，凯伯格的解悖策略实际上针对的是合理信念的合取引入规则。这样，他就间接地回答了彩票悖论所展现的第二个逻辑问题。凯伯格后来在其合理相信和接受理论当中又试图拯救信念的合取引入规则。

凯伯格根据命题或信念的确定性程度（概然度）把它们归入不同的层次。这样，知识汇集 K 就是一个由确定性程度不同的子知识集构成。凯伯格进行知识分层的标准就是他的纯概率分离接受规则。凯伯格认为概率是一种定义在形式化语言中的等值语句的类的基础上的逻辑关系，是一个句法概念。相对于一个合理信念汇集 K，语句 S 的概率是区间 $[p, q]$。这样，凯伯格的一个特别之处在于他使用的是区间概率而不是点概率。在凯伯格的知识系统中有一个不受概率规则支配的最高层次的合理信念汇集，它由逻辑真理、数学真理和基础 F 及其逻辑推论构成。简单说来，基础 F 是"观察陈述"的某种储存，相当于我们的感觉经验陈述、观察证据等。这一点与经验主义者休谟的知识分层完全吻合。较低层次的合理信念汇集的内容完全由下面的概率分离规则决定。

凯伯格的概率分离接受规则：命题 H 属于具有基础 F 的合理信念汇集 K_i（$i < n$），当且仅当，H 相对于具有基础 F 的第 $i+1$ 层合理信念汇集 K_{i+1} 的概率等于 $[p, q]$。在此，$p > r_i$，r_i 是接受进第 i 层合理信念汇集的概率临界值。

根据凯伯格的知识接受理论，各级知识集合可以排成一个序列 K_1，K_2，K_i，…K_n，且 $K_i \supset K_{i+1}$。也就是说，较低层次的知识集合包含其高级层次的知识集合。但凯伯格的概率分离接受规则并不断言 K_i 是演绎闭合的。譬如，命题 P 属于 K_i，命题 Q 属于 K_i，但它们的合取 $P \land Q$ 并不一定属于 K_i。因为相对于合理信念汇集 K_{i+1}，$P \land Q$ 的概率可能小于 r_i，根据凯伯格规则，$P \land Q$ 不能接受进 K_i。因此，凯伯格断言，"我们对任何有足够高的概率的陈述进行分离——但我们并不接受我们所接受了的陈述的合取。"[1]

尽管凯伯格的规则听起来很合理，但希克（Fred Schick）表明凯伯格

① 凯伯格："概率，合理性和分离规则"，江天骥主编，《科学哲学名著选读》，武汉：湖北人民出版社，1988 年，第 348 页。

的理论会导致新的彩票悖论。说明如下：

假设在知识汇集中有某个子集 K_i，在该集合中有关于一次公平抽奖活动的描述。这次抽奖活动共有 n 张彩票，$n > 1 / (1 - \varepsilon)$。这样就使得任何一张彩票中奖的概率低于临界值 ε。在此，$n \geq i \geq 1$，n，i 都是自然数；ε 是第 i 层合理信念汇集 K_i 的临界值 r_i。用 H_i 表示"第 i 张彩票不会中奖"，根据凯伯格的接受规则，每个 H_i 都可以被接受进合理信念汇集 K_i。由于

$$H_2 \rightarrow (H_1 \rightarrow (H_1 \wedge H_2)),$$

$$H_3 \rightarrow ((H_1 \wedge H_2) \rightarrow (H_1 \wedge H_2 \wedge H_3)),$$

……

$$H_n \rightarrow ((H_1 \wedge \cdots \wedge H_{n-1}) \rightarrow (H_1 \wedge \cdots \wedge H_n))$$

都是逻辑真理，而 H_2，H_3，…，H_n 属于第 i 层合理信念汇集 K_i，那么，

$$H_1 \rightarrow (H_1 \wedge H_2),$$

$$(H_1 \wedge H_2) \rightarrow (H_1 \wedge H_2 \wedge H_3),$$

……

$$(H_1 \wedge \cdots \wedge H_{n-1}) \rightarrow (H_1 \wedge \cdots \wedge H_n)$$

也属于第 i 层合理信念汇集 K_i。而 H_1，H_2，H_3，…H_n 属于第 i 层合理信念汇集 K_i，于是，可以得到 $H_1 \wedge \cdots \wedge H_n$ 属于第 i-1 层合理信念汇集 K_{i-1}。这就是说，"在第 i 层合理信念汇集中的所有陈述的合取将出现在第 i-1 层合理信念汇集中。"[1]

由于这是一次公平的抽彩活动，因此，必有一张彩票中奖。譬如第 x 张彩票中奖，它属于第 i 层合理信念汇集，因而也属于第 i-1 层合理信念汇集。但"所有彩票都不会中奖"也属于第 i-1 层合理信念汇集。这样，彩票悖论又幽灵般地回来了。

为了摆脱这种"才出油锅又进火坑"的境况，凯伯格采取了一个特设性很强的策略——"在我的系统里，我们可以通过同时只能处理两个

---

① 凯伯格："概率，合理性和分离规则"，江天骥主编，《科学哲学名著选读》，武汉：湖北人民出版社，1988 年，第 348 页。

层次的合理信念汇集来避免彩票悖论。"① 他规定，在他的知识汇集里最高层次的是具有哲学确定性的合理信念汇集，另一个是对应于给定情形的具有实践确定性的合理信念汇集。相对于不同的情境，该合理信念汇集可以有不同的概率临界值。因此，不同概率的命题可以进入同一个实践的合理信念汇集中。当然，这个关于实际的合理信念汇集并不是演绎封闭的。我们不允许属于这一层次的命题的合取也属于这一层次，并且，我们并不能以它为参照而把该合取式归到较低的层次——我们没有这样一个较低的知识层次。这样，彩票悖论就得到了消解。

正如摩尔提末（H. Mortimer）所说，这样一来，凯伯格减少知识层次的做法使得他的合理相信和接受理论与洛克论点没有实质性区别。采用高概率规则，我们只需同样特设性地限制"合取"使用就可以消解彩票悖论，而没有必要区分知识的层次。但是，一个良好的解悖方案所必须满足的一个要求就是非特设性。因此，凯伯格对彩票悖论的解答并不令人满意。

从上述可知，凯伯格的概率接受方案的要义是对演绎闭合条件和一致性条件进行弱化和修改，经过修改后的规则仍然遇到一些难题。科学哲学家和归纳逻辑学家莱维（I. Levi）进一步对演绎闭合条件和一致性条件进行修改，在决策论的框架下提出了自己的认知效用接受规则。

莱维的认知效用接受规则：（1）拒绝接受基本划分 U_e 中这样的假说 a_i，$P(a_i, e) < q(cont(\neg a_i, e))$，即如果 $EU(a_i, e) < 0$，我们将拒绝接受假说 a_i。将基本划分 U_e 中所有未被拒绝的假说的析取（记为 h^*）作为 M_e 中经归纳接受为最强的假说，并且接受 h^*。（2）把已接受的最强假说 h^* 与背景知识 b 和经验证据 e 结合在一起，并且接受其所有演绎结论。

$q(cont(\neg a_i, e))$ 称为假说 a_i 的拒绝度。在采用标准信息测度的情况下，对于有 n 个元素的基本划分 U_e 中所有基本假说 a 来说，它们的拒绝度都是 q/n。当 $P(a_i, e) < q/n$ 时，a_i 被拒绝。q 越大拒绝度就越高，就会有更多的基本假说被拒绝。q 越大，表明认知主体对信息越重视，基于同样的证据，认知主体准备接受的假说也就越强，他就越甘愿为

① 凯伯格："概率，合理性和分离规则"，江天骥主编，《科学哲学名著选读》，武汉：湖北人民出版社，1988 年，第 349 页。

获取更大的信息而冒更大的风险；q越小，表明认知主体对假说的概率或真理性越重视，在接受假说为知识时越谨慎。

莱维的认知效用规则方案步不仅实质上地大大弱化甚至取消了知识接受的高概率条件，而且潜在地取消了他想通过"演绎信服原则"来保留的合取接受规则，从而也就弱化了演绎闭合原则。这一方案确实可以消解彩票悖论，但它在倒洗澡水时连孩子也一起泼了出去——它所付出的代价太高，违反了我们的"充分宽广性"解悖要求。

顺着莱维的决策论的认知效用路径，凯文·凯利（Kevin T. Kelly）等人最近提出了一个几何—逻辑方案[①]。它界定了一组能接受非确定性命题但不会产生矛盾的非限定性接受规则，该组规则在经典衍推下封闭。这组规则本质上是对洛克论点的修改而不是对它的限制，可以看作是对莱维规则的辩护。尽管它们都能解决彩票悖论，但学界普遍认为认知效用路径上的方案在技术上过于复杂，并且不符合认知实践。

第二节　信念集一致性标准方案

在彩票悖论构造过程中，命题 φ "第 i 张彩票不会中奖"起着关键性作用。如果我们相信它，那么，基于同样的理由，我们也就应该相信其他类似的命题："第 1 张彩票不会中奖"、……、"第 i-1 张彩票不会中奖"。根据演绎闭合条件——更具体地就是所谓的信念合取原则，我们相信"所有彩票不会中奖"。这与我们的背景信念"有且仅有一张彩票中奖"矛盾。因此，凯伯格、弗雷（Richard Foley）、克林（Peter Klein）、阿钦斯坦等人都通过拒斥演绎闭合条件来解决作为信念合理接受悖论的彩票悖论。[②] 但这种策略有一些难以接受的推论，我们将在后文探讨这一点。

---

① Hanti Lin & Kevin T. Kelly, "A geo-logical solution to the lottery paradox, with applications to conditional logic", *Synthese*, Vol. 186, 2012, pp. 531 – 575.

② Richard Foley, "The Epistemology of Belief and the Epistemology of Degrees of Belief", *American Philosophical Quarterly*, 29, 1992, pp. 111 – 124; Peter Klein, "The Virtues of Inconsistency", *Monist*, 68, 1985, pp. 105 – 135; Peter Achinstein, *The Book of Evidence*, Oxford: Oxford University Press, 2001.

　　我们还可以从"源头"上阻止悖论的产生。譬如说，我们可以拒斥命题 φ"第 i 张彩票不会中奖"，而不需要对演绎闭合条件进行限制、修改或拒斥。在此，"第 i 张彩票不会中奖"只是一种简略的说法。我们的意思无非是两种：（1）我们知道"第 i 张彩票不会中奖"；（2）我们能合理地相信"第 i 张彩票不会中奖"，或我们对"第 i 张彩票不会中奖"具有合理信念。我们知道某件事就构成了我们的"知识"，相应地，说法（1）就构成了彩票悖论的知识版，而说法（2）则构成彩票悖论的信念版。[①] 在我们看来，合理信念是知识的必要条件，我们不能合理地相信一个命题也就不能把它当作知识。因此，如果我们能够找到合理的理由使得命题不能被合理地相信，那么，彩票的合理信念悖论和知识悖论就得到了消解。基于这样的理由，我们把焦点集中在彩票的信念悖论上。

　　知识论悖论的解悖往往在形式技术层面很简单，但在哲学说明上却比较困难。彩票的信念悖论就是这样：我们通过规定合理相信一个命题所必须满足的条件排除掉命题 φ，从而使得它们的合取也被排除，矛盾等价式不能得到建构，悖论被消解。显然，找出这样一个"必要条件"不是很困难的事。问题在于：它是否"足够宽广"，以致不会排除我们直觉上能合理相信的经验事实。这就要求我们在这两种情形中作出令人满意的区分：我们可以合理地相信命题（F）"我刚离开的那个房间里还有家具"；[②] 但我们不能合理地相信命题 φ"第 i 张彩票不会中奖"。

　　从彩票悖论的产生情境来看，它与命题的概率密切相关。因此，许多方案或区分标准都沿着概率主义路径。但我们并不必然地要遵循定量的概率主义，相反我们可以另辟蹊径沿着定性路径来解决彩票悖论。在有关研究文献中，确实有这样的解悖方案。它们的一个共同的特征是为不能合理相信某个（些）命题或信念给出合适的理由：如果合理相信一组命题会导致错误，为了小心地避免错误起见，那么，我们不能合理相信或接受这组命题中的任何一个。这种路径上的方案的一个重要的特征是，它们要求

---

　　① Dana K. Nelkin, "The Lottery Paradox, Knowledge, and Rationality", *The Philosophical Review*, 109, 2000, pp. 373 – 375.

　　② 这个例子参见 Richard Foley, *The Theory of Epistemic Rationality*, Cambridge: Harvard University Press, 1987, p. 245.

保证某个信念集的一致性，如果一个信念集可能是不一致的，那么，不能合理地相信该信念集中的任何命题。可以称这一类方案为信念集一致性标准方案。这无疑具有认识论的保守主义色彩。这些方案中较有代表性的是邦约尔（Lawrence Bonjour）的"不存在假信念"标准、瑞恩（Sharon Ryan）的"避免错误"标准和尼尔金（Dana K. Nelkin）的"统计性证据支持"标准等。

一　"不存在假信念"和"避免错误"

在彩票例子中，如果我们相信"第 i 张彩票不会中奖"，那么，基于同样的理由，我们也就应该相信命题集合 U 中的每一个元素：{"第 1 张彩票不会中奖"，"第 2 张彩票不会中奖"，……，"第 1000000 张彩票不会中奖"}。根据我们所给条件——有且仅有一张彩票中奖，这就表明集合 U 中有一个信念是假的。

很直观地，我们就会想到：如果一个命题或信念属于一个含有虚假信念的集合，那么，相信它们当中的任何一个都会冒犯错的风险。于是，不能合理相信该集合中的任何命题。当然，这样一个集合还应当满足其元素彼此要是"相干地类似"这一要求。我把这一标准称为"存在虚假信念标准"。在对彩票悖论的解决中，持这一策略的人并不少见。其中较有代表性的是邦约尔和瑞恩。

在讨论彩票情形和其他情形的区别时，邦约尔写道：

出现了大量的相干地相似的可能结果，它们每一个单独地都是非常不可几的，但是探究中的人知道它们当中至少有一个会实现，但不知道是哪一个。在这样一种情形下，既然没有其他相关方法可以对这些可能结果作出区分，那么，该人就不能得到充分辩护地相信也不能知道任何特定的可能结果不会实现，尽管它不会实现的概率可以如你所想的那般高——只需增加可能结果的数量即可。在这种情形中，把它们排除在知识之外的原因不仅仅是它们为真的概率小于确定性，而且在于该人知道这些高概率命题中有一个是假的。……但在其他许多情形中，尽管某人不能确定他的信念为真，但并不出现这种进一步的知识。[1]

从引文来看，尽管邦约尔谈论更多的是关于"知道"或"知识"的，但这段话也适用于"相信"或"信念"。他的这段话清楚地表明，我们之所以不能合理地相信一个命题或信念，不只是因为它不具有确定性，即不具有为 1 的概率，更重要的是因为，除了具有一些"相干地类似"的命题或信念外，我们还进一步确定地知道它们当中有一个是假的。

具体到彩票例子，尽管"第 i 张彩票不会中奖"有很高的概率，但它还没有达到概率 1，而且根据背景知识，尽管我们不知道具体是哪一个，但我们知道在命题集 U 中必有一个命题是假的。根据邦约尔的上述标准，我们不能"得到适当辩护地"相信"第 i 张彩票不会中奖"，从而也不能"得到适当辩护地"相信"所有彩票都不会中奖"。矛盾等价式不能得到建构，彩票悖论被消解。

邦约尔的这一标准最直接的缺陷就是它的不精确性。虚假信念是肯定存在的，那么它在哪儿存在？或者说，我们不希望它在哪些地方存在？显然，邦约尔是不希望它在所有"大量的相干地相似的可能结果"所组成的集合中存在。但这些"可能结果"是关于什么的？而且"相干"和"相似"都是很含混的概念。这些可能结果在何种意义上、在哪些方面"相干"？如奎因在《自然类》一文中所表明的，"相似"是一个无法精确定义的模糊概念。

瑞恩具有类似的思想。她认为一个理性的认知主体不能在认识论上合理地相信"第 i 张彩票不会中奖"。其原因在于他处于一种特别的情境：他知道在其某个信念集中有一个是假的，但不知道具体是哪一个。在这种情形下，该认知主体该如何行为？直觉地我们可能会认为，我们不相信该信念集中的任何一个。瑞恩正是这样认为的。她把这种行为所诉诸的原则叫"避免错误原则"。这有点类似于人类的"趋利避害"本能：假定我们面前有一些外形、颜色、气味等都一样的糖果，我们知道其中有一颗含有致命的毒药，但我们不知道具体是哪一颗。我们是否会吃其中的某一颗或

① Lawrence Bonjour, *The Structure of Empirical Knowledge*, Cambridge: Harvard University Press, 1985, p. 236.

更多呢？为了保险起见，我们本能地是不会吃的。瑞恩的"避免错误原则"是这样的：

> 对任何相竞争陈述的集合 L 来说，如果（1）某个 S 有良好理由相信 L 中的每一个成员是真的，并且（2）或者 S 有良好理由相信 L 中至少有一个成员是假的，或者 S 对 L 中是否至少有一个成员是假的悬置判断是得到辩护了的，那么，S 相信 L 中任何相竞争的单个陈述都是没有得到认识论辩护的。[①]

在此，瑞恩用"相竞争陈述集"意指"由单个合理但在引入反证据时会产生问题的所有陈述组成的集合"；"有良好理由相信 L 中的某个成员 P"是说 S 的所有证据对该成员的支持比对它的否定的支持要多；"对某个成员悬置判断得到了辩护"是说，S 相信 P 和相信 ¬ P 都没有得到良好辩护。显然，邦约尔的"虚假信念存在标准"和瑞恩的"避免错误原则"基本精神是一致的，而且后者要比前者更精确、更合理。

在彩票例子中，瑞恩的"相竞争陈述集合 L"指的是集合 U：$\{$（第 i 张彩票不会中奖）$\mid i$：$1000000 \geqslant i \geqslant 1\}$。根据"这是一次公平抽奖活动"等相关证据，"任意一张彩票不会中奖"的概率很高。相应地，其否定"任意一张彩票会中奖"的概率很低。根据瑞恩的观点，我们有良好理由相信集合 U 中的每个命题是真的；并且，背景知识告诉我们 U 中有且仅有一个陈述或信念是假的。这样，彩票例子就满足了瑞恩的两个前提条件。根据瑞恩的"避免错误原则"，我们相信 U 中的任何一个陈述或信念都是没有得到认识论的合理辩护的。换句话说，我们不能合理地相信和接受集合 U 中的任何命题，并且也不能相信它们的合取。矛盾得到了消解。

如前所述，无论"存在虚假信念标准"还是"避免错误原则"都可以避免彩票悖论。它们是否会阻止我们合理地相信前述的 F 型命题"我刚离开的那个房间里还有家具"呢？答案是否定的。我们并没有与 F 型命题"相竞争的陈述"或"其他多种可能结果"。换句话说，我们并不具有与之互斥的多个命题组成的命题集或信念集。更不用说我们知道其中的某个是假的这一"进一步知识"了。也就是说，我们并不具有这样一个得到辩护了的信念：在我离开那个房间后不久，里面的家具就不见了。F命题这种情形并不满足"虚假信念存在标准"和"避免错误原则"。因此，它们并不排斥我们合理地相信 F 型命题——一类直觉上可以合理相信的经验事实。

这样看来，瑞恩的原则似乎是合理的。但尼尔金（*Dana K. Nelkin*）认为他给该原则找出了反例。[①] 这个反例大致是这样的：假设就在我的同学甲、乙、丙、丁、戊、己六人进入我的房间之前我正读一本书，但这本书给丢了。我问了他们每个人，但他们都说没拿。根据我现有的证据，他们每人拿了这本书的概率都是 1/6。也就是说，其中的任何一个同学没拿这本书的概率是 5/6。假定我可以合理地相信这六个同学当中肯定有一个拿了这本书。根据"避免错误原则"，我们不能相信"同学甲没拿这本书"、"同学乙没拿这本书"、……"同学己没拿这本书"这六个命题当中的任何一个。我们进一步假定：我非常了解同学甲，知道他很诚实且从不心不在焉，而且我对其他同学的人品不太了解。在这种情形下，根据"避免错误原则"，我还是不能合理地相信"同学甲没拿这本书"。这无疑是违反自觉的。

尼尔金的这一"反例"尽管在表面上构成了对瑞恩原则的反驳，但实际并非如此。首先，这一反例并不能对瑞恩的"前辈"邦约尔的"存在虚假信念标准"构成反驳。因为邦约尔明确提到了一个条件——"没有其他相关方法可以在这些可能结果之间作出区分"，而在这个所谓的反例中，我们可以根据进一步假定的信息赋予"同学甲没拿这本书"比其他命题更高的概率，因此，可能合理地相信甲没有拿那本书。从而能够在它们之间作出区分。

其次，瑞恩"避免错误原则"的这一缺陷是很容易弥补的：我们只需把瑞恩的要求（1）强化为"某个 S 有良好的且同等的理由相信 L 中的每一个成员是真的"就可以排除这个反例——因为"我"对同学甲人品的

① 参见 Dana K. Nelkin, "The Lottery Paradox, Knowledge, and Rationality", *The Philosophical Review*, 109, 2000, p. 384.

更多信息掌握使得我相信这六个命题的理由不对等。

　　尽管尼尔金的"反例"可以被应付过去，但"存在虚假信念标准"作为一种解悖方案还是有其不足之处的。首先，无论是邦约尔的"相干地相似的可能结果"构成的集合还是瑞恩的"相竞争陈述"构成的集合，它们的含义都是不太精确的。对这一缺陷，我建议邦约尔和瑞恩这样来弥补：引进决策论中关于世界状态描述的有关成果来对这样的集合进行规定。譬如，仿照莱维对基本划分的规定。

　　其次，在判断是否相信日常经验事实时，我们所处的大多数情形并不是邦约尔和瑞恩所描述的那种情形——有一组相互竞争的信念，且这些信念得到我们证据的同等支持。这就是说，"存在虚假信念"这种方案具有较强的特设性。用尼尔金的话来说就是，"（存在虚假信念）这种理由的主要问题是它们对彩票型情形量身定制得如此之好，以致它们缺乏能力解释究竟是什么应该真正对我们不能具有这些情形的知识或信念负责。"[①]

二　统计性证据支持

　　尼尔金认为"存在虚假信念"和"避免错误"这些理由特设性太强，它们不能解释我们不能合理相信"第 i 张彩票不会中奖"的深层次的原因。为此，她自己给出了一个概率性证据支持理由。

　　尼尔金认为认知主体 S 关于"第 i 张彩票不会中奖"的信念，建基于他对该张彩票不会中奖的概率的信念。即 S 根据的是这样一种 P 形式的推理：P 具有统计概率 n［在此，n 是一个很高的数字］→P。以此为出发点，尼尔金对我们不能合理相信"第 i 张彩票不会中奖"给出的理由是存在这样一种"P 推理"。她把这种理由称为"统计性支持理由"。[②] 因为由 P 推理得到的命题是概然性的，如果我们相信这种推理，关于某些相干概然性命题的信念集就有可能是不融贯的。尼尔金的这一理由并不预设存在错误的或虚假的信念，她所要求的是排除存在虚假信念的可能性。这一要求显然更强。

---

　　① Dana K. Nelkin, "The Lottery Paradox, Knowledge, and Rationality", *The Philosophical Review*, 109, 2000, p. 385.

　　② Ibid. , p. 388.

　　在彩票例子中，我们对某张彩票不会中奖的信念确实来自于我们对它所具有的概率的信念。根据尼尔金的统计性支持理由，我们不需要知道是否有一张彩票中奖，就可以断定我们不能合理相信某张彩票不会中奖。从而，彩票悖论被消解。如果"统计性支持"确实能够解释我们为何不能合理相信某张彩票不会中奖，且比"存在虚假信念"理由更具有普适性，那么，它必须能适用于其他不同于彩票情形的以概率为基础的信念。为此，她给出了下面的例证。

　　假定有这样一个电脑程序：每次开机时，电脑都会随机地在数字 1 - 1000000 中选择一个以便为电脑屏幕选择一种背景色。在这些数字中有一个代表红色，其余的都代表蓝色。我能合理地相信明天开机时，我的电脑屏幕是蓝色的吗？

　　请注意这种情形与彩票情形是不一样的：在彩票例子中，我们知道有一张彩票必定会中奖；而在电脑例子中，代表红色的那个数字却不必定会被选中。换句话说，在彩票例子中，存在一个虚假信念，而在电脑例子中却不一定存在虚假信念。因此，避免错误或存在虚假信念这些理由都不适用于电脑例子。但"统计性支持"却依然能适用于电脑例子——我对电脑屏幕明天是蓝色的信念来自于它有极高的概率。

　　尼尔金由这个例子作出这样一个论断："P 推理"不能产生知识（或合理信念）这一论点有一个重要优点，它能以一种独立的合理方式解释为什么我们不能合理相信某张彩票不会中奖。[①] "以一种独立的合理方式……"是说这种方案并不是特地为解决彩票悖论而设的，它能适用于更多的情形。譬如，存在许多非彩票情形，在这些情形中，一个人的信念 Q 以 "P 推理" 为基础，但我们否认他能合理地相信 Q。

　　另外，"统计性支持"并不妨碍我们合理地相信不涉及概率的经验性信念。譬如，对于前述关于家具的 F 命题，由于我们对它的信念是以各种感知信念为基础而不是以 "P 推理" 为基础，因此，我们对它的信念不一定是不合理的。这就表明，彩票例子中的信念的概然性是它们区别于其他日常经验信念的重要认识论特征。基于这些理由，尼尔金自负地说

　　① Dana K. Nelkin, "The Lottery Paradox, Knowledge, and Rationality", *The Philosophical Review*, 109, 2000, p. 389.

"这一方案更合理得多。"① 但这种合理是建筑在防止可能出现虚假信念而排除更多信念基础之上的。这样的代价显然太大，明显地是知识论的保守主义。

有人立即会对尼尔金的方案进行这样的追问：为什么建立在"P 推理"之上的信念就不能被合理相信呢？或者说，"P 推理"有什么内在缺陷阻碍我们合理相信以之为基础的命题或信念呢？尼尔金对这一问题的回答是："这种信念不能以合适的方式和真联系……"② 尼尔金的这一回答是潜在地要求使信念为真的事实和该信念之间有解释性或因果性联系。这正是当代许多融贯论者的一个基本诉求。

在尼尔金看来，我们之所以不能合理相信某张彩票不会中奖，是因为这些以统计概率为证据和基础的信念并没和使得它们为真的事实正确地联系。也就是说，"吉姆相信他的彩票不会中奖"这一"信念"和"吉姆的彩票不会中奖"这一"事实"之间没有合适的关联方式。更一般地，使吉姆的信念为真的事实和他的信念之间没有因果（或解释性）关系，即吉姆的彩票不会中奖这一事实不能解释吉姆这一信念，并且没有其他事实以某种方式使这一事实和信念因果地或解释性地相关联。应该指出，尼尔金的"解释性关系"要求并非独树一帜。譬如，戈德曼（Alan Goldman）要求对 P 的信念和使 P 为真的事实之间要有因果联系。③ 哈曼也认为，所有经推理得到的经验性事实要想构成知识或成为得到辩护的信念，那么，这种推理必须是能导致最佳解释的推理。

三　自毁信念集

在邦约尔、瑞恩、尼尔金等人相继提出自己的融贯论的信念接受规则以后，荷兰学者都汶也提出了自己的信念或命题合理接受规则。④ 都汶的

---

①　Ibid. , p. 389.

②　Dana K. Nelkin, "The Lottery Paradox, Knowledge, and Rationality", *The Philosophical Review*, 109, 2000, p. 408.

③　参见 Alan Goldman, "A Causal Theory of Knowledge", *Journal of Philosophy*, 64, 1967, p. 145。

④　Igor Douven, "A New Solution to the Paradoxes of Rational Acceptability", *The British Journal for the Philosophy of Science*, 53, 2002, pp. 391 – 410.

接受规则沿着概率主义的融贯论路径，在吸收了亨佩尔和凯伯格等人信念接受的概率临界值规则基础上，对它添加了一个更强要求。都汶的信念接受条件如下：

都汶的信念接受规则：对于时间 t 的某个认知主体 S 来说，（1）如果根据 S 在时间 t 的信念状态，命题 φ 的概率超过 ε；并且，（2）命题 φ 不是一个概率性自毁集中的元素，那么，他接受命题 φ 是合理。①

"概率性自毁集"（Probabilistically Self – undermining Set）是都汶引入的一个术语。他是在如下意义下使用"概率性自毁集"的：相对于一个认知主体某时的信念状态，一个命题集是概率性自毁集，仅当，只根据该主体此时的背景信念而没有其他证据的情况下，他对该集合中的每个命题的相信程度超过 ε，而根据他的背景信念以及该命题集中的 m 个或更多个元素，他对该集合中的每个命题的相信程度等于或低于 ε。在此，ε 是一个假定的概率临界值；m 大于等于 1 且小于等于该命题集中元素的个数，或者说，小于等于该命题集的基数。显然，一个概率性自毁集是不融贯的。

都汶的信念接受规则是认知主体接受一个信念或命题的必要条件，而不是充分条件。一个认知主体要合理地接受某个命题，该命题就得同时满足这个规则的两个部分，缺一不可。都汶的信念接受规则能否消除彩票悖论呢？

在彩票例子中，假定认知主体 S 在时间 t 完全相信关于一次有一百万张彩票的公平抽彩活动的描述，并且假定概率临界值 ε 是 0.99。0.99 是一个很高的概率要求了，因此，我们认为这一临界值是合理的。根据 S 的背景信念（包括前提假定），他相信"第 i 张彩票不会中奖"的程度达到 0.999999，超过了概率临界值 0.99。那么，他此时接受的命题就是"第 i 张彩票不会中奖"所构成的命题集 L：{（第 i 张彩票不会中奖）| i：1000000 ≥ i ≥ 1}。显然，命题集 L 中的任何命题都满足都汶的信念接受规则的第（1）部分。

由于 S 在时间 t 时的背景信念中有这样一个命题：在一百万张彩票中

---

① 都汶用"t"表示概率临界值，但为了避免与认知主体的认知状态所处的时间 t 混淆，我们用前面的符号"ε"表示。

有且仅有一张中奖，那么，在给定命题集 L 中的其他 999999 个命题都不会中奖的条件下，他在时间 t 时给 L 中每个命题所赋的概率都是 0。这就是说，任意选定一张彩票 i，在除第 i 张以外的其余 999999 张彩票都不会中奖的条件下，加上"有一张彩票肯定会中奖"这一背景信念，那么，第 i 张彩票肯定会中奖。也就是说，第 i 张彩票不会中奖的条件概率将是 0。而 i 是任意一张彩票，因此，对在时间 t 时的认知主体 S 来说，命题集 L 中的每个命题相对于剩下的其他命题的条件概率都是 0。毫无疑问，0 小于 ε。这样，对在时间 t 时的认知主体 S 来说，命题集 L 是一个概率性自毁集。

根据 S 在时间 t 的信念状态，命题 φ "第 i 张彩票不会中奖"满足都汶信念接受规则的第（1）部分，即它的概率超过了某个高概率临界值 ε。但是，命题 φ 是命题集 L 中的一个元素，而命题集 L 是一个概率性自毁集。这样，命题 φ 就不满足都汶信念接受条件的第（2）部分。如前所言，都汶的信念接受条件是命题或信念合理接受的必要条件，而命题 φ 不能满足该条件，如果我们信服都汶的信念接受规则，我们就不能接受命题 φ。这样就可以避免彩票悖论。

都汶的信念接受规则并不要求拒斥或修改演绎闭合条件，而且保留了作为"制造"悖论的"疑犯"概率临界值条件和一致性条件。因此，它并不会遭遇莱维的认识效用接受规则所面临的一些难以接受的推论。这是都汶信念接受规则的重要优越之处，也正是它吸引人的地方。

但是，这一规则看来有点复杂，并且有一些不足之处。根据这一接受规则，认知主体是否接受某一命题不仅取决于该命题本身的概率资质，而且取决于它所属的命题集的资质，——看它是否是一个概率性自毁集。另外，都汶没有精确描述这样一个命题集的构成、集中各元素之间的关系等，因此，它是不严格的。况且，都汶意义上的自毁集很容易构造——只要它包含两个不一致命题，任何集合都可能成为概率性自毁集。

另外，都汶的信念接受规则有一个难以接受的推论：如果一个信念属于一个概率性自毁集，那么，该信念是不能被合理接受的。这就表明，都汶的信念接受规则同邦约尔、瑞恩、尼尔金的接受规则一样，属于融贯标准，是知识论的保守主义。

四　信念集一致性标准方案的缺陷

融贯标准方案与流行的概率临界值规则方案不同，它们把待决信念放在一定的情境中（信念集）进行考察，密切关注该信念集中元素之间的关系，要求它们之间是"融贯"的。这一点构成它们的显著特色。无论是"存在虚假信念"方案、"避免错误"方案、"概率性证据支持"方案，还是"概率性自毁集"方案，它们在技术层面都是适当的——它们都能消解彩票悖论。但以 RZH 解悖标准来看，它们并不能令人满意。

（一）信念集一致性标准方案受损于不精确性

如前所言，"存在虚假信念"方案对关键性的"相干地相似的多种可能结果"没做进一步的详细说明，因而是不精确的。同样地，"避免错误"方案中"相竞争陈述构成的集合"也不精确。满足这样的集合很多，但我们通常能合理相信它们中的某个或多个。譬如，由对同一现象进行解释的一些概率不等的假说所组成的集合就与我们的彩票例子中的那个信念集合有很大不同。在前面那种情形下，我们可以合理地相信概率更高的那些假说。在科学实践中，这种情形比比皆是。

在解决彩票的合理信念悖论时，"概率性证据支持"方案的关键理由是"吉姆相信他的彩票不会中奖"和使之为真的事实"吉姆的彩票不会中奖"之间没有解释关系，但尼尔金只是独断地宣称这一点，而未具体阐明"事实"指的是什么、事实和信念这两者如何以及在何种意义上没有解释关系。对尼尔金的这一隐晦断言，我们可以作如下讨论。

（1）由于"吉姆的彩票不中奖"是一个尚未实现的"事实"，[①] 我们不能以将来的事实为理由来合理地相信它。如果是这样，我们就不能合理地相信任何还未发生的事，从而不能合理地相信某张彩票不会中奖。但这样一来，尼尔金对解释关系的要求就没有任何认识论意义——事件发生的时间决定了它是否可以被合理相信。更有甚者，"统计性证据支持"这一理由成为多余！因此，尼尔金不是在这个意义上认为彩票例子中不存在解

---

① 尼尔金用的是"fact"一词，并且使用的是一般将来时，即 the fact that jim's ticket will lose.

释关系。

（2）解释关系是一种"推出关系"——以某些事实作为原因，可以推出我们可以合理地相信它们。从尼尔金的例子来看，她似乎是在这种含义上使用"解释关系"这一要求。尼尔金认为，在家具例子中，我们之所以可以合理相信刚离开的房间里还有家具，是因为我们确信我们几刻钟以前看见房间里有家具，并且我们没有听到任何不寻常的声响。[①] 这就是说，从"房间里刚才有家具""它们没有被搬出去（没有搬家具的声响）"，可以推出"房间里还有家具"。在彩票例子中，如果尼尔金所说的事实是吉姆的彩票不会中奖，我们当然可以推出"吉姆的彩票不会中奖"。根据解释关系的"推出"含义，吉姆就可以合理地相信他的彩票不会中奖。但尼尔金否认这一点。由此看来，要么尼尔金自相矛盾，要么她所说的"事实"不是"吉姆的彩票不会中奖"。如果是后者，那么，尼尔金所说的事实可能是"吉姆的彩票不中奖的概率是 n。"譬如说，n 在此是 0.999999。

（3）如果尼尔金所说的事实是"吉姆的彩票不中奖的概率是 0.999999"，从这个概率性命题当然不能推出"吉姆的彩票不会中奖"。按照"解释关系"的推出含义，吉姆也就不能合理相信他的彩票不会中奖。但理性主体都知道一个事件的发生有很高的概率并不能保证该事件一定会发生。这样一来，尼尔金的解释性要求还有什么意义呢？

另外，尼尔金把"统计性证据支持"用于彩票的合理信念悖论就表明，他把某张彩票不会中奖的概率看作是统计性概率。但这一概率是否是通过统计方法获得到是值得商榷的。

（二）信念集一致性标准方案的"非充分宽广性"和"特设性"

在彩票例子中，我们可以有这样一个集合 L：{"第 1 张彩票不会中奖"，"第 2 张彩票不会中奖"，…，"第 1 张彩票不会中奖 ∨ 第 2 张彩票不会中奖 ∨ … ∨ 第 i 张彩票不会中奖"}。集合 L 构成"存在虚假信念"方案和"避免错误"方案中的合法信念集。按照这两种方案，我们不能合理相信它们当中的任何一个。但"第 1 张彩票不会中奖 ∨ 第 2 张彩票不

---

① 参见 Dana K. Nelkin, "The Lottery Paradox, Knowledge, and Rationality", *The Philosophical Review*, 109, 2000, p. 398.

会中奖∨…∨第 i 张彩票不会中奖"显然比 L 中的其他信念具有更高的概率，相信这一信念是高度符合我们日常直觉的。这表明它们把我们本可以合理相信的信念排除在合理信念之外；而且"概率性自毁集"方案也把本可以单独合理接受的信念排除在合理信念之外，这就有悖于良好解悖方案所必须满足的"充分宽广性"要求。同时，它又违反直觉，有"特设性"嫌疑。

尼尔金声称她的"统计性证据支持"方案能满足"充分宽广性"要求，——毕竟，我们的大多数经验信念不是建立在统计概率基础上的。但这一理由不能使该方案逃脱违反"充分宽广性"和"非特设性"要求的指责。"统计性证据支持"方案的一个直接推论是：我们不能合理相信任何根据概率推理得出的命题，或者说，我们不能以任何概率性命题作为推理的前提和证据。在科学史中，统计性规律并不少见。按照尼尔金的观点，我们不能以它们为根据来进行预测。而科学理论的重要功能之一是对自然现象和事件进行预测。

另外，这一方案也不符合我们的日常实践。我们不能合理进行任何抽彩活动、股票投资等活动。甚至不能为挽救生命而"合理地"采取某种措施。譬如，假定我们经过统计发现，患某种病症的人做相应手术挽救生命的概率是 0.99。某人 S 患了这种病症，我们是否应该给他做这种手术呢？医生、S 及其家属通常都会同意和要求做这种手术，——他们认为可以合理相信 S 的生命会得到挽救。但尼尔金会认为这是不合理的！在满足"充分宽广性"和"非特设性"要求意义上，尼尔金的方案并不如她所宣称的"更合理得多"。

尼尔金认为"统计性证据支持"方案更合理的主要理由是它能处理电脑屏幕例子，而"存在虚假信念"方案和"避免错误"方案却不能。在这个例子中，尼尔金认为我们可以合理相信信念 N"电脑屏幕后天是蓝色的"。根据尼尔金的论证，"存在虚假信念"方案和"避免错误"方案不能适用的是这样一个信念集 M｛"电脑屏幕明天是蓝色的"，"电脑屏幕后天是蓝色的"，"电脑屏幕大后天是蓝色的"……｝。指出"存在虚假信念"理由不适用于包含 N 的信念集 M，并不足以证明 N 不是某个可以适用"存在虚假信念"理由的信念集 L 中的元素。都汶也更明确和详细地反驳了尼尔金的上述理由。[①]

　　尽管保守主义的融贯标准方案在解决彩票悖论时非常简洁明了，但它们有悖于我们的日常生活直觉，违反了良好解悖方案必须满足的非特设性等要求，因此，它们不是良好解悖方案。

第三节　一个新的强贝叶斯型方案[②]

　　如前所述，凯伯格方案实质是对演绎闭合条件进行适当的限制。该方案针对的焦点是"信念的合取封闭原则"：如果一个合取命题的各个合取肢都是可合理相信的，那么，该合取命题也是可合理相信的。如都汶所言，这种路径的解决方案是对彩票悖论的最普遍的应对，它们构成了对彩票悖论的所谓"标准解答"。

一　彩票悖论的标准解决方案

　　彩票悖论的所谓标准解决方案的核心思想是用下面的弱演绎闭合条件来取代演绎闭合条件，使得被单独地合理接受的命题的合取不能被接受进合理信念汇集，从而打断矛盾等价式的建构链条，达到消解悖论的目的。

　　弱演绎闭合条件：对于时间 t 的某个认知主体 S 来说，如果命题 φ 是合理可接受的，并且 φ 可以逻辑地推论出 ψ，那么，认知主体 S 在时间 t 接受 ψ 是合理的。

　　不难看出，这一条件实质是凯伯格的弱演绎闭合条件。在彩票悖论例子中，我们合理接受的命题集是：｛（第 i 张彩票不会中奖）｜i：1000000 ≥i≥1｝∪｛（有且只有一张彩票中奖）｝。我们注意到，这个集合中的任何单个命题都不可能衍推出矛盾命题，只有这个集合中的命题的合取才能衍推出矛盾命题。弱演绎闭合条件要求"演绎闭合"只适用于单个命题，这样就不可能推出矛盾命题，彩票悖论也就被消解了。

　　表面上看来，这种方案以一种最简单的方式解决了彩票悖论，但这种

　　①　Igor Douven, "Nelkin on the Lottery Paradox", *The Philosophical Review*, Vol. 112, No. 3, 2003, pp. 395–401.

　　②　本小节部分内容曾以《彩票悖论的一个强贝叶斯型解决方案》为题发表在《华中科技大学学报》2009 年第 6 期。

"解决"有一些令人难以接受的推论。

首先，这种解决拒斥了我们使用得很频繁且很"成功"的合取原则。合取原则不仅对知识的系统化有很重要的功用，而且是知识汇集中知识"个数"的奥卡姆剃刀。不仅如此，它还是演绎逻辑中的一个重要的推理规则，而且这一原则在哲学论证中也有非常重要的地位。譬如，实在论和反实在论的争论就是如此。普特南等实在论者指出，科学家们的实践活动表明，在接受某些单个理论的基础上，他们也接受以这些理论作为合取肢的"合取"式理论。而在反实在论者看来，科学家的这种实践活动是不合理的。因为如反实在论者所言，接受只涉及对一个理论的经验恰当性的信念，而不是如实在论者所言的涉及对该理论的真理性的信念，那么，没有什么可以担保由两个经验上恰当的理论合取而成的理论也是经验上恰当的。从而，在反实在论者看来，接受这个"合取"理论的行为就是非理性的。显然，在这场论争中合取假定起着关键作用。因为除非接受几个单独地被合理接受的理论的合取是合理的，否则科学家的这种实践活动很难构成对反实在论的反驳。另外，我们在进行科学预测和进行科学说明时几乎无一例外地使用了合取规则。它构成了我们日常活动和科学活动不可或缺的工具。

其次，持这种标准解决方案的人认为，某认知主体可以合理地分别接受 $\{$（第 i 张彩票不会中奖）$\mid i:1000000 \geq i \geq 1\}$ 中的任何一个命题，他也可以合理地接受它们全部。但他们建议我们"避免接受它们的合取"。在他们看来，至少在心理上或现象学上，"先接受 φ 然后接受 ψ"和"同时接受 φ 和 ψ"这两者之间是有差别的。在此，ψ 是所有 φ 命题的合取。这就是说，我们接受合取式命题的唯一方式就是渐进式的或递增式的——渐进地接受各个合取肢。如果是这样，那将会很荒谬。因为如果我们接受所有"第 i 张彩票不会中奖"的合取，那么，我们的接受行为是不合理的；而我们挨个地接受各个合取肢的行为却是合理的。

再者，标准解决方案对演绎闭合条件进行限制或拒斥的唯一理由是它与一致性条件和概率临界值条件一起会导致悖论。卡普兰（M. Kaplan）对此发出了一个具有讽刺意味的反诘：既然合取地不一致的命题在某时都能够被某人合理地相信，同样地，同一个人在同一时刻为什么不能同时接受这三个合取地不一致的条件呢？[①] 另外，这三个条件直观上都是同等合理的，我们为什么舍弃演绎闭合条件而保留其他呢？

鉴于所谓的标准解决方案有这些缺陷，我们有必要寻求新的方案。这一新方案必须能保留演绎闭合条件，或者给出修改它的有说服力的理由。

二 强贝叶斯型合理相信规则对彩票悖论的消解

在知识论上，20 世纪以前的哲学家对信念的态度分为三种：把信念接受为知识、不接受、对信念悬置判断。这种谈论信念的方式只是谈论某种精神状态的粗略方式。从 20 世纪数学的概率论被引进到哲学的知识论后，这种对信念的粗略谈论方式得到了改变。哲学家们对信念的态度就不简单地是"是"或"否"了，而是用信念度的方式来谈论信念。他们把信念看作多层级的连续统。譬如，莱姆塞、迪·菲尼蒂（De Finetti）、杰弗雷（R. Jeffrey）等人就是如此。[②] 这一知识论路径的核心思想是利用概率理论来为静态的信念合理性设置边界。

如前所述，都汶"概率性自毁集"方案属于知识论的信念集一致性标准方案，它又以概率为工具，克服了彩票悖论的所谓标准方案的上述缺陷。但该方案又陷入了知识论的保守主义窠臼，不满足 RZH 解悖标准中的"充分宽广性"要求。在吸收这两种方案合理之处的基础上，我拟提出一个新的合理相信规则。在此之前，我们作一些术语学的准备。

科学始于问题，而对某一问题有多种可能回答。在这些回答中有一些是原子命题，它们构成了对该问题的最基本回答。由所有这些最基本的回答构成的命题集就叫作基本划分，我们记作"U"。譬如，假定我们所研究的问题是"参赛的中、日、韩三支球队中哪一支会最终夺冠"。我们可能的回答是："中国队夺冠""日本队夺冠""韩国队夺冠""中国队夺冠 ∨ 日本队夺冠""韩国队夺冠 ∨ 日本队夺冠""中国队夺冠 ∨ 韩国队夺冠"

① M. Kaplan, "A Bayesian Theory of Rational Acceptance", *Journal of Philosophy*, 78, 1981, pp. 305 – 330.

② 参见 Frank Ramsey, "Truth and Probability", *The Foundation of Mathematics*, London：Routledge, 1931, pp. 156 – 198；De Finetti, "Foresight：Its Logical Laws, Its Subjective Sources", Kyburg and Smokler（eds.）, *Studies in Subjective Probability*, New York：Krieger, 1937, pp. 53 – 118；R. Jeffrey, *The Logic of Decision*, New York：McGraw – Hill, 1965.

"韩国队夺冠∨中国队夺冠∨日本队夺冠"。在这些可能回答中，只有三个是基本的，其他的都是由它们用析取复合而成的。集合 ｛中国队夺冠，日本队夺冠，韩国队夺冠｝ 就是对所研究的夺冠问题的基本划分 U。

　　　　强贝叶斯合理相信规则：相对于认知主体 S 在时间 t 时的背景信念或知识，一个属于有 n 个元素的基本划分 U 的命题 φ 是可合理相信的，仅当（1）命题 φ 的验前概率 P（φ）=γ，大于某个假定的临界值 ε，（2）存在命题 ψ，在以命题 ψ 作为证据的条件下，命题 φ 的条件概率 P（φ/ψ）≥γ。在此，命题 ψ 是基本划分 U 中除 φ 以外的 i 个命题的合取，n≥i≥1。

　　这一合理信念规则实质上是一个概率临界值条件。因为它要求认知主体在相信一个命题时，该信念或命题必须超过某个概率值。否则，该认知主体就不能合理地相信它。但它又比一般的概率临界值条件强。我们之所以说它比概率临界值条件强，是因为根据该规则可以合理相信的任何命题，根据概率临界值条件也可以合理相信。反之则不然。在这个意义上，我们的合理相信规则也可以称为"强概率临界值条件"。另外，这一规则与信念集一致性标准方案类似，把待决信念放在与其密切相干的信念集（即"基本划分"）中进行考察。它本质上要求这一基本划分是一致的。而且，它要求被合理相信的关于所研究问题的信念集也是一致的。因此，强贝叶斯接受规则是对概率临界值规则和信念集的一致性标准的某种融合。

　　任何拟建中的恰当合理相信规则或理论必须满足的一个必要条件就是它必须能消除本领域中现有的悖论。我们发现强贝叶斯接受规则在解决悖论时非常简单。

　　在彩票例子当中，基本划分 U 中的命题 φ 的概率是 0.999999，它大于假定的临界值 0.99（或任何低于 0.999999 的某个值）。这样，命题 φ 满足了强贝叶斯规则第（1）部分的要求。如果此时我们合理相信命题 ψ "第 ψ 张彩票不会中奖"，我们就可以把它当作证据。那么，根据贝叶斯定理，命题 φ 的条件概率 P（φ/ψ）=（P（φ）·P（ψ/φ））/P（ψ）。由于我们把 ψ 接受为证据的含义就是对它指派主观概率 1，即 P（ψ）=

1。$P(\varphi/\psi) = (P(\varphi) \cdot P(\psi/\varphi)) = 0.999999 \times P(\psi/\varphi)$。由于命题 φ 并不蕴涵 ψ，$P(\psi/\varphi) < 1$。根据算术规则，有 $P(\varphi/\psi) < 0.999999$。那么，根据合理相信规则第（2）部分的要求，命题 φ 是不能合理相信的。矛盾等价式不能得到建构，彩票悖论被消解了。

特别地，令 ψ 是基本划分 U 中除以外所有命题的合取，即 $\psi = \varphi_2 \wedge \cdots\cdots \wedge \varphi_{1000000}$，则

（1）$P(\varphi_2 \wedge \cdots\cdots \wedge \varphi_{1000000}) = 1$

（2）$P(\neg(\varphi_2 \wedge \cdots\cdots \wedge \varphi_{1000000})) = 0$

（3）$P(\neg \varphi_1 \vee \neg \varphi_2 \vee \cdots\cdots \vee \neg \varphi_{1000000}) = P(\neg \varphi_1) + P(\neg \varphi_2 \vee \cdots\cdots \vee \neg \varphi_{1000000}) = 1$（背景知识）

（4）$P(\neg \varphi_1 \vee \neg \varphi_2 \vee \cdots\cdots \vee \neg \varphi_{1000000}) = P(\neg \varphi_1) + P(\neg \varphi_2 \vee \cdots\cdots \vee \neg \varphi_{1000000}) = P(\neg \varphi_1) + P(\neg(\varphi_2 \wedge \cdots\cdots \wedge \varphi_{1000000})) = 1$（概率演算的析取规则）

（5）$P(\neg \varphi_1) = 1$

（6）$P(\varphi_1) = 0$（概率演算的析取规则）

这种极限情况表明，同一个基本划分中的某个命题与其他所有命题的合取是不一致的。我们不能同时接受这两者，它们之间的合取也就不能被合理相信，即不能合理相信 $\varphi_1 \wedge \varphi_2 \wedge \cdots\cdots \wedge \varphi_{1000000}$。从而，矛盾等价式得不到建构。这一结果说明，所有 φ 命题构成的集合是内在地不融贯的。尽管我们可以历时地分别合理相信它们当中的一个或几个，但我们不能同时合理相信所有这些命题。

我们在利用这一合理相信规则解决彩票悖论时，信念的更新和修改这一概念起着重要的作用。而信念的更新是在习得新的证据后进行的，即信念更新后的概率是在新证据基础上的条件概率。这就是说，我们对一个命题的信念度并不是一成不变的，它是随着我们从经验中不断学习而改变的。这一点非常符合我们的直觉：我们对一个命题的相信程度是随我们背景知识的不断变化而变化的。以条件概率的定义为核心的贝叶斯定理在这一解决中起着关键的作用，而且"从经验中学习"也是贝叶斯主义者的重要宣言。因此，我们的这一方案属于贝叶斯型方案。但贝叶斯概率归纳逻辑并不要求一个命题的验后概率（在新证据基础上的条件概率）一定要比其验前概率高才是可合理相信的，而我们的这一方案本质地要求这一

点。在这个意义上，它属于"强贝叶斯型方案"。

三　强贝叶斯型方案的哲学辩护

在哲学讨论中，有很多概念未加讨论或定义就被谈论着，并且也很难对它们进行较为精确的定义。到目前为止，我们一直未加定义地使用"接受"这一概念。但"接受"却是我们信念合理接受理论中的核心概念，而且，我们目前研究的目标——彩票悖论，就与它密切相关。简单说来，彩票悖论就是因同时接受几个不同的命题而产生了矛盾。如果我们只接受它们当中的一个而不接受另一个，矛盾或悖论就不会产生。这样看来，彩票悖论的消解也与"接受"一词有解不开的结。

（一）实用主义的"合理相信"概念

我在此不拟给出"合理相信"的严格定义。但在进行某项研究之前，明确一下我们在何种意义上使用关键性概念是不无裨益的。我认为，认知主体 S 合理相信一个命题 φ 意指：S 在时间 t 时的一种信念状态，他相信命题 φ 为真，并且愿意以之作为今后思维或行为的指导。

从表述上来看，我们的合理相信概念有两方面的含义。第一部分的意思是说，认知主体很关注命题的真理性。如果他接受一个命题，那么，他就对该命题赋以主观概率 1，即 P（φ）=1。"接受"的这部分含义实际上也是陈晓平所说的"确信性原则"——"一个命题 h 被接受为知识汇集 K 中的一个成员，当且仅当，h 的置信概率等于 1。"[1] 第二部分的含义是说，先前被合理相信的命题可以当作其他命题的证据、某种行为的理由或者某个论证的前提。应该说，这一点是合理相信一个命题的功用之所在，或者说，是一个实用主义的诉求。如果我们先前合理相信的命题在我们进一步的科学研究或日常思维、行动中不起作用的话，那么，合理相信这种实践活动就是空洞的、鲜少有什么内在价值。因此，不少人在这种意义上使用合理相信一词。譬如，贝叶斯主义者哈曼就认为"相信或……接受 P 涉及……（允许）一个人自己在进一步的理论和实际思维中把 P 当作其出发点的一部分。"

---

[1]　陈晓平：《归纳逻辑与归纳悖论》，武汉大学出版社 1994 年版，第 323 页。

（二）　抽彩是非独立的连续事件

在处理抽彩活动时，无论所谓的标准解决方案、凯伯格概率分离方案还是莱维的认识效用方案，它们所采用的共同程序是：根据无差别原则，对所有彩票中奖的概率进行平均分配。相应地，每张彩票不会中奖的概率也是一样的。即第 1 张彩票不会中奖的概率高达 0.999999，……，第 i 张彩票不会中奖的概率高达 0.999999。然后，根据所谓的高概率接受规则，我们接受的命题集是 ｛（第 i 张彩票不会中奖）｜i：1000000≥i≥1｝。这一程序隐含的一个重要假定是：我们是同时接受这些命题，而不是渐进地、递增地接受这些命题的。它把每次抽彩看作是相互独立的事件，在认识论上的反映就是对每张彩票指派相同的中奖概率。但实际情形本应该这样吗？

参加过抽奖活动的都知道，我们实际的抽奖活动是这样的：举办单位事先准备好一定数量的彩票，譬如有 n 张。在这 n 张彩票中有一定数量的彩票会中不同等级的奖项。为简单起见，我们假定只有一个奖项，并且，有且仅有一张彩票会中奖。某人抽到一张彩票后会核对是否中奖。正如彩票悖论所表明的，一张随意抽出的彩票中奖的概率很低——只有 1/n。因此，该张彩票不会中奖。剩下的彩票只有 n－1 张，随后抽奖的人就只能在这 n－1 张彩票中抽出一张，那么，此时一张随意抽出的彩票中奖的概率是 1/（n－1），而不是 1/n。类似地，第 i 张随意抽出的彩票中奖的概率是 1/（n－i＋1），在此，n≥i≥1。如果前面 n－1 张彩票都没有中奖，那么，最后一张即第 n 张彩票中奖的概率就是 1/（n－n＋1）＝1。而根据我们的背景知识，在其他彩票都没有中奖的条件下，我们也会断定最后一张彩票肯定会中奖。这样，我们的这种实际抽奖活动并不导致任何悖谬性的结果。

这一实际抽奖活动表明：抽彩活动并不像统计学中经常举的“有放回地在缸中摸黑白球”例子，它们并不是相互独立的事件。每一次抽奖对另外抽奖的结果是有影响的。从认识论维度来看，我们获知每张彩票是否中奖是一个渐进的、历时的过程，而不像前述方案所假定的是一个一次性的、同时性的活动。这样看来，前述方案对抽彩活动的处理是一种“误读”。

（三）合理相信的"确证"原则

在上述强贝叶斯型方案中，隐含地使用的一个原则是"确证"原则。确证是指相对于一定的背景信念，作为证据的命题对作为假说的命题的一种支持关系。简单地，确证是命题之间的一种关系。对这种关系有不同的处理。确证理论的开创者之一亨佩尔对之从句法学的角度来处理，而当代的贝叶斯主义者更多地是从语用学的维度来处理它——相对于某认知主体某时的认知状态（包括背景知识、心理态度等），一个命题对另一个命题的概率的影响。更具体地，如果一个命题在另一个作为证据的命题的条件下的概率大于它的验前概率，那么，这个作为证据的命题就构成了对第一个命题的"确证"；如果验前概率和验后概率这两者之间是相等的，那么，这个作为证据的命题就与第一个命题"不相干"，或者说，它们两者描述的事件是独立的；如果验前概率大于验后概率，那么，作为证据的命题就与第一个命题是不一致的，构成了对它的"否证"。

确证原则中的核心概念是"验前概率"和"验后概率"。在确证理论中，"验前概率"一般无歧义地理解为：在不相对于特定证据的情况下，认知主体对被检验命题赋予的"先验概率"。这种先验概率可以是贝叶斯主义的主观信念度，或客观主义的统计概率等。但重要的一点是，它是"无条件"概率。

顾名思义，"验后概率"指的是被检验命题在"经过检验后的概率"。一个命题经过某个检验后的概率是指，认知主体在经验中习得某个命题为真时，被检验命题相对于该命题所具有的概率。在贝叶斯哲学中，"验后概率"一般指的是：在所给特定证据的条件下，认知主体对被检验命题赋予的主观信念度。因此，它是一种条件概率。贝叶斯主义者在这里使用了一个"条件化原则"：令 $P_\varphi(\mid K)$ 表示相对于一定的背景知识 K，认知主体在习得 φ 时的信念状态，那么，认知主体在 φ 的条件下，对在其语言中可表达的任意命题 ψ 有一个信念状态的更新，仅当，$P_\varphi(\psi \mid K) = P(\psi \mid \varphi, K)$。

"条件化原则"表达的含义是：相对于一定的背景知识，认知主体在习得某个命题或把它接受为知识后对另一个命题的主观信念度，等于该命题以被习得命题为证据的条件概率。这一原则与我们对"接受"的界说是一致的：我们习得和接受一个命题就可以以之为证据来指导我们的认识行为、对命题或假说进行的评价行为。不少贝叶斯主义者甚至认为，"条件化原则"是信念更新的唯一合理原则。① 即便这种强的贝叶斯态度没有得到很好的辩护，如都汶所表明的，我们采用更弱的贝叶斯态度——"条件化原则"至少是一个信念更新的合理原则，是合理可辩护的。因此，我们的确证原则也得到了辩护。

从认知实践上来说，我们并不是一次性地获得所有"真理"——我们知识的增长是渐进的。我们获得的每一个知识都可以是下一个认知活动的出发点的一部分。对于彩票例子也是这样，我们不应该"一次性地"独断地认为，相对于不同的认知状态，所有彩票不中奖的概率是相等的。我们应该在习得新证据的基础上不断地对我们的信念进行修改，即新证据的不断增加会改变认知主体的认知状态或者认知情境。换句话说，认知活动是在一定的认知情境中实现的，我们应该以情境理论来指导我们的认知活动。彩票悖论例子生动地表明：如果我们不是在特定的情境中接受知识，就可能产生知识论悖论。

在凯伯格彩票悖论构造过程中，信念的"合取封闭"规则起着重要的作用。解悖的途径之一就是对"合取封闭"规则进行修改甚或抛弃。凯伯格的概率临界值标准方案本质地涉及这一点，并且这一策略甚至构成了对彩票悖论的所谓"标准解决"。但正如前文表明的，这类方案有一些难以接受的推论。于是，邦约尔、瑞恩、尼尔金和都汶等人发展出了信念集的一致性标准方案，它是知识论方案的最新成果。这一类方案试图通过表明，关于抽彩活动的信念集由于存在虚假信念或者是通过统计性推理形成的，因而是不融贯的或者是自毁的，进而要求不能接受该信念集中的任何信念，从而达到消解悖论的目的。但为了避免一个错误信念而抛弃该信念所处信念集中所有信念显然代价太大。强贝叶斯型解决方案对信念集的一致性标准方案作了改进。它把抽彩活动看作非独立的连续事件，认为先前的抽彩结果对后面的结果有直接的影响；它要求合理相信一个信念集中的某个信念必须满足的条件是：它不仅要有较高的初始概率，而且，在以

---

① 参见 Howson & Urbach, *Scientific Reasoning: the Bayesian Approach*, La Salle: Open Court, 1989; P. Teller, "Conditionalization and Observation", Synthese, Vol. 26, 1973, pp. 218 – 258.

与之密切相干的其他信念作证据的条件下，它的概率不会降低。根据这一条件，能有效地消除彩票悖论，而不必犯信念集的一致性标准方案的保守主义错误。因为它只强调不能同时相信某些信念，但并不否认在不同的情境可以分别地接受它们。这一点既符合信念的可错性和可更新性，又符合日常直观。值得指出的是，彩票悖论的信念集的一致性方案和强贝叶斯型解决方案都把待决信念放在一定的情境（即信念集）中来进行探讨，待决信念已经是内在于情境而不是相对于情境了，由此可见，彩票悖论的解决方案已经发展到情境敏感进路了。

如上所言，强贝叶斯型方案无疑具有很多优点，并且也得到了一定程度的辩护。但是，认知主体在决定对一个命题采取什么命题态度的时候是否都会像概率论家那样精确地计算或估量待决命题的概率值呢？显然，一般的理性认知主体通常不是概率论家，在决定采取何种命题态度时不会进行概率演算，而是凭直觉或根据某些非量化的规则进行决断。因此，强贝叶斯型方案或多或少受损于要进行概率计算这个"特设性"要求。下一节我将提出一个克服这一特设性要求的解决方案。

第四节　基于断言视角的解决方案[①]

前三节的论证表明，彩票悖论被国内外学界广泛认为是关于合理相信的悖论，并在认识论、逻辑哲学和科学哲学等领域激发热烈而持久的讨论。而同一时期被发现的序言悖论[②]也被看作是合理相信悖论，也得到了学界的广泛讨论。尽管对这两个悖论的讨论和研究通常是独立进行的，目前似乎有对这两者进行对比或统一研究的趋势。[③④] 有学者认为序言悖论

---

① 本节部分内容曾以题为《彩票悖论与序言悖论的统一解》发表在《科学技术哲学研究》2016 年第 5 期，收录时有修改。

② Makinson, D. C., "The Paradox of the Preface", *Analysis*, Vol. 25 (6), 1965, pp. 205 – 207.

③ Chandler J., "Acceptance, Aggregation and Scoring Rules", *Erkenntnis*, Vol. 78 (1), 2013, pp. 201 – 217.

④ Hawthorne J., Bovens, L., "The Preface, the Lottery, and the Logic of Belief", *Mind*, Vol. 108 (430), 1999, pp. 241 – 264.

所展现的问题并不是凯伯格在彩票悖论中所强调的问题。[1]

在笔者看来这两个悖论具有同样的逻辑结构，它们分别从量化和定性的角度向我们展示，合理相信一个命题与对该命题的信念度之间关系的本性还远未解决。因此它们之间具有互补性，而且这两个悖论的发现者也从没有就它们的实质产生争论。但无论对这两者的独立研究还是统一研究都是在信念视角下进行的。本节拟从分析和论证构成这两个悖论的案例具有同样的逻辑结构着手，从断言视角统一地考察这两个悖论，指出它们应更恰当地理解为对合理信念的断言悖论，进而尝试从语用的言语行动视角对它们给出一个统一的解决。

一　彩票悖论与序言悖论的同构性

在将彩票悖论和序言悖论进行对比之前，更详细地考察彩票悖论的构造过程是恰当的。这一构造过程可以分为三步。第一步，利用洛克论点或通常所说的高概率接受（相信）规则，将"第 i 张彩票不中奖"这样的命题转化为一个表达命题态度的命题，即"某认知主体 S 合理地相信第 i 张彩票不中奖"，而这一表达主体命题态度的命题被广泛地称作认知主体 S 的信念。不难看出，这里涉及第一节所说的信念和命题的混淆。第二步，利用信念的合取规则得出：认知主体 S 合理地相信"第 1 张彩票不中奖"并且"第 2 张彩票不中奖"并且……并且"第 1000000 张彩票不中奖"。亦即，认知主体 S 合理地相信"所有彩票都不中奖"。第三步，根据背景知识有且仅有一张彩票中奖，利用洛克论点，认知主体 S 可以合理地相信"有一张彩票中奖"。亦即，认知主体 S 可以合理地相信"并非所有彩票都不中奖"。这一状况可以用符号表示为：认知主体 S 既合理地相信（$p_1 \wedge p_2 \neg \cdots\cdots \wedge p_{1000000}$）又合理地相信 $\neg p_i$。由于 $\neg p_i$ 衍推"并非所有彩票都不中奖"，而"所有彩票都不中奖"和"并非所有彩票都不中奖"这两个命题是相互矛盾的，于是，学界普遍认为认知主体 S 相信了一对矛盾命题，或者说 S 有矛盾信念。

几乎在凯伯格发现彩票悖论的同一时期，麦金森（D. C. Makinson）

---

① David Makinson, "Logical questions behind the lottery and preface paradoxes: lossy rules for uncertain inference", *Synthese*, 186, 2012, p. 513.

于 1965 年发现了序言悖论。序言悖论大致如下。学术著作的作者通常会在序言中对该著作学术观点有帮助的人表达谢忱，同时还表达一切不良后果均由他本人承担。譬如他会说，感谢某某对本书提出的宝贵建议和批评，本书不可避免存在一些错误与不足，但这些均完全由作者本人负责等。假设作者在书的正文中作下大量陈述，称之为 p_1，p_2，……，p_n。根据洛克论点，对其中任意一个陈述，作者本人都可以合理地相信它是真的。但根据他以前发表论文或出版著作的经验，他也可以合理地相信他著作中有陈述是假的，即合理地相信在 p_1，p_2，……，p_n 中至少存在某个 p_i 是假的。即正如他在序言中所写的那样，书中不可避免地存在错误，因此他合理地相信 $\neg p_i$。于是，作者既合理地相信（$p_1 \wedge p_2 \wedge \cdots \wedge p_n$）又合理地相信 $\neg p_i$。由于 $\neg p_i$ 衍推 $\neg (p_1 \wedge p_2 \wedge \cdots \wedge p_n)$，作者明显地合理相信一对矛盾，麦金森将这一境况称为序言悖论。

这两个悖论一经发现即得到学界广泛关注，因为它们所揭示的问题是关乎人类理性和认知的根本性问题。例如，我们是否以及何时才能合理地相信一个尚未得到证实的（定性的或高概率的）经验命题？信念和真以及知识的关系究竟是什么？如何才能保证认知主体有一个融贯的信念系统？

尽管彩票悖论和序言悖论被发现的时间相近，它们所关乎的问题都是人类理性和认知的根本性问题，但学界对它们的研究却以分立的方式占主导。这主要体现在发表的大量文献大都只关注某个悖论，旨在分析某个悖论的形成及提出其解决方案，而不关注它们是否有共同的成因，是否可能构造一个统一的解决方案。并且，学界对这两个悖论聚焦度有较大差异，研究者们更多地将焦点放在对彩票悖论的研究上。这一点可从发表文献的数量窥见一斑。

鲜少对彩票悖论和序言悖论进行统一研究的主要原因可能是学界对这两者是否逻辑同构有分歧，目前占主导地位的观点是它们不具有同构性。比如弗雷说，"尽管彩票案例和序言案例表面上相似，但它们……是非常不同的。"① 尽管霍索恩（James Hawthorne）和波文斯（L. Bovens）认为，"作为悖论，彩票悖论和序言悖论显然极为类似……它们一起说明了定性

---

① Foley R., *When Is True Belief Knowledge*, Princeton: Princeton University Press, 2012, p. 70.

的信念概念和量化的信念概念之间的关系的互补性"①，但他们没有明确表示更不用说论证这两个悖论同构。我下面将要论证这一点。

彩票悖论和序言悖论不同的印象极可能来自前者是关于概率性命题的而后者则不是。但这两者实际是可以相互转化的。一方面，在彩票悖论的研究实践中，讨论的通常是"第 i 张彩票不会中奖"这样的定性命题，而不是"第 i 张彩票 99.9999% 不会中奖"这样的量化的概率性命题，或者说在这有一个从量化到定性的转变。另一方面，序言悖论中的语句也可合理地以量化的方式出现：作者并非对其著作中所有陈述都十分确定，其中不十分确定的陈述就可以高概率命题的形式出现。另外，即便有人不承认这种相互可转化性，但他也不能否认概率性命题和非概率性命题在相关悖论性场景中的互补性。这个悖论性场景是：在同一背景知识下，相信单个命题都是合理的，但相信所有这些命题的合取会导致悖论。这种悖论场景的相似性及互补性恰好在一定程度上佐证了这两个悖论的同构性。

除此之外，这两个悖论还在其他方面相似。首先，这两个悖论中的相关陈述都有很强的证据。在彩票悖论中，某张彩票不会中奖的强有力证据是它中奖的概率非常低，从而它不会中奖的概率非常高；在序言悖论中，作者对其在学术著作中所作的陈述显然具有很高的信念度，这种高信念度显然是基于相应的强有力证据。

其次，在这两个案例中，相应陈述集中都有虚假陈述，陈述数量有限且不知道哪一个陈述是虚假的。在彩票案例中，相关的陈述集是由 p_i "第 i 张彩票不会中奖"这种形式的陈述构成；而在序言案例中，陈述集由作者在正文中所作陈述构成。但在这两个案例中，都不知道具体是哪个陈述为假。

再次，在对彩票悖论和序言悖论的研究实践中，通常都是在合理相信视角下进行的。无论这种视角是否是唯一正确的视角，至少从这个视角看，这两个悖论是关于陈述或命题之合理相信的。这一相似之处暗示，即便它们不是关于合理信念的，至少也是关于命题之同一个方面的，比如说，都是关于命题之接受、命题之断定等。

---

① Hawthorne J. & Bovens L. , "The Preface, the Lottery, and the Logic of Belief", *Mind*, Vol. 108 (430), 1999, p. 244.

　　还可以找出其他一些相似之处。例如，在这两个案例中都有一个关于相应陈述集中之陈述的总体性断言，并且这种关于陈述集中元素的"总体性"断言是否定性的。在彩票案例中，作为背景知识的抽奖规则断言有一张会中奖，而相应陈述集中的陈述的形式是"第 i 张彩票不会中奖"，这一规则就相当于断言"并非（关于这些彩票的）陈述都是真的"；在序言案例中，作者在序言中断言书中不可避免地存在错误，亦即断言"并非（正文中的）陈述都是真的"。毫无疑问，这两个总体性陈述都蕴涵相应陈述汇集中存在虚假陈述。这一关于陈述汇集的"总体性"陈述目前尚未得到研究者们的注意。但在笔者看来，这一相似之处很重要，它可能提示一种新颖的解决方案。

　　上述相似之处向我们展现：彩票案例和序言案例都是关于原子陈述的同一方面；在构成方面，这些陈述由两类构成，一类是有限的单称陈述，它们构成相应的陈述集；另一类是一个关于在该陈述集中存在虚假陈述的陈述。可以将这种统一结构表达如下：

　　（Φp_1，Φp_2，……，Φp_n）并且 $\Phi \neg p_i$。

　　在此，（Φp_1，Φp_2，……，Φp_n）表示在两个案例中分别所作的大量单称陈述；Φp_i 中的 Φ 可以看作算子，是对陈述"所关注"的那一个方面。根据研究者对这两个案例的不同解读视角，它可以是表达各种不同认知态度甚至其他维度的算子，比如说知道算子、相信算子、断定算子等。

二　彩票悖论和序言悖论不是严格的合理相信悖论

　　对上述统一结构的解读的关键在于对 Φ 的解读，对 Φ 的不同解读会产生不同版本或形式的彩票悖论和序言悖论。对 Φ 的知道算子解读太强，明显与这两个案例的原意不符。例如，开奖前我们并不知道一百万张彩票中的任意一张是否会中奖；作者在著作中所作的陈述并不都是其知识，有的只是其推断。因此，本节不讨论这两个悖论的知识（知道）版本。

　　如果将彩票悖论和序言悖论上述统一结构中的算子 Φ 解读为（合理）相信算子，则会构成学界所普遍认为的合理相信悖论。根据抽奖活动规则及相关背景知识，现在所有的证据是：（1）有一张彩票会中奖；（2）一百万张彩票中的任意一张中奖的概率是 1/1000000，从而任意的第 i 张彩票不中奖的概率是 0.999999。根据洛克论点，从上述证据可以得到的命题是"S 合理相信第 i 张彩票不会中奖"，而不是"第 i 张彩票不会中奖"。前者的逻辑形式是 $B_S p_i$，而后者的形式是 p_i。也就是说，依照洛克论点，严格说来从现有证据能得到的命题集只是 $\{1 \leqslant i \leqslant 1000000 \mid B_S \neg p_i\}$。经典合取闭合可以保证从 $\neg p_1$，$\neg p_2$，……$\neg p_n$ 得到 $\neg p_1 \wedge \neg p_2 \wedge \cdots \wedge \neg p_n$，但它不能保证从 $B_S \neg p_1$，$B_S \neg p_2$……$B_S \neg p_n$ 可以演绎地得到 $B_S(\neg p_1 \wedge \neg p_2 \wedge \cdots \wedge \neg p_n)$，因为认知逻辑中没有这样一个闭合规则。即便预设有这样的信念合取闭合规则，我们能得到命题"S 相信所有彩票都不会中奖"，从而得到对任意的 i，"S 相信第 i 张彩票不会中奖"，但根据证据我们能断定的命题是"第 i 张彩票会中奖"。但 $B_S \neg pi \wedge pi$ 无论如何不是矛盾命题。这样，学界广为讨论的彩票悖论也许只是一种幻像，并不是严格的悖论。

可能有这样一种反对意见：根据抽奖规则，作为证据的命题 pi "某个第 i 张彩票会中奖"是我们的知识，根据知识是得到辩护的真信念这一经典知识定义，可以从现有证据衍推出"S 相信第 i 张彩票会中奖"。从而可以得到："S 相信第 i 张彩票不会中奖"并且"S 相信第 i 张彩票会中奖"。似乎我们还是可以得出"矛盾"，人类理性仍然面临彩票悖论的挑战。但情况并非如此。这一命题的逻辑形式为 $(B_S \neg p_i \wedge B_S p_i)$，而不是 $BS(\neg p_i \wedge p_i)$，更不是 $(\neg B_S p \neg B_S p_i)$。而学界所说的彩票悖论和序言悖论实际上是指主体 S 相信 $\neg p_i$ 又相信 p_i 这种状况，即 $(B_S \neg p_i \wedge B_S p_i)$。但这种状况最多只表明认知主体 S 的信念系统不一致，它不能表明主体 S 相信了一个矛盾，更不用说它根本不是矛盾命题。根据悖论的一般定义，对统一结构中的算子 Φ 作（合理）相信算子理解的彩票案例和序言案例显然不是严格的合理相信悖论。

如果将彩票悖论和序言悖论统一结构中的算子 Φ 解读为断言（assertion）算子，情况可能是另一番景象，即彩票悖论与序言悖论将构成严格的悖论。

断言（asserting）是一种言语行动，我们通过下断言来表达和交流知识。我们在说出或写下某个陈述时就是在下断言，断言是作为内在状态的判断的外在表现，正如威廉姆森（Timothy Williamson）所说："确实，断

言是判断的外在类似物。"① 因此，根据这种广为持有的观点，在说出
"这张彩票不中奖"（p_1）或在学术专著中写下"归纳悖论是一个认识论
悖论家族"（p_2）时，我们在对它们下断言，即断定 p_1 和 p_2。这就是说，
在将 Φp 中的 Φ 解读为断言算子时，Ap_i 就坍塌为 p_i。于是，彩票案例中
关于某张彩票不中奖的陈述和序言案例中书中所作陈述就是断言汇集 A
（p_1，p_2，……，p_n）。这样，彩票案例和序言案例展现的共同逻辑结构
为：A（p_1，p_2，……，p_n）并且 A￢p_i。其中，p_i 是断言汇集中的元素。
由于断言汇集中包含断言 p_i，于是可以得出矛盾。

三　对作为断言悖论的彩票悖论和序言悖论的解决

显然，断言版本的彩票悖论与序言悖论之解决的关键是对断言汇集 A
的理解，而这又本质地涉及对断言这种言语行动本身之特性的理解。

（一）将断言汇集看作非集合概念

如果认为断言是一种无情境性的、非语用的言语行动，我们就可以将
"正文中所作断言"和"这次抽奖活动的彩票"看作非集合概念，从而对
汇集中的断言作单个的、分立理解，对它们进行合取运算。此时，这一断
言汇集等值于（$p_1 \wedge p_2 \wedge \cdots \wedge p_i \wedge \cdots \wedge p_n$）。于是有 $p_i \wedge \neg p_i$。这样就得出
了矛盾，从而可以构造较为严格的断言形式的彩票悖论和序言悖论。

消解这种理解下的断言悖论在技术上很简单，焦点在于断言者是否有
认识论上的权威断言每个相应陈述。如果断言者没有这样的权威，从而
￢（$p_1 \wedge p_2 \wedge \cdots \wedge p_i \wedge \cdots \wedge p_n$），于是不能必然地得到 $\sim p_i$，悖论就得到消
解。而断言者是否有此权威由断言的规范（norms）决定。在威廉姆森、
德鲁兹（K. DeRose）②、霍索恩③和塔雷（J. Turri）④ 等看来，断言的规范
是断言的构成性要素，所有断言必须遵守的这一规范是知识，即仅当断言
者知道 p（即 p 是其知识）时，才能断定 p。这一观点是当前学界关于断

---

① Williamson T., *Knowledge and Its Limits*, Oxford: Oxford University Press, 2000, p. 238.

② DeRose K., "Assertion, Knowledge, and Context", *Philosophical Review*, Vol. 111 (2), 2002, pp. 167–203.

③ Hawthorne J., *Knowledge and Lotteries*, Oxford: Oxford University Press, 2004.

④ Turri J., "The Express Knowledge Account of Assertion", *Australasian Journal of Philosophy*, Vol. 89 (1), 2011, pp. 37–45.

言规范的主导性观点，但也有学者认为断言的知识要求太强。例如，威勒（*Weiner*）[①] 认为只需 p 是真的就可断言 p；勒克（Lackey）[②] 的要求更弱，认为只需主体合理地相信 p 他就可断言 p。本文将断言的知识规范弱化为真。显然，如果断言的真规范能消解悖论，则断言的知识规范也能消解这些悖论。

在彩票案例中，在开奖结果出来之前，"第 i 张彩票不会中奖"的真值并未被确定。也就是说，断言"第 i 张彩票不会中奖"的人并不知道这张彩票是否真的不会中奖。因此，根据断言的真规范，他本来没有认识论上的权威作这样的断言，他作这样的断言是一种虚妄。从而彩票悖论被消解。

同样，在序言案例中，作者在其正文中所作的陈述，从而在其正文中所作的断言，并非事实上都是真的，有些断言只是其主观推断。这一点是显然的。例如，本人在《归纳悖论与确证逻辑新探》中断言"归纳悖论是一个悖论度逐步提高的知识论悖论家族。"但这一命题只是我通过研究对归纳悖论的本性所作的推断，其真尚未被确立，它并不是我的知识。对于这类命题，作者本应谦虚地以"我相信 p"而不是"p"这种形式来表达。这样，作者书中的某些断言并不是"合乎断言规范的"，或者说作者在认识论上本来无权对它们中的每个都作断定，但作者实际这样做了，从而违反了断言的真规范。于是，序言悖论被消解。

另一方面，在日常实践中，通常认为断言者确实在认识论上有权断定这两个案例中的大多数相关陈述，这种情况可以通过对相关汇集作集合概念理解来解释。

（二）将断言汇集看作集合概念

如前文所言，关于彩票案例和序言案例的一个共同的基本事实是，它们中的大多数陈述事实上是真的，只是不能具体确定究竟哪个（些）为假。如果断言是一种语用的言语行动，具有情境敏感性，就可将"这些彩票""正文中的陈述"这两个概念看作集合概念，从而可以与这一共同

[①]　Weiner M., "Must We Know What We Say?", *Review*, Vol. 114 (2), 2005, pp. 227 – 251.

[②]　Lackey J., "The Norms of Assertion", *Nous*, Vol. 41 (4), 2007, pp. 594 – 626.

的基本事实一致。

　　断言的情境敏感性在序言案例中表现得非常明显：作者在正文中所作的一系列陈述是关于多个话题的，从而处在不同的情境中。在断言某个 p_i 时，他很可能根本没想到关于另外某个话题的 p_k，他在下这两个断言时处于不同的思想情境。在序言中对正文所下断言进行评价时，他又处于另外一种不同的思想情境。显然此时他大脑中不可能一次性或依次浮现正文中所有断言，而是把它们当作一个整体来看待，呈现的仅是代表断言整体的"部分"。正是在这一情境中，"正文中所作断言"变成了一个集合概念而不是分立讨论情境中的非集合概念。呈现在大脑中代表整体的"部分"是指断言汇集（p_1，$\cdots p_i$，$\cdots$，p_n）中的任意 m 个元素。在此 m 是一个变量，是一个大于 1 小于 n 的自然数。此时在断言者的大脑中，他在正文中所作断言实际上是（$p_1 \wedge p_2 \wedge \cdots \wedge p_i \wedge \cdots \wedge p_n$）的弱化式，它是其中 m 个元素的合取。也就是说，他并不是断言正文中所作陈述中的每一个，于是可以有假的陈述，从而可以与序言中关于存在虚假断言的那个断言一致，序言悖论得到了消解。

　　由于彩票案例与序言案例同构，同理可将本次抽奖活动中的"彩票"理解为集合概念。根据这种理解，彩票案例中被断言者断定的只是大多数彩票而非"所有"彩票，亦即断言者并没有断定本次抽奖活动中的每一张彩票都不会中奖，从而不排除有彩票中奖的可能性，这与本次抽奖活动的规则是一致的。因此，彩票悖论被消解。

　　上述方案的关键在于对两个案例中所作断言的"弱化"，对这种处理的合理性简要辩护如下。首先，这种弱化是通过对相关概念作集合概念理解达致的。依语境的不同，同一个语词可以作集合概念和非集合概念，这一点已是学界共识。其次，这种处理在言语行动实践中比比皆是。例如，在上级宣布他是某领导职位候选人时，被推选者通常会说"我的条件还不成熟"。此时他断言的不是每个条件都不成熟，而只是谦虚、诚恳、真实地表达他有的条件还不成熟。其次，彩票悖论的发现者多次表达要抛弃信念的合取原则，认为从相信第 1 张彩票不会中奖、相信第 2 张彩票不会中奖、……、相信第 n 张彩票不会中奖，不能得出相信这 n 张彩票都不会中奖。这实际上正是对信念在上述意义上的弱化。再者，有学者在合理信念而非断言框架下提出应对序言案例中正文所陈述的东西（信念）进行

"统计弱化",并给出了相应的弱化模式。[①] 这一最近研究趋向以及该文所作的辩护也为本方案提供了强有力的间接辩护。

　　尽管目前学界对彩票悖论和序言悖论的主导研究范式是合理信念范式,即在信念视角下分别解决它们,但这一视角可以统摄到本节所提出的言语行动路径上的断言视角。以彩票悖论为例,研究者认为"第 i 张彩票不会中奖"(其命题形式是 p_i) 实际表达的是一个信念,即相信第 i 张彩票不会中奖,用符号表示为 Bp_i。因此,彩票悖论研究文献中所说的信念集 $\{p_1, p_2, \cdots p_n\}$ 实际应是命题集 $\{Bp_1, Bp_2, \cdots Bp_n\}$,前者只是后者的一种简略说法。根据断言的词典定义,断言可以是对事实也可以是对信念的肯定性宣告,因此后者可以看作从二阶断言 $\{\Phi Bp_1, \Phi Bp_2, \cdots \Phi Bp_n\}$ 退化而来。在此 Φ 是断言算子,B 是相信算子。但由信念集 $\{Bp_1, Bp_2, \cdots Bp_n\}$ 与 $B\neg p_i$ 并不能构成严格的悖论。由此可见,断言与信念之间关系问题对令人信服地完满解决这两个悖论意义重大。另外,对断言的认识论要求本质地影响这两个悖论的解决,这一要求越强,在技术上消解悖论更简单,但由此引发的哲学辩护更困难。因此,断言的本性、规范问题以及它与信念之间的关系问题将是后续研究的主要问题。

①　Leitgeb H. , "A Way Out of the Preface Paradox", *Analysis*, Vol. 74 (1), 2014, pp. 11 – 15.

第五章 确证理论中的其他典型确证难题

此前三章分别讨论了学界所广泛讨论的确证的证据相干性难题、确证的可投射性难题和确证的洛克预设难题。这些难题分别通过确证悖论、绿蓝悖论和彩票悖论得到具体生动的展现。同时，这些难题是相对于特定的确证理论的，譬如，确证悖论是相对事例确证理论的，而彩票悖论更多地是关于贝叶斯确证理论的。由于对确证的理论研究主要采用逻辑和数学方法，各种确证理论亦被称为确证逻辑，因此，本章不严格区分确证理论和确证逻辑。

亨佩尔发现的确证悖论的悖结在于一个"非 P 且非 Q"的观察陈述是否确证形如"所有 P 都是 Q"的假说。古德曼论证了即便能消解这一悖论，确证还会遇到更严峻的难题——绿蓝悖论。绿蓝悖论的悖结在于确证绿假说"所有翡翠是绿的"的观察陈述"某时刻 t 之前被观察的翡翠是绿的"是否以及为什么（不）确证绿蓝型假说"所有翡翠都是绿蓝的"。流行的确证逻辑有这样一个预设：如果基于一定观察陈述一个假说具有较高的概率或者其概率得到较大提高，那么该假说得到了该观察陈述的确证，从而是可以合理相信的。但凯伯格的彩票悖论表明，无论一个假说基于一定的证据的概率有多高，都有可能导致悖论。因为基于"有一百万张彩票且其中有一张彩票中奖"这一证据（加上概率无差别原则），假说"第 i 张彩票不中奖的概率"的概率非常高，但仍然会导致不一致的信念。这就表明，确证悖论、绿蓝悖论和彩票悖论的悖论度逐步提高。从而，归纳悖论构成了一个悖论度逐步提高的关于归纳确证的悖论家族。

归纳悖论是在归纳确证语境中产生的。对归纳确证的研究在学界通常称为确证逻辑，其主要原因在于经典确证理论的提出者们所构想的确证理论是为某种形式的陈述是否确证某种形式的假说提供一个纯形式的判据。也就是说，确证理论家对确证的研究是从形式的角度而不是内容的角度进行研究。在这个意义上，经典确证理论就是确证逻辑（logic of confirmation）。它是对确证关系所应具有的逻辑性质的研究，而不是将"确证"当作"知道"和"相信"等内涵算子而进行的关于推理的形式系统的研究。

对确证的逻辑研究主要有定性和量化两个进路。定性进路最经典的理论是亨佩尔的确证逻辑，其次是最符合直观的确证的假说—演绎模型。格莱默尔的拔靴带理论和柯恩的归纳层级支持理论也属于这一进路，前者在西方学界具有很大影响。本章将不系统考察这两个理论。主要原因在于这两个理论在国内都得到较系统深入的研究。譬如，任晓明对柯恩的归纳层级支持理论进行了系统性深入研究①，张大松则对格莱默尔的拔靴带理论进行了系统研究。② 量化进路的确证的逻辑研究主要是卡尔纳普的逻辑贝叶斯确证度理论和在此基础上发展起来、当今广为流行的主观贝叶斯信念度理论。卡尔纳普的确证度理论对确证度概念给出了一个较严格的形式公理化刻画，主观贝叶斯信念度理论则是为了应对卡尔纳普的确证度理论遭遇的难题和解决确证悖论而发展起来的。李小五等人对卡尔纳普的确证度理论进行了系统性介绍③，陈晓平对早期贝叶斯确证理论进行较深入和系统性研究。④

本章将主要考察定性确证进路上的事例确证理论（逻辑）、假说—演绎理论和量化确证进路上的贝叶斯理论面临的典型确证难题。主要原因有三个。第一，归纳悖论是在确证的定性研究进路中发现的，具体来说，主要在亨佩尔的确证逻辑中发现的，而主观贝叶斯型确证理论则主要是为了应对确证悖论及解决这一悖论时自身遭遇的难题而逐步发展成熟的；第二，国内学界尚缺乏对非常符合直观的假说—演绎确证模型的研究。该类确证模型面临的一个重要确证难题是证据的非相关性问题，包括非相关合

---

① 参见任晓明：《当代归纳逻辑探赜》，成都科技大学出版社 1993 年。

② 参见张大松：《科学辩护的沉思：科学确证与科学接受的方法论辩护》，科学出版社 2008 年。

③ 参见李小五：《现代归纳逻辑与概率逻辑》，科学出版社 1992 年。

④ 参见陈晓平：《归纳逻辑与归纳悖论》，武汉大学出版社 1994 年。

取和非相关析取这两大难题。事实上证据的相干性问题也是事例确证逻辑面临的核心问题；第三，尽管国内学界对量化进路的确证理论有所介绍，但对贝叶斯确证逻辑的批判性审视有所欠缺。并且本人在研究确证悖论的解决方案时也给予了较系统的考察和批判，即便克服了所有这些难题，量化确证理论还遇到其更根本性预设不合理这一难题。量化确证理论背后的一个认识论预设是我称为的"洛克预设"：如果基于给定证据一个假说的概率很高，那么它是可以合理相信的（得到很好确证）。但是，彩票悖论揭示了洛克预设是不合理的，可能导致彩票型悖论。

第一节　亨佩尔事例确证理论的难题[①]

亨佩尔的事例确证逻辑在归纳确证理论中具有经典地位。哈勃（*Franz Huber*）高度评价亨佩尔确证逻辑的地位，甚至说"自此以后，在发展确证逻辑方面几乎没有任何进展。"[②] 对于这样一个经典确证理论，学界对提出该理论时的背景讨论中发现的确证悖论给予热烈而持久的讨论，但较少对该理论本身给出系统性研究。本人曾从具体解悖的角度对亨佩尔的事例确证理论进行过初步探讨[③]。本节在前述工作基础上对该理论进行更为全面的批判性审视，论证亨佩尔的事例确证理论蕴含多个悖论及难题，揭示出其产生这些难题的根源，并提出构建合理确证理论的语用认知新视域。

一　事例确证的适当性条件与满足性标准

亨佩尔关于确证理论的主要论著有"确证的纯句法定义"[④] "'确证

---

① 本节内容曾发表在《科学技术哲学研究》2011 年第 6 期，收录时有删改。

② Franz Huber, "Hempel's logic of confirmation", *Philosophical Studies*, 139, 2008, pp. 181 – 189.

③ DUN Xinguo, "Queries on Hempel's solution to the paradoxes of confirmation", *Frontiers of Philosophy in China*, 1, 2007, pp. 131 – 139.

④ Carl G. Hempel, "A purely syntactical definition of confirmation", *The Journal of Symbolic Logic*, 8, 1943, pp. 122 – 143.

度'的定义"① 以及"确证之逻辑研究"②。事例确证理论集中体现在"确证之逻辑研究"一文中,而"确证的纯句法定义"则主要是该文的形式技术细节部分。事例确证理论目标是为何种形式的经验证据构成对所与假说的确证提供一个一般判据,其核心内容是确证的适当性条件和满足性标准。

在亨佩尔的确证逻辑中,确证的适当性条件实际是他所说的任何合适的确证定义的必要条件,"确证的合适定义必须满足一些我们下面马上要讨论的进一步的逻辑要求。"③"满足这些被看作是确证逻辑的一般法则的要求当然只是所提出来的任何确证定义的适当性的必要而非充分条件。"④ 这些进一步的逻辑要求是以下包含衍推条件、后承条件和一致性条件在内的"适当性条件"。

1. 衍推条件(Entailment Condition,简记为 EC):任何被观察报告所衍推的语句,均得到该观察报告的确证。

2. 后承条件(Consequence Condition,简记为 CC):如果一个观察报告确证了一个语句类 K 中的每一个语句,那么该观察报告也确证类 K 的任一逻辑后承语句。该条件有两个推论:

2.1. 特殊后承条件(简记为 SCC):如果一个观察报告确证假说 H,那么它也确证 H 的每一后承。

2.2. 等值条件:如果一个观察报告确证一个假说 H,那么它也确证任何一个与 H 逻辑等值的假说。

3. 一致性条件:每个逻辑一致的观察报告与其确证的所有假说所组成的类在逻辑上相容。这个条件有两个推论:

3.1. 一个观察报告如果不自相矛盾,就不能确证任何与该报告逻辑不相容的假说。

---

① Carl G. Hempel, "A definition of 'Degree of Confirmation'", *Philosophy of Science*, 12, 1945, pp. 98 – 115.

② Carl G. Hempel, "Studies in the *logic* of confirmation (Ⅰ)", *Mind*, 213, 1945, pp. 1 – 26; Carl G. Hempel, "Studies in the logic of confirmation (Ⅱ)", Mind, 214, 1945, pp. 97 – 121.

③ Carl G. Hempel, "Studies in the logic of confirmation (Ⅰ)", *Mind*, 213, 1945, p. 102.

④ Ibid., p. 106.

3.2 一个观察报告如果不自相矛盾，就不能确证互相反对的假说中的任何一个。

哈勃[1]在其论文中把逆后承条件（Converse Consequence Condition，简记为 CCC）归入亨佩尔的适当性条件。这与亨佩尔的原本不符。CCC 的含义是：如果经验证据 E 确证假说 H，且 H^*（H，则 E 确证 H^*。亨佩尔确实以确证伽利略定律或开普勒定律的观察证据也确证牛顿定律为例，承认 CCC 的直觉合理性，但亨佩尔发现该条件和其衍推条件及后承条件的合取会导致荒谬的结论，因而拒斥该条件，"因此，逆后承条件并不是适当性的一个合理的一般条件。"[2]

亨佩尔认为他的下述两个确证定义满足上述三个条件，即这两个定义是他所说的满足性标准：

定义 1：如果观察报告 B 蕴涵假说 H 在 B 所提及的那些对象所组成的类上的展开，那么观察报告 B 直接确证假说 H。

定义 2：如果假说 H 由一个语句类所蕴涵，而该语句类中的每一个语句均被观察报告 B 所直接确证，那么观察报告 B 确证假说 H。[3]

至此，亨佩尔以适当性条件和满足性标准为确证作了一个较完整的阐释。亨佩尔的确证理论考察的是何种形式的证据语句确证某种形式的假说语句，它的实质是探讨证据语句与假说语句之间的逻辑句法关系。

二 事例确证逻辑遭遇的难题

亨佩尔的上述确证思想通常被称作"事例确证逻辑"，其要义是为一个概括性假说被何种形式的观察报告所确证提供一个纯形式上的要求或标准。但这一理论遭到了很多难题。

从整体上来看，首先，亨佩尔的确证定义太强，排除了本来应该确证

---

[1] Franz Huber, "Hempel's logic of confirmation", *Philosophical Studies*, 139, 2008, p. 182.

[2] Carl G. Hempel, "Studies in the logic of confirmation (II)", *Mind*, 214, 1945, p. 105.

[3] Ibid. , p. 109.

相应假说的证据。考虑这样一个假说 H：$\forall x\ Rxy$，观察报告为 E：$Raa \wedge Rab \wedge Rbb \wedge Rba$，该假说在观察报告 E 所提及的个体类 $\{a, b\}$ 的展开为 D_H：$Raa \wedge Rab \wedge Rbb \wedge Rba$。显然，$D_H$ 就是 E 自身，于是 E 亨佩尔式确证 H。但 E^*：$Raa \wedge Rab \wedge Rbb$ 并不是衍推 H 在个体类 $\{a, b\}$ 的展开 D_H，于是，不能得出 E^* 亨佩尔式确证 H。但是，直觉上我们会认为 E^* 确证 H。其次，如果假说是由理论术语构成的，那么这些假说得不到可观察证据的确证，因为在所提及的个体类上的展开必然包含理论术语，而观察报告是由表达可观察属性的词汇构成的，它不包含理论术语，因此，一个观察报告不衍推理论假说在观察报告提及的个体类上的展开。再次，亨佩尔的确证定义太弱，使得任何证据可以确证某所与假说。这就是下文将要详加探讨的确证的直觉悖论。

从具体层面来看，亨佩尔事例确证理论面临适当性条件与其他条件的不相容性及各个适当性条件自身的合理性问题。

（一）事例确证逻辑面临多个悖论

亨佩尔在引入事例确证理论时，先论证确证的尼科德标准和等值条件会导致一只白色的粉笔确证假说 H1 "所有乌鸦是黑的（$\forall x\ (Rx \rightarrow Bx)$）"这样的反直觉的确证悖论。对这样一种确证理论状况，亨佩尔的态度是抛弃尼科德标准而保留等值条件作为其适当性条件。笔者发现，亨佩尔理论同样蕴含尼科德式确证悖论。说明如下：

（1）令某观察报告仅提及一个个体 a，其内容是"个体 a 不是乌鸦也不是黑的"，即 $\neg Ra \wedge \neg Ba$；

（2）假说 H2 "所有非黑的都不是乌鸦 $\forall x\ (\neg Bx \rightarrow \neg Rx)$" 在观察报告所提及的个体类 $\{a\}$ 上的展开为 $(\neg Ba \rightarrow \neg Ra)$。显然，$(\neg Ra \wedge \neg Ba)$ $\vdash (\neg Ba \rightarrow \neg Ra)$；

（3）根据亨佩尔的确证定义 1，$(\neg Ra \wedge \neg Ba)$ 确证假说 H2；

（4）H1 逻辑等值于 H2；

（5）根据等值条件，$(\neg Ra \wedge \neg Ba)$ 确证 H1。

笔者发现，即便不用等值条件，仅从亨佩尔的确证定义 1 也可以得出同样的悖论。说明如下：

（1）令某观察报告仅提及一个个体 a，其内容是"个体 a 不是乌鸦也不是黑的"，即 $\neg Ra \wedge \neg Ba$；

（2）假说 H1"所有乌鸦是黑的（∀x（Rx→Bx））"在观察报告所提及的个体类 {a} 上的展开为（Ra→Ba）；

（3）（¬Ra∧¬Ba）⊢（Ra→Ba）；（演绎逻辑）

（4）（¬Ra∧¬Ba）确证 H1。（确证定义 1）

这样，亨佩尔基于确证的直觉悖论抛弃确证的尼科德标准是不合理的。

进一步，亨佩尔对确证悖论的解决方案也是不合理的[①]。亨佩尔方案的基本思想是：我们之所以认为（¬Ra∧¬Ba）不确证 H1 是因为引入了附加的背景知识，排除这些背景知识就不会有悖论的"心理幻像"。然而，背景知识的在场性是确证必不可少的条件。正如亨佩尔所承认的，一个科学假说通常是全称条件句，它在个体域上的展开仍然是条件句，要得到直接观察陈述必须满足一定的条件（即其前件）。况且，根据汉森的观察负载理论学说，所有通过仪器得到的观察报告都负载了相应的辅助性理论。这些条件和辅助性理论构成了背景知识，它们在科学检验中是必不可少的。

更为严重的是，亨佩尔事例确证理论还面临着另外一个悖论。引入这样一个符合直观的"证据衍推"条件：如果某观察报告 E 确证假说 H，E* 为一个一致的观察报告，且 E* 衍推 E，则 E* 确证 H。菲尔森（Branden Fitelson）论证了该条件是亨佩尔事例确证理论所具有的一个性质。

（1）令某观察报告仅提及一个个体 a，其内容是 Ra∧Ba；

（2）假说 H1 在观察报告所提及的个体类 {a} 上的展开为（Ra→Ba）；

（3）设有另一个观察报告 E*：（Ra∧Ba∧Rb∧¬Bb）

（4）（Ra∧Ba）⊢（Ra→Ba）；（演绎逻辑）

（5）（Ra∧Ba）确证 H1；（确证定义 1）

（6）E* ⊢（Ra∧Ba）；（演绎逻辑）

（7）E* 确证 H1。（5，6，证据衍推条件）

---

① DUN xinguo, "Queries on Hempel's solution to the paradoxes of confirmation", *Frontiers of Philosophy in China*, 1, 2007, pp. 134 – 139.

事实上，E^* 显然不能确证 H1。因为其中包含有 H1 的否定事例 $Rb \wedge \neg Bb$，它构成了对 H1 的否证而不是确证。我把这个迄今尚未被人正式提出来的悖论称为"亨佩尔事例确证悖论"。

（二）适当性条件与 CCC 和 CIC 的不相容性

不可否认，前述三个适当性条件都有相当的直观合理性。但尼科德标准等其他有些条件也相当符合直观，亨佩尔没有给出优选这三个条件的令人信服的论证。更严重的是，适当性条件和其他一些高度符合直观的确证条件会导致荒谬的结论。

马文（Pierre Le Morvan）[1] 论证了 EC、SCC、CCC 三个条件的合取会导致"任意观察报告确证任意假说"这一灾难性结果。可以证明 EC 和 CCC 的合取也会导致同样结果：

（1）令 E 为一任意经验证据，H 为一任意假说；

（2）由于 E→E∨H，根据 EC，E 确证 E（H；

（3）由于 H→E∨H，根据 CCC 和（2），E 确证 H。

究竟是保留 CCC 还是抛弃它，确证理论家有不同看法。格莱莫尔强调 CCC "有一种未消退的流行性，使得它有效的努力一直持续着"[2]；而马瑞特（Luca Moretti）[3] 则论证"必须拒斥 CCC 大抵是正确的"。

波洛克（John L. Pollock）[4] 通过引入事例合取条件（Condition of Instance Conjunction，简记为 CIC）论证了亨佩尔的事例确证理论和适当性条件的不相容性。

事例合取条件：如果 p 是假说 $\forall x (Ax \rightarrow Bx)$ 的肯定事例，b、c、d 和 e 是不在 p 中出现的个体常项，那么（$p \wedge Ab \wedge \neg Ac \wedge Bd \wedge \neg Be$）必定确证 $\forall x (Ax \rightarrow Bx)$。

根据亨佩尔的事例确证理论，（$\neg Aa \wedge \neg Ba$）既是 $\forall x (Ax \rightarrow Bx)$ 又

①　Pierre Le Morvan, "The Converse Consequence Condition and Hempelian Qualitative Conformation", *Philosophy of Science*, 66, 1999, pp. 449–450.

②　Clark Glymour, *Theory and Evidence*, Princeton: Princeton University Press, 1980, p. 30.

③　Luca Moretti, "Why the Converse Consequence Condition cannot be accepted", *Analysis*, 4, 2003, p. 300.

④　John L. Pollock, "Laying the raven to rest: a discussion of Hempel and the paradoxes of confirmation", *The Journal of Philosophy*, 20, 1973, pp. 479–750.

是 $\forall x\,(Ax\to\neg Bx)$ 的肯定事例。因此，根据事例合取条件，（$\neg Aa \wedge \neg Ba \wedge Ab \wedge \neg Ac \wedge Bd \wedge \neg Be$）必定确证 $\forall x\,(Ax\to Bx)$ 和 $\forall x\,(Ax\to\neg Bx)$ 这两者，从而确证这两个假说的合取；而这两个假说的合取蕴涵 $\forall x \neg Ax$，根据后承条件，（$Aa \wedge \neg Ba \wedge Ab \wedge \neg Ac \wedge Bd \wedge \neg Be$）确证 $\forall x \neg Ax$。但这显然是荒谬的，因为（$\neg Aa \wedge \neg Ba \wedge Ab \wedge \neg Ac \wedge Bd \wedge \neg Be$）中包含该假说的反例 Ab。于是，波洛克得出结论："亨佩尔关于肯定事例的提议是与其适当性条件不相容的。"①

（三）适当性条件的合理性问题

亨佩尔适当性条件的合理性遭到全面的质疑。

首先，等值条件的合理性值得怀疑。尽管卡尔纳普认为"等值条件明显有效，因为所有对应原理对所有正规 c 函数成立"，② 而且，亨佩尔也认为必须保留等值条件，否则，"（某证据是否确证某所与假说）'取决于假说的不同等值构述'，这看来是荒谬的，"③ 但亨佩尔在从尼科德标准导出确证悖论时，等值条件起到了实质性作用。从解悖方法论上来看，有三种可能路径：抛弃或修改尼科德标准；抛弃或修改等值条件；同时抛弃或修改这两者。亨佩尔选择了第一个路径；第三个付出的代价太大；于是，我们可以抛弃或修改等值条件。等值条件要求的是两个假说在逻辑真值上相等，而不是经验信息等同或等量，这样两个经验内容甚至毫不相干的假说可以得到同一证据的确证。因此可以说，尼科德确证悖论的重要原因是等值条件的不合理性。要避免确证悖论，可以把等值条件替换为下述更合理的内容等同条件。

内容等同条件：如果两个假说对世界所作断言相同，那么确证其中一个假说的证据也确证另一假说。

由于 H1 与 H2 关于世界所作的断言并非完全相同，在亨佩尔的推导过程中不能使用内容等同条件，悖论就不会产生。同时，内容等同条件具有很强的直觉合理性，可以避免亨佩尔对确证依赖假说构述形式的指责。

---

① John L. Pollock, "Laying the raven to rest: a discussion of Hempel and the paradoxes of confirmation", *The Journal of Philosophy*, 20, 1973, p. 750.

② Rudolf Carnap, *Logical Foundations of Probability*, Chicago & London: The University of Chicago Press, 1962, p. 474.

③ Carl G. Hempel, "Studies in the logic of confirmation (I)", *Mind*, 213, 1945, p. 12.

其次，卡尔纳普还否认衍推条件的合理性，"它在通常情形下确实有效，但在某些特殊情形下却并不成立"。[1] 进一步，卡尔纳普否认后承条件和一致性条件的合理性，"一致性条件不是有效的，对我来说甚至不是合理的"[2]。考虑下面两个比衍推条件和一致性条件弱得多的条件：

（1）弱衍推条件：每个一致的观察报告确证它自身。

（2）弱一致性条件：没有一个一致的观察报告确证矛盾式。

显然，后承条件和弱衍推条件的合取蕴涵衍推条件。而后承条件、弱衍推条件和弱一致性条件的合取蕴涵一致性条件。从而，由于后承条件的丰富性，这三个条件也可以得到亨佩尔适当性条件集同样的演绎推导威力，以至于衍推条件和一致性条件不成为必要条件。[3]

再者，我们还可以对一致性条件 3.2 提出如下批评。它有这样一个推论：两个相互竞争的不相容假说都不会有任何确证性证据。这显然反直觉且与科学史不符，因为很多相互竞争的假说往往有一些相同的预测，且这些预测是它们的确证性证据。考察科学史上光的微粒说和波动说的相互竞争，不难发现这两个假说都有对其有利的实验证据，都有被确证的成功历史。另外，当代贝叶斯确证理论却能很好地解释这种情形。同一经验证据能确证相互反对的两个竞争假说，只不过对它们的确证程度不一样，并且相对于同一证据，这样两个假说的确证度之和等于 1。

（四）亨佩尔的研究目标与其经验主义意义标准的内在不相容性

显然，以下两个论点是亨佩尔所坚持的：（1）为确证关系提供一个纯逻辑的阐释（即其研究目标）；（2）包括数学和逻辑学在内的形式科学陈述以及形而上学陈述不能得到经验确证。但这两者是内在地不相容的。首先，根据亨佩尔衍推条件，任何分析陈述被任何经验证据所衍推，于是任何分析陈述被任何经验证据所确证。其次，通过选择合适的谓词和个体常项的名称，根据亨佩尔确证定义，包括数学和形而上学在内的所有全称

---

① Rudolf Carnap, *Logical Foundations of Probability*, Chicago & London: The University of Chicago Press, 1962, p. 473.

② Ibid. , p. 476.

③ Jose Alberto Coffa, "Two remarks on Hempel's logic of confirmation", *Mind*, 316, 1970, p. 592.

命题都可以得到其事例的确证。① 譬如，"5 是素数且是奇数"确证数学假说"所有素数都是奇数"。这样，根据亨佩尔的确证逻辑，所有假说都可以被确证，这就表明上述两个论点的不相容性。

三　亨佩尔确证逻辑遭遇难题的根源

亨佩尔事例确证逻辑之所以面临诸多难题有其逻辑根源和方法论根源。

"确证"可以在不同的意义上使用，譬如，卡尔纳普曾区分确证的定性概念、量化概念和比较概念。马赫（Patrick Maher）② 把确证分为递增确证（incremental confirmation）和绝对确证（absolute conformation）。递增确证的含义是，假说 H 在证据 E 基础上的概率比其在没有证据 E 时的概率高；绝对确证的含义是在证据 E 的基础上，假说 H 的概率超过某个概率临界值（至少是 1/2）。

根据亨佩尔的事例确证逻辑，下列原理成立：

（1）一个既是 F 又是 G 的个体确证假说"所有 F 都是 G"；（假说被其肯定事例所确证）

（2）一个既非 F 又非 G 的个体确证假说"所有 F 都是 G"；（前文已证）

（3）同一个证据 E 所确证的几个假说是相容的；（适当性条件 3.2）

（4）如果 E 确证 H，则 E 确证 H 的每一个逻辑后承。（适当性条件 SCC）

显然，（1）和（2）在绝对确证的意义上不成立，而在递增的意义上成立。因为某个体既是 F 又是 G（或者既非 F 又非 G）并不能使得"所有 F 都是 G"为真的概率超过 1/2；但另一方面，观察到某个体是 F 同时又是 G 确实会增加"所有 F 都是 G"的概率。因此，亨佩尔是在递增确证的意义上来使用原理（1）和（2）的。

原理（3）在绝对确证的意义上成立。因为如果一个假说的概率超过

①　D. Stove, "On Logical Definitions of Confirmation", *The British Journal for the Philosophy of Science*, 64, 1966, p. 268.

②　Patrick Maher, "Confirmation theory", Donald M. Borchert（ed.）, *Encyclopedia of Philosophy*, Vol. 2, 2nd edition, New York: Macmillan Reference, 2006, p. 433.

1/2，那么和它不相容的那个假说的概率必定小于 1/2。因此，如果一个证据 E 同时绝对确证几个不同的假说，那么它们必定相容。原理（3）在递增的意义上却不成立。假设投掷两次硬币。假说 H1 是"第一次投掷正面朝上而第二次反面朝上"，假说 H2 是"两次投掷都是正面朝上"。显然，这两个假说的验前概率都是 1/4。在证据 E"第一次投掷正面朝上"的基础上，H1 和 H2 的概率都是 1/2。这两个假说的概率都增加了，但它们显然是不相容的。同样地，原理（4）在绝对确证的意义上成立。因为一个假说的逻辑后承至少具有和该假说一样的概率。原理（4）在递增确证的意义上不成立。因为任何重言式都是任意假说 H 的逻辑后承，而重言式的概率为 1。显然，E 不能增加重言式的概率，因此，E 不能确证 H 的重言式后承。

于是，亨佩尔是在绝对确证的意义上来使用原理（3）和（4）的。这样，亨佩尔在事例确证理论中不加区分地使用了两个不相容的确证概念。

亨佩尔的事例确证逻辑因其演绎主义的逻辑诉求，仅从逻辑句法的角度对科学假说的真理性进行部分刻画，而没有对科学假说的内容给予适当的关注，从而没有对确证给出令人满意的表达和阐释。要把握确证的要义须转换研究范式，不把确证看作逻辑句法或语义关系，而应该把其当作一种语用的认知评价活动。这是确证理论研究的总体趋向和新范式。

在这种新的研究视域下，逻辑的"确证"概念将被理解为"可接受性"这一认知概念。科学假说的接受是一个语用概念，科学接受活动与科学家等认知主体密切相关。认知主体并不总在逻辑真假标准下评判假说，而是高度关注假说内容的丰富性，它对经验现象的解释力，甚至包括假说的形式简单性等。可接受性意义下的确证理论通过确立某些适当的可接受标准，把科学假说的真理性、信息丰度（内容丰富性）和解释力等理论评价要素统摄在一起，并在它们之间保持必要的张力和动态平衡，可以符合实际地刻画认知主体对科学假说的评价性认知状态。

第二节　假说—演绎确证理论的非相干难题[①]

理论与经验之间的联系问题是科学哲学的核心问题。围绕这一问题主

---

① 本节主要内容曾以《理论确证的假说—演绎模型及其问题》为题发表在《哲学动态》2008 年第 8 期。

要有两个不同研究维度——理论对经验的解释与说明以及经验对理论的确证。特别地，"确证概念在经验科学方法论中占据着中心地位。"[1] 对确证关系的阐释中有一种非常符合直观的理论，即假说—演绎模型（Hypothetico - Deductivism）。

假说—演绎模型的要义及其在科学确证中的地位，格莱莫尔曾经这样评述过，"如果证据能够以某种合适的方式从一个理论中演绎出来，那么该证据确证这一理论。就我所知，它依然是最流行的一种版本。"[2] 正因为如此，假说—演绎模型受到了来自西方学者各方面广泛且持久的批判、质疑、辩护和修正。这种质疑与修正构成了当代假说—演绎模型发展的动力，形成了多种不同的假说—演绎确证模型。20 世纪 80 年代，假说—演绎模型在格莱莫尔等人的批判声中一度陷入沉寂，但最近这一方法论模型又得到了复苏。

一　假说—演绎法的历史演进

假说—演绎模型是科学哲学中最负盛名的方法论模型之一。它最早是作为一种科学发现的方法提出来的。亚里士多德的归纳—演绎的实质是科学发现的假说—演绎法，只不过亚里士多德强调作为前提的原理（即假说）是由归纳法而得来的。莱布尼茨明确提出，从感觉和经验获得的关于事实的可能真理，不可能是归纳法，而要通过"先验猜想法"。他说："先验猜想法从假说开始，……表明实际发生的事物将从这些假说得出来。"[3]

笛卡尔的假设—演绎思想具有从科学发现向科学确证转折的特质。他认为对同一个现象必定有多个相竞争的假说，这些假说都具有猜测性质，它们没有一个是确定的，但有一些是可以有理由地确信的。他宣称科学家有权力接受那些能成功地说明非常广泛的现象的假说，因为"从其可以

---

[1]　Carl G. Hempel, "A Purely Syntactical Definition of Confirmation", *The Journal of Symbolic Logic*, Vol. 8, No. 4, 1943, p. 122.

[2]　Clark Glymour, *Theory and Evidence*, Princeton: Princeton University Press, 1980, p. 12.

[3]　转引自周昌忠《西方科学方法论史》，上海人民出版社 1985 年版，第 153 页。

演绎出所有现象的那个假说是假的是不太可能的①"。而只要从假说中演绎出来的结论与被解释事物相一致，就可以承认它们是真的。

现代经验主义者则把作为科学发现方法的假说—演绎法改造为一种科学确证的方法。他们认为，通过猜想得出来的假说虽然可以演绎出需要加以解释的现象，但这些假说本身没有经验基础、没有得到证实，因此，要根据假说演绎出推论或预言，然后用经验来决定这些推论或预言是否是对该假说的一种支持或确证。这实际上就是理论的确证方法。惠更斯在《论光》的序言中对作为确证理论的假说—演绎法的本质给了一个很清晰的表述："……原理是由它们引出的结论来检验的；……当用假定的原理论证了的东西与观察中的实验所产生的现象完全一致时；……那么，这当是对我探究成功的强有力的确证……"②

归纳主义者惠威尔持"归纳一致"基础上的假说—演绎确证观。他认为，假说是运用归纳进行猜测获得的，一个假说提出后也要按归纳一致加以检验，演绎的作用在于从假说中推出现象，从而确证或检验假说。他说："假说应当预言尚未观察到的现象……，只有当能预言与构想假说时不同类的事物时，该假说的真实性才能得到确实的证据。"③ 这里惠威尔不仅强调了假说要通过其推论出的预测事实来检验，而且还特别强调了不同种类证据的检验力。

密尔同意惠威尔的意见，但对假说的完全证实提出了更严格的要求。他要求一个已被证实的假说，不仅它的演绎推论要与观察一致，而且没有别的假说蕴涵那些应予解释的事实。密尔坚决主张，假说的完全证实要求排除所有可能存在的其他假说。④ 密尔还认为完全证实在科学中有时是能达到的，并且他还举例证明牛顿关于太阳和行星之间中心力反比平方的假说。密尔要求检验推论必须只能从被检验假说演绎出来，从而为后来假说—演绎法强调从背景理论不能推出检验推论的思想作了铺垫。

---

① 转引自 Larry Laudan, *Science and Hypothesis*, Dordrecht: D. Reidel Publishing Company, 1981, p. 33.

② 克·惠更斯：《论光》，刘岚华译，武汉出版社 1993 年版，第 viii 页。

③ 周昌忠：《西方科学方法论史》，上海人民出版社 1985 年版，第 159 页。

④ 约翰·洛西：《科学哲学历史导论》，邱仁宗等译，华中工学院出版社 1982 年版，第 159 页。

二　假说—演绎的主要模型及其难题

在当代讨论确证的假说—演绎模型的文献中，作为讨论出发点的通常是假说—演绎模型的这样一个版本：

H－D1：观察证据 E 确证假说 H，当且仅当，（ⅰ）E 为偶然真；（ⅱ）H ⊢ E。

仔细分析这种确证阐释，可以发现 H－D1 面临一些问题。首先，H－D1 遇到确证理论中广为人知的非相干合取问题：H 被 E 所确证，那么 H∧A 也被 E 所确证，在此 A 是与 H∧T 一致的任一陈述。这一问题被吉姆斯（Ken Gemes）表述为选择确证问题，或者合取缝合问题。[①]

其次，H－D1 还遭遇到所谓的非相干析取问题，或者"析取缝合问题"：如果 H 为偶然真理，且蕴涵为真的经验证据 E，那么对任意语句 E*，E∨E* 确证 H。

H－D1 遇到的第三个难题是事例确证问题：假说—演绎模型的任何合理构述应该允许一个概括的事例确证该概括。显然，H－D1 没有解决事例确证问题：令 H 为"所有乌鸦都是黑的"（∀x（Rx→Bx）），它所蕴涵的是形如 Ra→Ba 这样的语句，而非 Ra∧Ba 式语句。这就是说，据 H－D1，Ra→Ba 确证 H，但 Ra∧Ba 不确证 H，而 Ra∧Ba（a 是乌鸦且是黑的）是 H 的事例。

事实上，任何一个假说—演绎模型还遇到备选假说选择难题以及统计假说因无可直接观察的演绎推断而无法被假说演绎地确证的问题。本文仅考察前三个难题。

以"确证的预测标准"为名，亨佩尔提出了 H－D 的这样一个稍微不同的版本："令 H 为一个假说，B 为观察报告。那么，如果 B 可以分为两个互斥且穷举的子类 B₁ 和 B₂，且 B₂ 中的每一个语句可以从 H 和 B₁ 的

---

①　Ken Gemes, "Hypothetico - Deductivism: the Current state of play: the criterion of empirical significance: endgame", *Erkenntnis*, 49, 1998, p. 1.

合取中演绎出来，而不能单独从 B_1 演绎出来，那么，B 确证 H。"[1] 可以把亨佩尔的这一思想重塑如下：

H – D2：观察证据 E 确证假说 H，当且仅当，（ⅰ）E 和 H 都是偶然真理；（ⅱ）E ≡（$E_1 \wedge E_2$）；（ⅲ）$E_1 \wedge H \vdash E_2$；（ⅳ）E_1 不蕴涵 E_2。

H – D2 不能处理合取缝合难题和析取缝合难题，但能解决事例确证难题。譬如，令 E 为 "$Ra \wedge Ba$"，E_1 为 Ra ，E_2 为 Ba，E 为 H "$\forall x（Rx \to Bx）$" 的事例。据 H – D2，E 确证 H。

但亨佩尔的 H – D2 模型又面临着 "非黑的乌鸦" 确证 "所有乌鸦都是黑的" 这一确证悖谬。令 E 为 "$Ra \wedge \neg Ba$"，E ≡（$\forall x（Rx \to Bx）\to Ra \wedge \neg Ba$）$\wedge$（$Ra \wedge \neg Ba$）≡（$E_1 \wedge E_2$）。显然，（$\forall x（Rx \to Bx）\to Ra \wedge \neg Ba$）$\wedge \forall x（Rx \to Bx）\to（Ra \wedge \neg Ba$），而（$\forall x（Rx \to Bx）\to Ra \wedge \neg Ba$）不蕴涵（$Ra \wedge \neg Ba$）。

另外，科学假说往往是条件句，要得出一个可检验的陈述，某些条件需得到满足，这就意味着观察证据并非直接从假说中导出，而是由假说和某些条件（一般是背景知识或理论）的合取才能导出。而且这与奎因—迪昂论点是一致的。这就引出了确证的相对模型。

艾耶尔在理论的经验意义标准这一语境中隐含地表述了了 H – D 的这一模型[2]：

H – D3：相对于背景知识或理论 T，观察证据 E 确证假说 H，当且仅当，（ⅰ）E 为偶然真；（ⅱ）（$H \wedge T$）协调且（$H \wedge T$）$\vdash$ E，（ⅲ）T 不蕴涵 E。

这一模型比 H – D2 简单且更符合直观。显而易见，H – D3 不能处理

---

① C. G. Hempel, *Studies in the Logic of Confirmation*, *Aspects of Scientific Explanation*, New York: The Free Press, 1965, p. 26.

② A. J. 艾耶尔：《语言、真理与逻辑》，尹大贻译，上海译文出版社 2006 年版，第 8 页。

合取缝合难题和析取缝合难题。但 H－D3 在某种程度上可以处理事例确
证难题。说明如下：

　　令背景知识 T 为 Ra，观察证据 E 为"Ba"，假说 H 为"∀x（Rx→
Bx）"，则有 H∧T 蕴涵 E，但 T 单独并不蕴涵 E。据 H－D3，作为假说事
例的黑乌鸦确证假说"所有乌鸦是黑的。"

　　但格莱莫尔指出这一模型又面临着如下困难：（1）E 不能确证 T 的
任何后承；（2）如果 E 偶然真，S 是任一满足"¬E＝S"的一致陈述，
那么，相对于一个真理论（如 S∧E），E 确证 S。[①]

　　基于这些难题，格莱莫尔宣称确证的假说—演绎模型是无望的，进而
发展出对确证的另一种定性阐释——拔靴带理论。而伊尔曼经过考察后则
说 H－D 是"不可修正的"[②]、"差不多是一匹死马"[③]，主张科学确证的
一种量化阐释模型——贝叶斯确证理论。

　　尽管有格莱莫尔和伊尔曼的悲观判决，对 H－D 的希望并没有灭绝。
不少学者仍然积极寻求对 H－D 的修正与辩护。譬如，霍维奇（Paul Hor-
wich）立即作出回应，指出拔靴带理论及贝叶斯确证理论存在自身的一些
缺陷，并提出了 H－D 的另一个模型[④]。

　　　　H－D4：相对于背景理论 B，E（直接）确证 H，当且仅当（ⅰ）
E ≡（$E_1 \wedge E_2$）；（ⅱ）（$E_1 \wedge H \wedge B$）⊢E_2；（ⅲ）（$B \wedge E_1$）不蕴
涵 E_2。

　　不难看出，H－D4 是由 H－D2 和 H－D3 捏合而成，它吸取这两者的
合理要素。但正如霍维奇（Paul Horwich）自己所指出，这一版本的 H－
D 同样面临着旧版本的一些问题。H－D4 要成为假说确证的充分必要条

　　① Clark Glymour, "Discussion: Hypothetico - Deductivism is Hopeless", *Philosophy of Science*, 47, 1980, p. 322.

　　② John Earman, *Testing Scientific Theories*, Minneapolis: University of Minnesota Press, 1983, p. v.

　　③ John Earman, *Bays or Bust*, Cambridge: The MIT Press, 1992, pp. 63 - 64.

　　④ Paul Horwich, "Explanation of Irrelevance", John Earman (ed.), *Testing Scientific Theories*, Minneapolis: University of Minnesota Press, 1983, p. 58.

件，还有诸多限制：（1）它不能说明过去的经验何以确证将来的预测；
（2）与确证的后承条件（如果 E 确证 T，T 蕴涵 T_1，则 E 确证 T_1）一起
会产生确证灾难。说明如下：设 p 为一任意不相干陈述，B 为背景理论，
E（（$E_1 \wedge E_2$），（$E_1 \wedge H \wedge B \wedge p$）$\vdash E_2$，且（$B \wedge E_1$）$= E_2$。据 H – D4，
E 确证 $H \wedge p$；据后承条件，E 确证任意不相干陈述 p。

目前为止，H – D 的四个版本都遇到了非相干难题。解决证据的相干
性问题似乎是 H – D 出路之所在。而且，我们还注意到，假说—演绎法的
这几种形式刻画所使用的逻辑工具是经典演绎逻辑。于是，有人开始质疑
逻辑工具本身。譬如，1987 年沃特斯（C. K. Waters）撰文指出："确证的
非相干性问题不在于重构确证时所运用的 H – D 框架本身，而在于说明 H
– D 重构时所运用的是经典逻辑。"① 他的策略主要有两点。第一，在 H
– D 框架中增加关于相关性的约束条件。他认为只有当假说 H 中的一组
陈述在预测证据的演绎推导过程中起到了必要作用，该组陈述才能得到检
验。另一方面，以注重经验内容联系的相干逻辑来替代经典逻辑，即以相
干蕴涵来替代实质蕴涵。沃特斯（Waters）认为，通过这两点就会克服非
相干难题。但正如沃特斯（Waters）本人所说，该方案尚未表明演绎对科
学是必要的，第三，该方案并没证明经典逻辑不能重构 H – D。

此外，就笔者看来，该方案有悖于问题解决的"充分宽广性"诉求。
毕竟经典演绎逻辑是逻辑之本，我们不能为了解决非相干性难题就抛弃
它，这样未免代价太大。经过这一插曲，逻辑保守主义者们会设法在经典
逻辑框架下重构 H – D。譬如，格瑞姆斯（*Thomas R. Grimes*）就是如此。

格瑞姆斯（*Grimes*）相信"假说演绎法所隐含的是这样一个基本观念
——如果一个假说的内容部分，即它对世界所作的断言部分，被表明是真
的，那么该假说得到了确证。"② 其策略是：给出一种一般方法，借以确
定在所与假说的所有逻辑后承中，哪些表明了该假说内容的后承。为达到
这一点，他诉诸布尔析取范式和严密后承（narrow consequence）概念。③

---

① C. K. Waters, "Relevance Logic Brings Hope to Hypothetico – Deductivism", *Philosophy of Science*, 54, 1987, p. 453.

② Thomas R. Grimes, "Truth, Content, and the Hypothetico – Deductive Method", *Philosophy of Science*, 54, 1990, p. 517.

③ Ibid. , p. 520.

格瑞姆斯（*Grimes*）认为，"严密后承概念似乎（比逻辑后承）更适合于表达内容保全关系。"然后，以此为指导思想，格瑞姆斯（*Grimes*）给出了自己对 H – D 的构述[①]。

　　　　H – D5：E 确证 H，如果（i）E 为真，（ii）H 和 ~E 都是协调的，（iii）HαE。

格瑞姆斯（*Grimes*）的 H – D5 模型具有简单、优雅且符合直观等优点，但它并没有摆脱非相干阴影。说明如下：假设 E 是 H 的严密后承，它也是 H∧R 的严密后承，在此，R 是一任意陈述。如果根据 H – D5，E 确证 H，那么，若 H∧R 是一个偶然真的合取式，则满足了 H – D5 的三个要求，于是，E 确证 H∧R。而这正是确证的非相干合取难题！

　　1991 年，肖尔兹（*Gerhard Schurz*）发表题为《相干演绎》的论文，对克服非相干性难题上作了新的尝试。尽管文章标题容易让人认为他所使用的工具是相干逻辑，实则不然。他认为一个有效的演绎是相干的，当且仅当，其结论的子公式在其某些出现被任何其他公式替换而保持演绎的有效性。他的直观想法是确保 E 从 H 演绎而来的过程中不涉及多余的要素，以达到消解非相干性合取等难题的目的。譬如，H⊢E，则 H∧B⊢E，但这并不使得 E 也确证 H∧B，因为，B 在此对于 E 的导出来说是多余因素。同样，H⊢E，则 H⊢E∨F，但 E∨F 并不确证 H，因为 E∨F 被 H 蕴涵并不在于 F 的本质。

　　为了形式化地捕捉这种直观想法，肖尔兹（*Gerhard Schurz*）[②] 引入了结论相干演绎、前提相干演绎以及相干后承要素等概念，并在此基础上给出了自己的 H – D 模型。

　　　　H – D6：E 确证 H 当且仅当，对分别等值于 E 和 H 的 E* 和 H* 来说，E* 是 E 的相干后承要素的合取，H* 是 H 的相干后承要素的合

---

　　①　Thomas R. Grimes, "Truth, Content, and the Hypothetico – Deductive Method", *Philosophy of Science*, 54, 1990, p. 520.

　　②　Gerhard Schurz, "Relevant Deduction", *Erkenntnis*, 35, 1991, pp. 409 – 422.

取，E^* 和 H^* 都是偶然真理，$H^* \vdash E^*$，且 $H^* \vdash E^*$ 是结论相干演绎和前提相干演绎。

H－D6 可以避免非相干难题。在 E 确证 H 时，有 $H \vdash E$。根据 H－D6，对任意 H^* 来说，在 $H \wedge H^*$ 是偶然真理时，E 并不确证 $H \wedge H^*$。因为 $H \wedge H^* \vdash E$ 并不是一个前提相干演绎。这样就避免了非相干合取难题。类似地，在 E 确证 H 时，有 $H \vdash E$。根据 H－D6，对使得 $E \vee E^*$ 为偶然真理的任意 E^* 来说，$E \vee E^*$ 不确证 H。因为 $H \vdash E \vee E^*$ 并不是一个结论相干演绎。这样，H－D6 就避免了非相干析取难题。但 H－D6 不能表明 $Ra \wedge Ba$ 确证 $\forall x (Rx \rightarrow Bx)$，因此，它不能解决事例确证难题。

为了能解决事例确证难题，*Ken Gemes* 对 *Schurz* 的 H－D6 做了如下修正。[①]

H－D7：E 确证 H 当且仅当，E 与 H 协调，且对某个 E^* 和 H^*，E^* 是 E 的后承，H^* 等值于 H，E^* 是 E 的相干后承要素的合取，H^* 是 H 的相干后承要素的合取，E^* 和 H^* 都是偶然真理，$H^* \vdash E^*$，且 $H^* \vdash E^*$ 是结论相干演绎和前提相干演绎。

这种理解解决了非相干合取、非相干析取以及事例确证难题。但它又面临一些新问题：（1）H－D7 失去了 H－D 先前版本的某些演绎意味，似乎在某种程度上更多地与确证的归纳主义处于同一阵营；（2）H－D7 还产生这样一个非常奇怪的结果："$Ra \wedge Ba \wedge \neg Rb \wedge \neg Bb$" 既确证 "$\forall x (Rx \rightarrow Bx)$" 又确证 "$\neg \forall x (Rx \rightarrow Bx)$"。[②]

不满于这些问题，吉姆斯（Ken Gemes）循着肖乐兹（Schurz）的相干演绎路径与格瑞姆斯（Thomas R. Grimes）的"内容"路径，在 1993 年提出了 H－D 的自然公理化模型[③]。该模型的基本思想是：E 只确证假说 H 的这样一些部分——它们的内容在从 H 导出 E 时是必要的。具体一点，

---

① Ken Gemes, "Hypothetico － Deductivism: the Current state of play; the criterion of empirical significance: endgame", *Erkenntnis*, 49, 1998, p. 5.

② Ibid., pp. 5 － 6.

③ Ibid., pp. 477 － 487.

要发现一个假说 H 的公理 A 是否被 E 确证,我们需找到 H 的一个规范版本 H$^\varsigma$,然后看 A,作为 H(的那些公理的一个内容部分,在 E 从 H(中导出时是否是必要的。① 该模型的两个核心概念是"理论的内容部分"和"理论的自然公理化"。吉姆斯(Ken Gemes)在对这两个概念进行定义的基础上,吉姆斯(Ken Gemes)给出了自己对 H – D 的如下定义②:

> H – D8:N(T)是对理论 T 的自然公理化,A 是 N(T)中的一个公理,相对于背景证据 b,证据 E 假说—演绎确证理论 T 的公理 A,当且仅当,E 和 b 是(T(b))的内容部分,并且不存在 T 的这样一个自然公理化 N(T)$^\varsigma$——对 N(T)$^\varsigma$ 公理的某个子集 s 来说,E 是(s∧b)的内容部分,且 A 不是(s∧b)的内容部分。

H – D8 可以解决非相干合取问题。由于公理 A 的内容对于从背景证据 b 中导出 E 是必要的,由此不能导出 A 和一任意的 A$^\varsigma$ 的合取的内容对于从背景证据 b 中导出 E 也是必要的。也就是说,根据 H – D8,E 要成为(s∧b)内容的一部分,则 A 需要成为(s∧b)内容的一部分,但这并不能得出,A∧A$^\varsigma$ 为此也需要成为(s∧b)内容的一部分。从而 H – D8 的要求得不到满足。

类似地,H – D8 可以解决非相干析取问题。因为,由 E 是 T 的一个内容部分并不能得出 E∨E$^\varsigma$ 也是(T∧b)内容的一部分。

同时,H – D8 还可以解决事例确证难题。譬如,对理论 T "∀x(Rx→Bx)",可以把它自然公理化为只有唯一公理 A "∀x(Rx→Bx)"。根据 H – D8,相对于背景证据 Ra,证据 E "Ba"确证 T。

尽管 H – D8 模型看上去可以避免 H – D 法的三大难题,但它近来遭到了帕克(Suck – Jung Park)的质疑。他认为 H – D8 模型有如下缺陷:第一,它把有些真确证案例划为假确证。这一点表明,H – D8 模型作为确证的定义太严格;第二,它又太弱,因为它有时把有些假确证案例划为

---

① Ken Gemes, "Hypothetico – Deductivism:the Current state of play:the criterion of empirical significance:endgame", *Erkenntnis*, 49, 1998, p. 8.

② Ibid. , p. 486.

真确证。在质疑的基础上，帕克（Suck - Jung Park）进而宣称"假说—演绎仍然没有希望。"① 吉姆斯（Ken Gemes）对帕克（Suck - Jung Park）的责难进行了回应，并承认 H - D8 并没有提供对确证的完整而恰当的阐释，譬如它没有涵盖最佳解释推理这类确证案例。②

这场持续 20 多年的假说—演绎争论依然没有结束。毋庸置疑，确证事业本质地与被确证项和确证者项的经验意义、经验内容相关。前述发展脉络也显示 H - D 模型从关注内容的相干性过渡到自然公理化模型关注假说自身的内容。但各种 H - D 模型依然是对确证的纯逻辑的形式刻画，即便 H - D8 关注了假说的内容，但它对假说内容的刻画依然是形式的——假说的内容是假说的逻辑后承，这就注定了该类模型必然会遭遇非相干性和其他难题。

对假说—演绎模型的拯救和合理构建不能片面强调形式逻辑，一定要抓住确证的本质，采用辩证方法论。这就要求我们要把形式与内容进行有机地统一。首要任务是尝试构造新的经验内容（信息）的测度理论。这一理论不仅对假说—演绎模型至关重要，而且它可以帮助解决事例确证理论所导致的确证悖论。其次，从科学实践来看，理论的确证并不是一蹴而就的，是一项历时的任务，因此，确证理论的构建要遵循逻辑与历史相统一的原则。再者，确证理论的构建要遵循质与量相统一的原则。确证主要是关于经验证据和假说之间的支持关系的，经验证据的质和量都对假说的确证起着重要的作用，而假说—演绎模型显然没有把握这一点。

第三节　贝叶斯确证理论的旧证据问题③

贝叶斯确证逻辑是 20 世纪最流行的确证方法论，甚至被称为确证悖论的标准解决方案。如前所言，在解决确证悖论时遇到很多难题。在对确证悖论的讨论当中，我们探讨过它有一系列经验假定需要辩护。例如，非

---

① Suck - Jung Park, "Hypothetico - Deductivism is Still Hopeless", *Erkenntnis*, 60, 2004, pp. 220 - 234.

② Ken Gemes, "Hypothetico - Deductivism: Incomplete But not Hopeless", *Erkenntnis*, 63, 2005, pp. 139 - 147.

③ 本节部分成果曾发表在《自然辩证法通讯》2018 年第 4 期，收入时有较大修改。

黑的个体远比乌鸦个体多。同时它还遇到一个严峻的难题："黑色的非乌鸦"不确证而"非黑色的非乌鸦"确证假说"所有乌鸦都是黑的"。[1] 除了在解决确证悖论会遇到一些难题之外，它还面临一些其理论内部的问题。例如，贝叶斯确证逻辑背后的"洛克预设"遭遇到彩票悖论；卡尔纳普的确证度理论面临波普尔所说的"全称假说确证度为0"的诘难。

事实上，贝叶斯确证逻辑还面临一个非常严峻的问题，这就是伊尔曼（John Earman）称为贝叶斯理论之"污点"的旧证据问题。[2] 斯普伦格·简（Sprenger Jan）甚至说"对贝叶斯确证理论最持久最严峻的挑战是旧证据问题。"[3] 旧证据问题对贝叶斯确证理论的挑战在于，贝叶斯方法无法对假说与旧证据之间的确证关系作出合乎科学实践和直觉的合理解释。能否消解旧证据问题关系到贝叶斯确证理论在科学方法论中的地位，甚至决定其能否成为科学方法论的基础理论。不少解决方案相继被提出，其中最具代表性的是豪森的反事实策略和伽伯（Daniel Garber）的学习策略。在此基础上也发展演化出多种启发性消解方案，但这些方案尚未得到公认，因此旧证据问题对贝叶斯确证理论的诘难仍在继续。

一　何谓旧证据问题

旧证据问题最早由格莱莫尔于1980年正式提出。他在提出其拔靴带确证理论的著作《理论与证据》中写道："一般地，科学家通过在假说提出之前的一些已知证据来论证他们的假说。哥白尼提出的日心说理论与论证所使用的观察数据相隔数千年之久……牛顿使用《理论》出版之前的开普勒第二、第三定律来论证万有引力；爱因斯坦在1915年提出重力场等式的论证在于这些等式能对水星近日点运动异常做出解释，而这些异常早在半个世纪前就被确立……旧证据事实上能够确证新假说，然而根据贝

---

①　Susanna Rinard, "A New Bayesian Solution to the Paradox of the Ravens", *Philosophy of Science*, 81, 2014. p. 81.

②　Earman J., *Bayes or Bust? A Critical Examination of Bayesian Confirmation Theory*, Massachusetts: The MIT Press, 1992.

③　Sprenger Jan, "A Novel Solution to the Problem of Old Evidence", *Philosophy of Science*, 82 (3), 2015, p. 383.

叶斯动力学却不能。"[①] 格莱莫尔关于旧证据问题的论证如下:

根据贝叶斯定理: 如果 Pr (E) >0, 并且 Pr (H) >0, 那么

$$(*)\quad Pr\ (H/E)\ =\frac{Pr\ (E/H)\ Pr\ (H)}{Pr\ (E)}$$

(*) 表示认知主体在实际获得证据 E 之后, 根据贝叶斯定理对 H 的置信状态从 Pr (H) 更新到 Pr (H/E)。根据贝叶斯确证理论, Pr (H/E) 表达了证据 E 对假说 H 的支持程度。根据确证度的差别测度法, 证据 E 对假说 H 的确证度为: C (H, E) = Pr (H/E) – Pr (H)。如果 C (H, E) >0, 那么证据 E 确证假说 H; 如果 C (H, E) <0, 则 E 对 H 有 "削弱" 作用; 如果 C (H, E) =0, 那么 E 无关于 H, 即证据对假说既没有确证作用也没有 "削弱" 作用。由于在被检验假说 H 提出之前, 证据 E 是一个为真的已知事实, 因而称之为旧证据, 故有 Pr (E) =1。显然假说 H 逻辑衍推旧证据 E, 因此 E 基于 H 的条件概率 Pr (E/H) =1。根据贝叶斯公式 (*) 得到: Pr (H/E) = Pr (H), 即 C (H, E) =0。也就是说, 假说 H 在引入旧证据 E 前后的信念度保持不变, 即旧证据 E 不确证假说 H。

旧证据问题一经提出就在学界掀起激烈的讨论, 涌现出了多种不同形式的旧证据问题。埃尔斯 (Ellery Eells) 针对不同版本的旧证据问题作出区分[②], 对旧证据问题的两种形态具体界定如下:

(1) 旧新证据问题: 证据 E 在提出假说 H 之后才被获得, 之后我们对证据 E 的置信度为 1, 仍可以称 E 对 H 有确证作用吗?

(2) 旧证据问题: 证据 E 在假说提出之前获得, (2a) 旧证据问题: 在提出假说和发现假说能够解释证据之后, 旧证据 E 对假说 H 有确证作用吗? (2b) 新旧证据问题: 在提出假说 H 的时候还是在发现假说可以解释 E 的时候, 旧证据 E 确证 H? 是怎样的确证过程得以实现证据对假说的确证价值和目的?

(1) 和 (2a) 描述的是静态旧证据问题, 认知主体对假说与旧证据

①　Glymour C. N. , *Theory and Evidence*, Princeton: Princeton University Press, 1980, pp. 85 – 88.

②　Eells E. & Fitelson B. , "Measuring Confirmation and Evidence", *Journal of Philosophy*, 97 (12), 2000, pp. 663 – 672.

之间确证关系的把握根据假说 H 逻辑蕴涵 E 还是解释 E 而改变。当科学家提出一个科学假说，第一次对这个假说进行检验时，我们正如科学家一样，所处的是一种简单粗略的认知状态：用于提高假说置信度的证据也会提高我们对假说的置信度。但当我们逐渐接受这个假说，我们的信念状态也随之改变了，即提出假说 H 和认识到"H 能解释 E"会改变认知主体的信念状态。比如，我们现在来看开普勒定律，它就不再提高我们对牛顿万有引力定律的置信程度，就像水星轨道运行异常的现象不再提高我们对广义相对论现有的置信程度。但实质上，证据与假说之间确证关系并不受时间的影响，旧证据对假说的确证价值也会一直存在和发挥价值，一方面是用于提高假说的信念度；另一方面也可用于维持认知主体对假说的现有置信程度。

（2b）描述的是发现假说 H 和旧证据 E 之间的逻辑关系或者解释关系的时刻。动态旧证据问题对贝叶斯主义的质疑在于，如何描述这种关系的发现过程？以及对假说和证据之间逻辑或解释关系的发现与假说置信状态的改变有何关系？对于动态旧证据问题的解决方案趋向于从认知主体学习的角度出发，即通过刻画认知主体对于假说与证据之间某种关系的学习和把握来刻画确证过程，并论证这种学习过程与假说之间的确证关系。

静态旧证据问题关注的是旧证据 E 是否能为假说 H 提供确证作用，以及在假说与旧证据都被提出之后如何看待二者之间的确证关系；动态旧证据问题关注的是发现假说 H 与旧证据 E 之间的某种关系是否确证 H，以及这种确证过程如何得以实现。如果关注旧证据的动态性问题，旧证据 E 不能确证 H。这就是为什么许多哲学家研究学习到命题 H（E 如何影响我们对 H 的置信度。而对于旧证据的静态问题，我们比较的是在竞争性假说条件下预期的 E 是怎样的。因此，对于静态旧证据问题的解决不应该是技术性的，而是应该是概念性的，需要讲清楚科学推理所诉求的确证本质目的是什么。如果我们致力于这种证明的要求，那么旧证据的静态问题就会消失，因为对于确证和证据的相关概念的阐释不同于增加置信度的确证解释。

二 静态旧证据问题的消解方案

由于旧证据问题对贝叶斯确证逻辑的重要性，围绕旧证据问题的静态和动态两种形式产生了很多不同消解方案。对静态旧证据问题的主要消解策略是豪森的反事实策略①、在此基础上发展出来的基于 AGM 理论的反事实策略、以及语境论方案。

豪森认为旧证据问题出现的主要原因在于格莱莫尔对贝叶斯公式不恰当的运用。豪森指出，对于主观贝叶斯主义者来说，信念度与认知主体所处的背景知识 K 有关。具体而言，确证理论隐含着关于证据、假说、背景知识之间的三元关系，混淆这一关系导致旧证据问题的出现。如果在提出假说的时刻 t，将旧证据 E 包含在当下的背景知识 K 中，即我们在对 H 指派初始概率时的背景知识中包含了旧证据 E，这就直接造成 Pr（E）和 Pr（E/H）被赋值为 1。既然旧证据的确证价值已经被纳入假说 H 提出时的初始概率中，进而讨论在旧证据 E 条件下假说的后验概率，根据贝叶斯公式必然会得出旧证据问题的结论。所以，他认为首先要明确这样一个基本事实：证据不能独立于周围环境的背景信息而支持或反对一个假说，当谈论 E 是 H 的相关证据的时候，显然需要涉及相关的背景信息，以此来评估 E 是否称得上 H 的证据。比如，一本在大街上发现的词典本身并不能构成一个证据来支持或反驳"史密斯杀害了琼斯"这个假说。这本词典本身是一种资料，如果使其具有证据的作用，就必须考察该词典所涉及的某种背景信息，如琼斯是被重物击打致死的、那本词典是史密斯的，并且词典上有史密斯的指纹和琼斯的血迹等。这时我们就能合理地推断，在这种背景信息下词典可以作为"史密斯杀害了琼斯"的有力证据。也就是说，证据力度要在给定的背景知识之内，通过证据 E 多大程度上改变（提高或者削弱）H 的可靠性来评估。

为了消解旧证据问题，豪森提出了如下反事实策略：在贝叶斯框架内进行概率演算时，必须从背景知识 K 中减去旧证据 E 本身，即要是背景知识 K 中没有（已知的、旧的）证据 E 时，E 对假说 H 的概率的影响。也就是说，需要计算和比较的不是在当前背景知识 K 下对假说 H 的信念度与引入旧证据之后对假说 H 的信念度，而是假设去掉 E 这样一个反事实背景下假说 H 的反事实概率与引入旧证据 E 之后假说的信念度，即尽

---

① Howson C., "The Old Evidence Problem", *The British Journal for the Philosophy of Science*, 42 (4), 1991, pp. 547 – 555.

可能把假说 H 初始概率的背景知识弱化为普遍知识减去能够确证假说的那部分数据。豪森的反事实确证定义如下：

E 确证 H，当且仅当 Pr（H/E&K −{E}）＞Pr（H/K −{E}），即 Pr（H/K）＞Pr（H/K −{E}）。

K 为假说提出之后的背景知识，K −{E} 是将证据 E 从当前背景知识排除之后的反事实背景知识。对于认知主体 S 来说，由于 S 在对假说的初始概率赋值时并不知道证据 E 对假说的作用，即预设了认知主体 S 在评估假说初始概率时的背景知识是 K −{E}。这就正如当我们在检查汽车发动机马达是否正常运行的试验中，要求该汽车引擎首先停止运行一样。这样看来，豪森认为"旧证据问题"并不是一个问题，仅仅是在考察旧证据的确证价值时把旧证据本身包含在相关的背景知识 K 中。如果把旧证据从背景知识中去除，就不会产生旧证据问题。从而论证：比起无 E 支持的反事实背景知识，有证据 E 的背景知识对假说 H 的支持更大，以此肯定旧证据对假说的支持作用，从而达到消解旧证据问题，使结论与科学实践相吻合。

豪森引入反事实概率来消解旧证据问题的方案简洁有力，但同时也遭受不少质疑。例如，埃尔斯就怀疑反事实策略提出的必要性。他认为很多情况下，认知主体在获得 E 后才会提出新假说，如果把 E 从提出假说的背景知识中去除反而缺乏合理性。格莱莫尔认为这种反事实的评估方式理论上是合理的，但从反事实概率概念上来看，其有效性和可行性并不让人满意，因为根本找不到一般的方法来计算基于 K −{E} 的背景知识下的反事实概率，而且反事实概率出现的情况本身就不普遍。[①]豪森反驳说，并非如格莱莫尔所认为的反事实事件不能存在于现实中，反事实评估是可能的。事实上我们可能一直都在运用反事实。比如我们经常会这样说：如果我没看到他偷偷做这样的事，我还真以为他会是一个君子。但豪森并未对反事实概率的计算以及置信状态如何从反事实概率更新到后验概率的给出理论支持和论证说明。

反事实策略对旧证据问题的消解论证带来诸多新问题。同时，反事实

---

① Eells E., "Bayesian Problems of Old Evidence", *Testing Scientific Theories. Minneapolis: University of Minnesota Press*, 1983, pp. 86 – 88.

评估标准合的理性根基并不稳固，因为如果认知主体背景知识中没有证据E，他可能就不会提出假说 H。虽然反事实策略仍沿用确证的贝叶斯解释，即证据确证假说反映在提高假说信念度上，但对于置信状态的更新处理上，豪森舍弃条件化原则的同时并未对置信函数从反事实概率函数 P到主观概率函数 Pr 的转化调整作足够的解释和论证。最后从非特设性的角度来考察，反事实策略中对反事实背景知识的预设以及假说的反事实概率解释，存在一定的特设性成分。所以该方案对旧证据问题的消解有一定的启示作用，但并不能称得上对旧证据问题的好的解决。

日本学者铃木（Satoru Suzuki）认为豪森的反事实策略思路固然清晰，但是技术处理上并不能完全让人信服。他沿着豪森的反事实策略路径，给出了自己对旧证据问题的分析。[①] 铃木对旧证据问题的消解，一方面保留贝叶斯框架中的以主观概率函数刻画合理置信状态，以及确证的贝叶斯解释，即证据 E 通过提高假说 H 的条件概率来确证假说 H；另一方面铃木构建置信状态改变模型的理论依据不再是条件化原则，取而代之的是信念修正的 AGM 理论。对于假说置信状态从反事实的初始概率 P，到吸收证据之后的后验概率 Pr，Pr 作为 P 相对旧证据 E 的信念收缩，来表达信念状态的合理更新。铃木基于 AGM 理论对反事实策略进行完善和补充论证，在反事实策略上提出存在一致性概率收缩函数，可以表述将 E从背景知识 K 中去除，这一函数描述了置信状态从相对于当下背景知识的信念度变更到反事实背景下的反事实信念度，其理论依据是信念修正的AGM 理论。AGM 理论可以对置信状态以扩张、收缩、修正三种方式得以更新，为贝叶斯确证理论中置信状态的改变提供新的原则标准和相应的哲学辩护，从而达到为旧证据问题的反事实消解策略提供理论和技术支持。这种基于 AGM 理论的反事实策略对旧证据问题的消解上，保留了贝叶斯确证理论中核心思想的同时，对条件化原则进行修正和发展，以适用证据与假说之间确证的合理刻画。

该方案是对豪森反事实策略的继承和完善，通过更加完善的技术支持，对反事实猜想的可行性做出系统的构建和论证，以此对旧证据问题在

① Suzuki S., "The Old Evidence Problem and AGM Theory", *Annals of the Japan Association for Philosophy of Science*, 13（2）, 2005, pp. 105 – 126.

反事实意义下的消解提供强有力的支持。所以该方案在足够狭窄行方面可以称为较为完备的消解方案。该方案也较为符合充分宽广方面的要求，结合贝叶斯确证理论以及经典逻辑语义学，在 AGM 理论基础上构建的这种动态的置信状态，比较符合直观因而具有较高的可接受性。在非特设性方面，这种经典语句逻辑的构建为反事实概率解释提供了桥梁，一方面有着系统的哲学辩护；另一方面这些论证也预设某种前提，所以对于前提预设的合理性与充分性也有待探讨。

国内学者陈晓平等人基本认同豪森反事实策略的基本思想，并在这种反事实思想基础上提出语境论的消解方案。[①] 该方案的主要出发点是：旧证据一定是旧理论所不能解释的反常现象，而反常现象一般与其他正常现象相互分开而被单独搁置。进而提出语境检验原则：新证据相对于当前背景，旧证据相对于旧背景。以此构建的新反事实策略，对旧证据问题的解决论证如下。

在新假说提出之前，旧理论 H' 属于背景知识 K，因而 $Pr(H')=1$。根据贝叶斯定理，即使旧理论 H' 遇到反常现象即旧证据（E）也不会被驳斥，因而仍旧留在 K 中。比如牛顿理论在面临水星近日点异常运动的反常现象，受怀疑的往往不是牛顿理论，而是水星近日点的反常现象。库恩科学范式理论也认为作为反常现象（旧证据 E）的观察经验本身不足以动摇现有的科学范式，除非另一个能够解释该反常现象的新范式（新假说 H）被提出。所以，此时 $Pr(H')=1$，而 $Pr(E)<1$。当新假说 H 被提出之后，由于假说 H 能够对 E 做出解释，$Pr(H)>0$，进而产生对 H' 的质疑，使之降低为竞争性假说 $Pr(H')<1$。这样旧理论从当前背景 K 中被去除，从而还原为旧背景 $K'=K-H'$。使得新假说 H 和旧理论 H' 一起面临检验。

$$Pr(E)=Pr(E/H)Pr(H)+Pr(E/H')Pr(H')$$

根据贝叶斯公式

$$Pr(H/E)=Pr(E/H)Pr(H)/Pr(E)>Pr(H)$$

因此旧证据问题得到解决。

---

① 陈晓平、黎红勤：《对"老证据问题"的解决——从语境论的角度看》，《自然辩证法通讯》，2014 年第 2 期，第 25—29 页。

　　这里有三个方面的问题：第一，旧证据与旧理论之间的关系并不是静态的关系，在旧证据刚被发现的时候，受质疑更多的是旧证据本身，随着观察和实验的深入，旧证据得到确认的同时旧理论作为旧证据范围之外的理论也可以随之得到确认。第二，该语境方案认为，提出能够解释旧证据的新假说之后，背景知识中仍包含不能解释旧证据的旧理论，新假说的提出会影响我们对于旧理论的置信状态，这种设想缺乏足够的哲学论证。第三，语境方案对于旧理论与旧证据之间的关系描述也过于片面。单从反事实的角度来看，从当前背景知识中去除了旧理论，是否能将旧证据排除在剩余背景知识之内呢？因此这种语境方案缺乏相应的实践基础和理论根基，并为对该预设的可行性和合理性作充分的哲学说明，因此并未很好地符合足够狭窄性、充分宽广性、非特设性三方面的要求。

三　动态旧证据问题的消解方案

　　在质疑提出反事实概率的现实必要性时，埃尔斯认为解决旧证据问题的关键不在于反事实概率的预设，而是习得 E 与 H 的某种逻辑关系提高了对 H 的信念度。持类似观点的典型方案正是伽伯（D. Garber）学习策略方案。

（一）伽伯的学习策略

　　伽伯从主体认知的角度分析旧证据问题产生的原因：贝叶斯主义根据一致性要求暗含了对认知主体逻辑全能的预设。贝叶斯框架中的一致性要求主体肯定所有的逻辑事实和逻辑蕴涵，即这样的逻辑全能主体 S 要能立即知道所有的假说是否蕴涵其之前已知的证据，也即能够立即准确把握旧证据与假说理论之间的逻辑关系。在这种预设下的贝叶斯理论如何描述旧证据对假说的确证过程，或者说如何描述旧证据的引入对假说置信程度的改变过程？

　　伽伯认为旧证据的确证价值只是有助于认知主体形成对假说的初始概率，而确证的关键不在于旧证据本身，关键是习得到假说 H 与旧证据之间的蕴含关系。因此，假说与旧证据之间的确证关系，并不是旧证据本身确证新假说，而是习得到假说与旧证据之间这种一般的逻辑蕴含关系。这也是贝叶斯框架存在漏洞的体现，尽管如此，为了对经验知识的获得做出充分的解释，贝叶斯方法这种理想化预设常被广泛接受。而旧证据问题的出现就是质疑这种理想化预设：如果不能对贝叶斯主义如何习得到逻辑真理做出解释，那么对于经验学习的理论也不能给出充分的解释。所以要想解决旧证据问题，必须首先对旧证据如何提高认知主体对于假说置信度做出解释，以及如何习得假说与旧证据之间的某种逻辑关系，这种关系在他提出假说的时候并不知道。由于贝叶斯框架下的这种逻辑全能的预设，引起在逻辑真理与经验事实之间这种扰人的不对称问题。① 为此，伽伯认为要想保留贝叶斯框架下合理部分，就必须在贝叶斯框架内找到一种方法来处理逻辑全能问题。

既然贝叶斯框架下预设了认知主体的逻辑全能性，那么就不能说认知主体发现了 H 蕴涵 E，而是作为固有信念存在于其理智中。伽伯认为这种过强的逻辑全能预设显然与实际理性主体不符，应该进行适当弱化。基本思想如下：首先给出逻辑事实与局部逻辑真理的区分，贝叶斯认知主体应该是在局部逻辑真理的认知上是逻辑全能。而科学实践中旧证据与假说的确证关系中，局部逻辑真理是指 "习得 H 蕴涵 E"，而不是 "H 蕴涵 E"。也就是说，伽伯预设下的认知主体对于类似 "H 蕴涵 E" 这样的逻辑事实不再具有逻辑全能性，但对于 "习得这一逻辑事实" 这样的局部逻辑真理的认知是逻辑全能的。由此伽伯引入一个新的原子公式 X 来表述这种逻辑关系：H（E，这样贝叶斯确证理论模型在伽伯的表述下就具有这种性质：

$$Pr（H/X）> Pr（H）$$

如果认知主体习得 X 并且知道 H，那么他就必定知道 E。下式也得到满足

（1）$Pr（E/X\&H）= 1$；

（2）$Pr（X\&H）= Pr（X\&H\&E）$。

这些限制表达了在肯定前件式推理下的信念度封闭性，或者说如果一个认知主体能够确保 H 和 H（E，那么他就会最大程度上去相信 E。但根据伽伯的模型，即使是对 H（E 这样形式的原子语句进行赋值时也必须满

① Garber Daniel, "Old Evidence and Logic Omniscience in Bayesian Confirmation Theory", John Earman (ed.), *Testing scientific theories*, Minneapolis: University of Minnesota Press, 1983, pp. 99 – 131.

足：0 < Pr（X）<1。所以对于逻辑真理的真值指派是一回事，而认知主体对逻辑真理习得之后的主观信念度是另一回事，这正是逻辑真理的概率函数与主观置信概率之间的差异所在。因此对于逻辑域中任何命题，包括一些同义反复的命题，也可以一致地对其保持不完全确定的态度。伽伯认为，对于任何形如 H（E 的语句，可以得到这样的结论：E 是已知的事实，Pr（E）=1，0 < Pr（X）<1，根据

$$\mathrm{Pr}（H/X）=\frac{\mathrm{Pr}（X/H）\ \mathrm{Pr}（H）}{\mathrm{Pr}（X）}$$

可推出 Pr（H/X）> Pr（H），即习得 X 提高了对 H 的置信度。伽伯的做法表明新假说蕴含旧证据并不是必然的，必须通过主体主动去习得，通过主体习得到逻辑事实 H（E 提高了对新假说的信念度。

持类似观点的尼尼鲁图（*Ilkka Niiniluoto*）认为科学推理的贝叶斯解释正是基于科学家是"完美的逻辑推理者"这一理性化预设。[1] 而如果认知主体 S 不是逻辑全能的，那么他的主观概率就不能反映假设与旧证据之间的逻辑关联，而事实上 H（E，但 S 由于不知道这一逻辑事实而错误地认为 H 和 E 不相关，就会得出 Pr（E/H）= Pr（E）和 Pr（H/E）= Pr（H）。而如果认知主体 S 知道 H（E，那么 Pr（E/H）=1，尼尼鲁图结合贝叶斯确证理论指出：Pr（H）= Pr（H/E）< Pr（H/E&（H（E）），即在主体知道 H（E 和 E 的情况下，E 提高了 H 的概率，而不是仅基于旧证据 E 本身。

（二）杰弗里对伽伯方案的的改进[2]

尽管伽伯的尝试有很多可取之处，但并未对"习得 H（E 确证 H"这种判断作更多条件限制。显然伽伯方案中预设的认知主体仍具有过强的逻辑全能，不足以表达现实理性主体的确证过程。杰弗里（*Richard Jeffrey*）认可伽伯所认为的命题 H：E 具有主观不确定性，并对贝叶斯确证理论进一步弱化。他引入另一个原子语句 Y——假说 H 拒斥 E（Y = H（¬ E），并提出如下假设：

---

[1]　Niiniluoto I. , "Novel Facts and Bayesianism", *The British Journal for the Philosophy of Science*, Vol. 34, 1983, pp. 375 – 379.

[2]　Jeffrey Richard, "Bayesianism with a Human Face", John Earman (ed.), *Testing scientific theories*, Minneapolis: University of Minnesota Press, 1983, pp. 133 – 156.

（3）Pr（E）＝1；

（4）Pr（H），Pr（X），Pr（Y）∈（0，1）；

（5）Pr（X∨Y）＝0；

（6）Pr（H/X∨Y）≥Pr（H）；

（7）Pr（H，¬E，Y）＝Pr（H，Y）。

（3）表示认知主体对旧证据的置信度被指派为1；（4）表示在假说提出之前并不能确定假说H、假说蕴含E还是¬E；（5）要求假说不能同时蕴含E和¬E，即假说H具有一致性；（7）表达认知主体对T、¬E和H：¬E共同的置信度等同于对T和H ¬E共同的置信度，即肯定了认知主体根据T和H：¬E完全可以推出¬E的能力。（6）表达了在假说H蕴含E或者不蕴含E的条件下对假说H的置信度提高了。从这些假设限制中，杰弗里在Pr（E）＝1的情况下，得到Pr（H/X）＞Pr（H）来解决旧证据问题。杰弗里的方案很大程度上依赖限制条件（6）。而且（6）所受的质疑也最大。这里杰弗里实际上认为或者H蕴含E或者拒斥E，即Pr（X∨Y）＝1。

对于备受质疑的条件（6），艾尔曼认为很大程度上是技术问题。艾尔曼针对此问题提出自己的改进方案。艾尔曼论证如下：既然杰弗里认为或者假说蕴含E或者拒斥E，那么假设Pr（X）＝Pr（Y）。也就是认知主体根本不知道T是蕴含还是拒斥E。然后可推出Pr（H/X）≥2Pr（H），也就是说对Pr（H）的初始置信度必须小于0.5，这样就产生很多让人不能接受的结论：只有初始概率低于0.5的假说才能被旧证据确证，高概率的假说则不能得到旧证据的确证。

（三）艾尔曼对杰弗里方案的改进[①]

艾尔曼提出两个限制条件取代杰弗里的条件（6）来保证Pr（H/X）＞Pr（H），第一个是：

（8）Pr（H/X）＞Pr（H/（¬X&¬Y））；

（8）看起来比（6）更合理，因为（8）不再对新假说的初始概率作量的限制。以爱因斯坦相对论为例，爱因斯坦相当确定旧证据E，所以也

---

① Earman J. , *Bayes or Bust? A Critical Examination of Bayesian Confirmation Theory*, Massachusetts：The MIT Press, 1992, pp. 119－135.

合理地推断，（H：E）提高 H 的概率要比（¬X&¬Y）提高的大，也即习得到 X 要比对 E 和¬E 没有任何明确预测更能提高 H 的概率。而面对如上类似于对（6）的质疑，艾尔曼提出的替代限制并没有正面解决，而是规避这样的问题。第二个为了保证 $Pr（H/X）>Pr（H）$ 而进行的替代限制是：

（9）$Pr（X \lor Y）=1$。

然而，艾尔曼自己也承认，这种限制条件过于强，这就要求科学家根据假说 H，能够肯定假说 H 蕴涵 E 或者¬E 的程度相同。然而在实际中，假设 H 与 E 和¬E 之间这种量上关系是逐渐才能被发现的。

以上由伽伯提出的学习策略，经由杰弗里、尼尼鲁图和艾尔曼等人对它的进一步发展，形成了一类较完整的伽伯型学习策略方案，简称为 GJNE 方案。GJNE 方案真正虑及科学家是有限理想的认知主体，他们不能把握到所有可能假说以及这些假说与旧证据之间的关系。这与贝叶斯框架下预设的认知主体的逻辑全能性不同。因此，与假说评价相关的不是旧证据本身，而是习得旧证据与假说之间的某种联系。JGNE 模型的目标是表征在习得 H：E 的条件下提高 H 的后验概率。这一模型首先摒弃逻辑全能预设并为非逻辑全能的认知提出一种适当的形式框架；然后对假说 H 和旧证据 E 之间的逻辑关系进行刻画；最后表明习得到假说和旧证据之间的这种逻辑关系能够提高 H 的概率。

近年来对旧证据问题的相关讨论仍在继续，这种 GJNE 方案再次成为学界的讨论焦点。有学者继续对 GJNE 方案进行考量，在认可此类方案基本思路的基础上提出各自的修正方案，进一步丰富和完善旧证据问题解决方案中的伽伯型学习策略。其典型代表是哈特曼（Stephan Hartmann）和菲尔森（Branden Fitelson）的充分解释方案和斯普伦格·简（Sprenger Jan）的不相干原则方案。

（四）哈特曼和菲尔森的充分解释方案

哈特曼和菲尔森在 GJNE 方案研究基础上提出了新的解决方案。[①] 他们认为传统 GJNE 的学习策略有两个主要缺陷。第一个缺陷是，将 X 和 Y

---

① Stephan Hartmann & Branden Fitelson, "A New Garber – Style Solution to the Problem of Old Evidence", *Philosophy of Science*, Vol. 82 (4), 2015, pp. 713 – 717.

语句解释为 H 蕴涵 E 和 H 拒斥 E 是过度限制。更合理的看法是，从旧证据中所习得的（比如 X）并非就是逻辑事实。他们认为 GJNE 学习策略中的语句 X、Y 应更准确地界定为：

X：H 充分解释 E；

Y：H 的最佳竞争者 Hξ 充分解释 E。

哈特曼和菲尔森认为问题关键并非是 H 蕴涵还是拒斥了 E，而是在于 H 充分解释 E 还是一些其他的假设能充分解释 E。他们指出传统伽伯型学习策略的另一个缺陷是，它们都要求过强的置信约束。例如，要求 Pr（E）=1 以及 Pr（E%Y）=1。于是，他们在重新定义 X、Y 的基础上，对认知主体的置信状态进行如下限制①：

（10）Pr（H/（X&¬Y））>Pr（H/（¬X&¬Y））

（11）Pr（H/（X&¬Y））>Pr（H/（¬X&Y））

（12）Pr（H/（X&Y））>Pr（H/（¬X&Y））

（13）Pr（H/（X&Y））≥Pr（H/（¬X&¬Y））

假设 H 能够充分解释 E 而其最佳竞争者 Hξ 却不能，即如果假定 X&¬Y，那么，上述限制中（10）断言在这种情况下，H 要比在 H 和 Hξ 都不能充分解释 E 的情况下更可信；（11）则断言在 X&¬Y 的情况下 H 要比在 H 不能充分解释 E 并且 Hξ 可以充分解释 E 的情况下更可信。简而言之，X&¬Y 对 H 的确证度要比¬X&¬Y 和¬X&Y 对 H 的确证度大。（12）说的是假设 H 的最佳竞争者 H（能对 E 做出充分解释的情况下，主体对 H 的信念度要比在 H 和 H 的竞争者 Hξ 都能充分解释 E 的情况下对 H 的信念度要小。而在 H 与 Hξ 都不能充分解释 E 和两者都能充分解释 E 的情况下，哪一种情况下主体对 H 的信念度会更大呢？直观上在 H 和 Hξ 都能充分解释 E 的情况下对 H 的信念度要大于二者都不能充分解释 E 的情况。然而，在这两种情况下，主体对 H 的信念度也有相等的可能，且这种可能是合理的。在这四条限制的条件下，可以得出如下结论：

$$Pr（H/X）>Pr（H/¬X）；$$

$$Pr（H/X）>Pr（H）。$$

①　Stephan Hartmann&Branden Fitelson, "A New Garber – Style Solution to the Problem of Old Evidence", *Philosophy of Science*, Vol. 82（4）, 2015, pp. 714 – 715.

　　由此，认知主体在学习到假说 H 与证据 E 之间的这种解释关系下，会提高对假说的信念度。于是，旧证据问题被消解。

　　哈特曼和菲尔森的方案是对伽伯型学习策略的进一步优化。这种新方案并不预设 Pr（E）＝1 和 Pr（E%Y）＝1；也不需要对如上所述的原子语句 X 和 Y 所涉及的蕴涵关系做过多解释和限制。因此，这种方案在解决旧证据问题上更具有说服力。

　　（五）斯普伦格·简的不相干原则解决

　　斯普伦格·简认为 GJNE 型学习策略方案固然有一定说服力，但它们或者不够完善（伽伯的方案和尼尼鲁图的方案），或者基于一些不确定的假设（艾尔曼的方案和杰弗里的方案）。斯普伦格·简在 GJNE 的模式下结合豪森的反事实策略观点指出：提出新假说 H 时，对 H 的初始概率的指派与当下所处的背景信息有关，且当下的背景信息中已经包含了旧证据 E；不是旧证据提高了主体对 H 的信念度，而是习得 H 和 E 之间的某种关系起到了确证作用。他提出的新方案诉诸如下不相干原则[①]：

　　不相干原则：如果已经知道¬ H，是否习得 X：H：E 不会改变认知主体对 E 的置信度。

　　举例来说，假设 H：这个寒假斯蒂芬会去滑雪。现在我们知道斯蒂芬已经取消了这个计划，并且他告诉我们"如果我能去滑雪，我立即买一件冬衣（E）。"这句话所表达的意思会提高或者降低我们对他买冬衣的置信度吗？斯普伦格认为这种由已经被拒斥的假说所预测的事件（E）与我们对于这些事件的评估不相干。这一原则用概率论语言可表达为：

　　（14）Pr（E/H，X）＝Pr（E/¬ H）

　　或者：

　　（15）Pr（E/¬ H，X）＝Pr（E/¬ H，¬ X）

　　尔后，斯普伦格结合豪森的反事实思想，定义了一个反事实置信函数 Pr，对 E、H 和 X 之间的三元关系进行描述：

　　（16）Pr（E/H，X）＝1。

　　如果 H 是真的，并且 H 蕴涵 E，那么 E 也可以被认为是真的。

---

① Sprenger Jan, "A Novel Solution to the Problem of Old Evidence", *Philosophy of Science*, 82 (3), 2015, p. 391.

（17）Pr（E/¬ H, X）= Pr（E/¬ H, ¬ X）> 0。

即如果¬ H 是已经被认知的，之后习得 X 或者¬ X 都不会对 E 的概率有任何影响。然而，即使 H 是假的，E 还是有其可能性，因此，这个限制同时保证 E 的概率要大于 0。

$$（18）\ Pr\ (E/H, ¬ X) < \frac{1 - Pr\ (X/¬ H)}{Pr\ (X/¬ H)} × \frac{Pr\ (X/H)}{1 - Pr\ (X/H)}$$

当杰弗里条件化原则被满足，并且 X、H 明确相关或者毫无关系，那么，

（19）Pr（X/H）≥ Pr（X/¬ H）

由此在（18）左边的公式要大于或者等于 1，这就不需要再对（18）进行陈述了。如果 X 和 H 是相互拒斥的，进而将（18）形式等价为：Pr（E/H, ¬ X）< O（X/¬ H）/O（X/H）。这里 O 代表与特定的置信度一致的命题的博弈几率。当 X 和 H 相互拒斥的影响不是太强并且两方的博弈几率相差不大时，只要 Pr（E/H, ¬ X）不趋向于 1，就能对（18）进行合理解释。假设 H 是真的，但是由于¬ X，即不能认知到 H 蕴涵 E，于是 H 并不能对 E 进行充分合理解释，由此可见，并不能将旧证据 E 视为旧证据问题的症结所在，而是习得 H 蕴含 E 确证 H，即 Pr（H/E, X）> Pr（H/E）。

这些方案为解决动态性旧证据问题提供一系列可供参考的消解思路，然而这类方案存在许多问题，从而受到学界多方面的质疑。第一，豪森认为伽伯型学习策略并不能消解旧证据问题，而只是回避了旧证据问题。当我们讨论旧证据支持一个新假说时，这种方案只是通过习得旧证据与假说之间的蕴含关系来作为提高确证的证据，而不是讨论旧证据本身对假说确证与否。第二，在对旧证据和假说的举例中已经提前知道了 H 能解释 E，E 也就被考虑成了支持 H，显然这里有下述预设：如果一个假说能解释某个现象，那么该现象就对该假说有确证或支持作用。而这个预设需要进一步辩护。第三，这种学习策略通过对贝叶斯理论中的逻辑全能预设的弱化来切入旧证据问题的解决，排除了已有逻辑全能带来的问题，但在一定程度上带来新的问题，比如伽伯型学习策略的解释并不是逻辑演绎关系，从而将某种不合理的解释标准带入贝叶斯系统。

对伽伯型学习方案不断质疑和完善已经不再局限于技术层面，更多的

是要关注到其背后的哲学解释和主体相关性上的深入剖析。正如旧证据问题的提出者格莱默尔所言，确证理论（确证逻辑）的目标不应该局限在为一些非形式的理论概念提供精准的替代性表达，而应该在解释这些自明之理的同时对一些科学实践上所发生的相关事实进行解释。这实际上对构建好的确证逻辑提出了新的要求。

第四节　关于确证逻辑的构想

前三节分别对三种最具代表性的确证逻辑及其遇到的难题做了较系统的考察。考察表明，这些确证逻辑（确证理论）都不太令人满意。它们的一个重要共同特点是力图对确证观念进行系统性、精确的形式刻画。如果确证概念本身是一个非形式概念而不是像证明或衍推那样的形式概念，各种确证逻辑遇到难题的根源就可能是以形式概念来刻画非形式概念这种演绎主义诉求。于是，这种形式刻画研究路径之合理性就值得怀疑。这就促使我们对确证的本质及构建确证逻辑的基本原则等进行进一步思考。

一　确证逻辑的行动论视角

人类最根本的认知目的是形成关于世界的规律性认识。从而，对理性认知主体至关重要的是：作为认识活动结果的假说是否以及多大程度为真，更弱一点，理性认知主体是否（或者多大程度上）可以合理相信这些假说。

对这一根本性问题很多哲学家都进行过讨论。莱布尼兹明确提出，从感觉和经验获得的关于事实的可能真理要通过先验猜想法。他说："先验猜想法从假说开始，……表明实际发生的事物将从这些假说得出来。"莱布尼兹这儿实际上说的是作为科学发现或形成认识的假说—演绎法。笛卡尔进一步将莱布尼兹作为科学发现的假说演绎法发展为关于归纳确证的假说演绎模型。笛卡尔认为关于同一个现象必定有多个相竞争的假说，这些假说都具有猜测性质，它们没有一个是确定的，但有一些是可以合理地确信的。他说科学家有权力接受那些能成功地解释广泛现象的假说，因为从其可以演绎出所有现象的那个假说为假是不太可能的。而只要从假说中演绎出来的结论与被解释现象相一致，就可以承认它们是真的。这里笛卡尔强调了可以合理相信一个假说的解释原则：如果一个假说能够解释它所衍推的某个现象，那么该假说是可以合理相信的。笛卡尔的这一思想是后来作为确证逻辑的假说—演绎模型的雏形。

现代经验主义者则把作为科学发现方法的假说—演绎法改造为一种科学确证的方法。他们认为，通过猜想得出来的假说虽然可以演绎出需要加以解释的现象，但这些假说本身没有经验基础、没有得到证实，因此，要根据假说演绎出推论或预言，然后用经验来决定这些推论或预言是否是对该假说的一种支持或确证。惠更斯在《论光》的序言中对作为确证理论的假说—演绎法的本质给了一个很清晰的表述："原理是由它们引出的结论来检验的；……当用假定的原理论证了的东西与观察中的实验所产生的现象完全一致时；……那么，这当是对我探究成功的强有力的确证。"①惠威尔认为，假说是运用归纳进行猜测获得的，一个假说提出后，也要按归纳一致加以检验，演绎的作用在于从假说中推出现象，从而确证或检验假说。他说："假说应当预测尚未观察到的现象……，只有当能预测与构想假说时不同类的事物时，该假说的真实性才能得到确实的证据。"②当今确证的假说—演绎模型正是在对惠威尔这一思想更精确描述的基础上发展和不断完善的。事实上，亨佩尔构建其确证逻辑时继承了惠威尔这儿提出的"归纳一致性"思想，但批判了惠威尔这儿提出的确证的"预测标准"。另外，不难看出，惠威尔的这一思想还包含了对证据的新颖性与多样性的要求。

从上述关于确证逻辑的早期发展来看，确证逻辑（理论）在其萌芽阶段就关心的是合理相信问题、假说或信念辩护的理论。前三节关于事例确证逻辑、假说—演绎模型、贝叶斯确证逻辑的具体论述也明确表明确证逻辑是关于假说和信念的合理辩护理论。

事实上，我们可以转换视角，将确证看作本质上是一种认识活动，即认知主体有目的地对其认知结果进行评估和辩护的行动。相应地，确证逻辑（理论）是对这一行动的静态描述、近似表征或规范性要求。

这种行动论视角在亨佩尔关于假说检验思想当中有所体现，但他未自

---

① ［英］克·惠更斯：《论光》，刘岚华译，武汉出版社 1993 年版，p. viii.

② 转引自周昌忠《西方科学方法论史》，上海人民出版社 1985 年版，第 159 页。

觉地在其确证逻辑中表达这一点。亨佩尔明确指出"一般说来，对于给定假说的科学检验我们可以区别开三个阶段（这三个阶段并不按这里所列出的这种次序发生）。第一阶段是执行适当的实验或观察，并随之而接受陈述所得结果的观察报告；第二阶段是把所给的假说与已接受的观察报告对照，也就是说，确定该观察报告是否对该假说构成确认、否认或无关的证据；最后的阶段或者是根据该确认证据或否认证据而接受或否定该假说，或者不作决定而等待确立进一步的证据。"① 这儿，亨佩尔明显将确证看作科学检验活动中的一个环节或阶段，并且确证活动这一阶段与其他两个阶段不可截然分开。执行第一阶段时实际上是寻找相干证据或相干数据，而"相干是一个相对概念，实验数据只有相对给定假说才可以说相干或不相干。"② 而判断相干实验数据（观察报告）是否确证给定假说是下一步采取相应认知行动的根据，即决定接受、否定还是悬置相应假说。莱维在解决彩票悖论时提出的认知效用决策方案更是明显地体现了确证行动与认知决策行动的紧密关系。

二　构建确证逻辑的原则

认知行动与认知主体的意向性、所处认知情境密切相关，在执行确证这种认知行动时应遵行一定的合理性原则。因此，对确证这种认知行动的衡量和评价标准应是合理性而不是"形式"有效性。如果将确证逻辑看作对确证活动的静态描述，好确证逻辑应反映认知主体在实际确证行动中体现出的合理性原则；如果将确证逻辑看作对确证活动的规范性要求，好确证逻辑需要作出一些认知主体在从事确证活动时应遵守的原则或标准。无论确证逻辑是描述性还是规范性的，它需要做的是给出一些合理性原则或标准。

值得指出的是，这种意义上的"确证逻辑"是指确证的逻辑（logic of confirmation），而不是确证性逻辑（confirmation logic）。前者是关于确证活动的逻辑机理研究，是对确证活动中体现出的确证概念涵义的精确描

---

① C. G. 亨佩尔：《对确认的逻辑之研究》，载江天骥主编《科学哲学名著选读》，湖北人民出版 1988 年版，第 502 页。

② Carl G. Hempel, "Studies in the logic of confirmation (I)", *Mind*, 213, 1945, p. 3.

述；后者属于广义的认知逻辑或者类似阿特莫夫（Sergel Artemov）辩护逻辑[1]，是以确证为模态算子构造的形式系统。在笔者看来，后者的研究是以对"确证"算子本身涵义的精确把握为基础的，只有在对确证概念应有涵义合理而精确的把握基础上才能构建令人满意的确证形式系统，因此对第一种意义上的"确证的逻辑"的研究更为迫切。

从前文对三大归纳悖论之构造过程的分别塑述不难看出，它们产生的共同根源是当时流行的某些确证逻辑（理论）中有不合理因素。这些确证逻辑现今依然流行，在确证逻辑的构建方面没有大的进展，没有提出新的有影响的确证逻辑，这凸显了构建确证逻辑的艰巨性。关于三大悖论解决方案的研究以及关于事例确证逻辑、假说—演绎确证逻辑、贝叶斯确证逻辑的批判性考量，对构建新的确证逻辑有如下启发。

（一）方法论上摒弃演绎主义

确证本质上是认知活动，其目标是通过检验和辩护获得关于世界的真理性、规律性、解释性认识。主体的辩护行动涉及主体实际如何看待观察报告与待辩护假说之间的支持关系，这一问题显然是一个认知问题而不是逻辑问题。我们不能设定一些纯形式有效的规范，要求认知主体在关于世界的真理性和解释性的认识活动中去执行它们。演绎逻辑是外延性逻辑，它研究的是个体（类）和个体（类）之间的集合论上的属于等关系。而本质上是归纳逻辑的确证逻辑研究的是个体和属性之间关系，也就是说，确证逻辑关注的是某类个体是否具有认知主体在认知上所关心的某种属性，以及在何种情况下认知主体可以合理地相信某类个体具有他所关心的那种属性。因此，用纯演绎逻辑来规范确证活动实际上犯了"范畴"错误。

这一点在亨佩尔的确证逻辑和确证悖论中体现得很明显。亨佩尔确证逻辑的目标是给出一个形式判据，进行确证活动的认知主体根据这一判据来确定观察报告是否确证待检验或待辩护假说。根据亨佩尔的确证逻辑，由于 H_1 "所有乌鸦是黑的"与 H_2 "所有非黑的都是非乌鸦"逻辑等价，它们得到观察报告"个体 a 是乌鸦也是黑的"同样的确证。但对进行确

---

① Sergel Artemov, "The logic of justification", *The Review of Symbolic Logic*, 2008, pp. 477 – 513.

证活动的认知主体来说，对于 H_1 他关心的是乌鸦这个类中的个体是否都具有黑色这种属性，而不是任意的个体在是乌鸦的情况下是否也属于黑色这个类，更不是非黑色的个体类和非乌鸦的个体类之间的关系。因此，这一演绎要求是不恰当的。另外，贝叶斯确证逻辑以概率论为工具来刻画确证活动，而概率论是一门形式演绎科学，因此，它在方法论上也具有演绎主义诉求。但是，认知主体在考量某观察报告是否支持待辩护假说时，并不是通过概率计算来决断。即便对实际认知主体提出这样"严苛"的要求，贝叶斯确证逻辑还得诉诸第二章中所讨论的一系列经验假定，而不能仅凭纯形式的概率演算。而作这些经验假定之后，又会产生一些新的难题。因此，构建确证逻辑时应摒弃演绎主义倾向，这是由确证活动的本质决定的。

（二）证据和假说的关于（aboutness）同一性原则

确证悖论给我们的一个启示是，不相干证据进入确证程序是确证悖论产生的根源。我们直觉上认为白粉笔与是否所有乌鸦都是黑色的不相干。概率路径上的解决方案的实质是通过表明白粉笔与待辩护假说"所有乌鸦都是黑的"在概率上的非独立性消解悖论。这儿隐藏的一个预设是：如果一个观察报告与待辩护假说概率上不独立，那么该观察报告是该假说的相干证据。但是，这儿的"直觉上的相干"与"概率上的相干"是两个不同的相干概念。前者指的是在经验内容或认知主体所谈论的主旨（subject matter）上相同，而后者显然没有这种认知上的经验性要求，而只是"形式"上的要求。这可能是为什么贝叶斯确证逻辑在解决确证悖论时尽管形式技术上"令人信服"，但同时会遇到"黑色的非乌鸦"不确证而"非黑色的非乌鸦"确证假说"所有乌鸦都是黑的"这一反直观的严峻难题。这一难题似乎意味着一个不是黑色的东西在乌鸦假说的确证中起至关重要的作用。同样，假说—演绎确证逻辑也遇到了非相干证据的困扰。从本章第二节关于假说—演绎确证逻辑的讨论中可以看出，假说—演绎确证模型的各种修正版的提出主要是为了应对证据的非相干合取问题和非相干析取问题。作为该模型最高成就的自然公理化模型重点关注假说的"内容"，但它对假说内容的刻画是形式的，即假说的内容就是该假说的逻辑后承集，而不是将假说的内容理解为假说所表达的经验信息或经验内容，但确证活动关心的却正是这种经验内容，这就注定了该类模型必然会遭遇非相干性和其他难题。

因此，在构建新的确证逻辑时，要重点刻画作为证据的观察报告和待辩护假说在经验内容上的相干性。更具体地，要关注它们两者所谈论的主旨，它们所关于的东西是一样的。当然，这就需要我们对如何确定命题所关于的东西进行研究，这种研究属于语义或语用学研究而不是逻辑句法学的研究。

（三）包容真理性和解释性

人类认识世界时追求的是对世界的规律性认识。一方面，这种规律性认识最好是真理，即最好反应了世界本身的客观规律；另一方面，这种规律最好能解释世界上的某类现象。科学家常说科学始于问题。人类有探知世界奥秘和反常现象的本能，对反常现象作出科学和合理的解释是科学活动的重要目标，从而也是人类认知的重要目标。因此，构造假说有两大主要目的：发现关于世界的未知规律；解释世界中的反常现象。从而，执行归纳确证活动的认知主体对假说的评价与辩护可能有这两个维度的考量。有的确证主体更关注假说的真理性，有的更关心假说是否能解释他所想解释的现象，而有的则同时看重这两者。

在科学方法论研究当中，真理性、解释力、简单性、逻辑一致性等是公认的假说选择与评价的方法论原则。流行确证的假说—演绎模型早期是关于科学发现和科学解释的模型。其核心思想是，如果一个反常或"令人惊讶的"现象能从某假说演绎地推出，那么该现象就得到了该假说的解释。这实质是亨佩尔所提出的科学解释的演绎—律则模型。笛卡尔发展了早期假说—演绎模型所强调的假说的解释功能，进一步将假说的解释性功能与假说的真理性关联。他认为"如果一个假说能解释这些现象，那么它是假的是不太可能的"[1]，亦即该假说很可能是真的，我们可以合理地相信该假说。利普顿继承了笛卡尔的这一思想，他提出的最佳解释模型是通过确定相互竞争的假说对现象的解释程度来确定该现象最好支持哪一个假说。也就是说，把假说解释现象的能力看作该假说真理性的标示。[2]好的确证逻辑应该适当吸收这些被广泛承认的方法论成果，在构述评价证

---

[1] Larry Laudan, *Science and Hypothesis*, Dordrecht：D. Reidel Publishing Company, 1981, p. 33.

[2] Peter Lipton, *Inference to the Best Explanation*, New York：Routledge, 2004.

据对假说的确证力（确证度）的标准时应结合确证主体的认知意图给予这两者相应的权重。

三　确证逻辑研究重心的证据转向

从前面的考察可以看出，当代最具代表性的确证逻辑研究都遭遇到证据问题。事例确证逻辑面临不相干证据问题，假说—演绎确证逻辑遇到了证据的非相干合取和非相干析取问题，而贝叶斯确证逻辑则饱受旧证据问题的折磨。根据前面几章的论证，归纳悖论是关于归纳确证的悖论家族，它们的产生和消解都与证据密切相关。

但是，目前的研究现状是，无论代表性确证逻辑还是代表性悖论解决方案都没有给予证据研究足够的关注。确证逻辑的研究范式基本是确证关系范式，即力图为证据和假说之间的"支持关系"构述一个精确的说明。进一步，它们将这种支持关系理解为语句之间的逻辑关系。亨佩尔明确说证据和假说之间是逻辑关系，他构建的确证逻辑旨在为这种逻辑关系给予精确的形式说明；假说—演绎确证逻辑旨在通过某些限制用逻辑衍推关系来刻画确证关系；贝叶斯确证逻辑是利用概率论这种数学形式科学来刻画这种支持关系。正因为它们都没有证据视角，它们都遭遇了证据方面的难题。归纳悖论的解悖方案也大都没有证据视角。例如，确证悖论标准解决方案的基本思想是利用概率工具来说明白粉笔和所有乌鸦都是黑的有概率上的依赖关系，并将这种概率论上的依赖关系解释为支持关系或确证关系。而绿蓝悖论的研究范式是作为确证关系之关系项"假说"的范式。这种范式之下的解悖方案关注的是假说本身的合法性问题，而不关注证据的合法性问题。鉴于没有证据视角的确证逻辑和归纳悖论解悖方案都有各种各样的缺陷和不足，将研究重心转向作为确证关系之关系项的"证据"可能具有重要的启发意义。

对证据的多维研究对解决归纳悖论、对构建确证逻辑和更一般的信念辩护理论具有重要意义。对证据的较全面研究包括对证据的本体研究、认识论研究、逻辑研究。对证据的本体研究主要讨论哪些本体论"成员"可以作为证据。学界占主导地位的是证据的命题观，即只有命题可以作为证据。认知主体的感觉经验或知觉能否作为证据？具体实物，譬如一把带血的尖刀，是否可以作为证据？证据是否是心智状态？证据的认识论研究需要讨论的主要问题有：是否只有知识才能作为证据？主体对之具有很高信念度的命题（或通常所说的信念）是否可以作为证据？证据的新颖性和多样性的认识论意义和功能何在？对这些问题的回答对彩票悖论有重要意义。证据的逻辑研究对确证逻辑具有更根本意义。证据是否具有传递性或逆传递性、对称性？例如，从证据的视角来看，亨佩尔确证逻辑中的等值条件和特殊推论条件衍推证据具有传递性。证据是否在合取、析取和蕴涵等逻辑运算下封闭？证据的证据是否是证据？等等。

结　语

　　学界普遍认为，休谟的归纳问题是对知识论的严峻挑战。为了应对这一怀疑论挑战，归纳逻辑以及归纳哲学逐步从发现语境转向辩护语境，其核心主题是假说的辩护或合理相信问题。葛提尔 1963 年的"得到辩护的真信念是知识吗？"一文再次引爆了知识论领域的怀疑论与非怀疑论之战，使得知识和信念的辩护问题成为当代知识论的最核心关切，并在 20 世纪末 21 世纪初催生了形式知识论（formal epistemology）思潮。信念的辩护有多种策略和路径，从而形成多种辩护理论，其中产生最早且最受关注的是内在主义路径上的各种确证理论。确证理论的核心思想是，如果一个信念（假说）得到了其他作为证据的观察陈述的支持，那么该信念就得到确证，因而得到了辩护。归纳悖论在信念的合理相信和归纳辩护语境中被发现和热烈探讨，并逐步成为形式知识论所重点研究的话题。

　　本书以当代形式知识论为背景，从合理相信和辩护的视角重新重点审视乌鸦悖论、绿蓝悖论和彩票悖论这三大归纳悖论，通过严密分析其发现语境和严格塑述其发现过程，令人信服地论证了它们都是确证的严峻难题，从而也是合理相信和辩护的理论性难题。进而对这三大归纳悖论分别进行系统性研究，揭示了它们分别是某个确证难题的具体展现，尔后对各自代表性解决方案进行条分缕析，在此基础上提出了自己的新颖解决方案。除了三大归纳悖论之外，确证难题家族还包括代表性确证理论所遭遇的其他难题，如确证的假说—演绎理论所面临的非相干合取和非相干难题、贝叶斯确证理论面临的旧证据问题等，本书对这些难题及其消解方案也进行了较系统的讨论。最后，根据这些研究结果，提出了一些构建好确证理论的原则，依据这些原则构建的确证理论应能避免前述确证难题。

　　本书研究的内容和所得成果可以概述如下。

一 乌鸦悖论是确证之证据相干性难题的具体展现

通过对乌鸦悖论构造过程的精确塑述，表明它是关于信念或假说确证的悖论性难题，其悖结在于"非黑的非乌鸦"是否是假说"所有乌鸦都是黑的"的相干确证证据。亨佩尔诊断确证悖论之产生与确证的尼科德标准、确证的等值条件和特殊后承条件密切相关，但事实上，在亨佩尔自己的确证理论中可以发现同样的确证悖论。在确立确证悖论的严格性之后，系统考察了确证悖论研究史上具有代表性的主要解决方案，特别是学界占主导地位的心理主义相干方案、证据的概率相干方案、贝叶斯型相干方案，对它们进行条分缕析，对其成就得失进行评论。这些代表性方案给出的主要相干标准是假说和证据在概率上正相干，概率相干是一个形式判据，而不是经验的认知判据。科学家或一般认知主体在确定两者之间是否相干的时候不是基于概率的计算，而是基于其他更符合直观的标准。在此基础上，明确指出解决确证悖论的可行路径是语用的认知路径，并给出了该路径上的一个基于证据和假说在关于（aboutness）上的同一性的认识论方案。根据该方案，证据和假说所谈论的主旨（subject matter）一样才能表明它们在认知上相干。假说"所有乌鸦都是黑的"所谈论的是乌鸦这个类的个体与黑颜色之间的关系，即乌鸦个体是否具有黑色这种属性。显然，"非黑的非乌鸦"谈论的不是乌鸦的个体，也不是关于黑色的。因此，"非黑的非乌鸦"不是假说"所有乌鸦都是黑的"的相干证据。它不确证乌鸦假说，于是确证悖论被消解。

二 绿蓝悖论是确证之可投射性难题的具体展现

从古德曼对绿蓝悖论的构造可知，根据亨佩尔的确证理论，证据陈述"翡翠 a 是绿的"与绿假说"所有翡翠都是绿的"和绿蓝假说"所有翡翠都是绿蓝的"都相干，但却会导致"某个翡翠 x 在某个时刻之后既是绿的又是蓝的"这一悖论性结论。进一步分析表明，绿蓝悖论的悖结在于绿蓝假说是否具有可投射性。对代表性方案所给出的非时空定位性、牢靠性、自然属性等可投射性标准的分析，论证这些现有方案都不是好的解决方案。于是，对自然属性路径上的方案进行改进，给出了一个可投射性的自然属性因果制约标准。同时发现现有方案的共同之处是解悖的假说范式，即它们认为绿蓝悖论的悖结在于包含绿蓝谓词的绿蓝假说应不具可投射性而不可被确证。基于所有这些方案的不成功，有必要转换解悖的视角，从假说范式转换到证据范式，并给出了一个基于证据的新颖消解方案。根据这一方案，古德曼对绿蓝悖论的构造不成立，因为他当作证据的观察陈述并非绿蓝假说的证据，从而绿蓝假说没有得到确证，矛盾等价式得不到建构。

三　彩票悖论是确证之洛克预设难题的生动例示

　　各种确证观念或理论背后的一个预设是：如果基于现有证据，一个假说或命题具有很高的信念度，那么这一假说得到了该证据的确证和支持，是可以合理相信的。这一高度符合直观的预设被许多学者称为"洛克论点"。彩票悖论表明，并非基于一定证据具有很高信念度的命题就一定可以合理地相信。因此，彩票悖论是确证之洛克预设难题的生动例示。围绕这一难题许多方案被提出。有的方案为了拯救洛克预设而对信念的合取封闭原则进行弱化和修改，其要义是认知主体可以分别合理地相信一个信念集中的每个信念，但是不能合理地相信这个信念集中的信念的合取。有些方案认为只有一致的信念集中的信念才是可以合理相信的。如果一个信念集不一致，由于该信念集中的每个信念都具有很高信念度而不能确定哪一个信念是虚假的，那么其中的所有信念都不能合理相信。这一类方案的代价显然太大。譬如，都汶（Doven）的概率自毁集方案就属于此类。本书在修正概率自毁集方案的基础上给出了一个强贝叶斯型方案，并对此作了较强的哲学辩护。该方案的要义是，认知主体获得信念是有先后的，仅当认知在后的信念基于此前的信念（以此前的信念为证据）的概率要大于某个概率临界值，该信念才可合理相信。由于合理相信实质是认知主体的心智行动，本研究成果转换研究视角，在断言这一言语行动视角下对彩票悖论和序言悖论进行对比分析，论证两者具有同样的逻辑结构，对这一逻辑结构的精确分析表明，它们都不是严格意义上的合理相信悖论，而是合理相信—断言悖论。进而利用断言的知识规范消解了彩票悖论：尽管现有证据表明信念"第 i 张彩票不中奖"的概率高达 99.9999%，但它不是知识，根据断言的知识规范，不能断言"第 i 张彩票不中奖"，从而不能利用信念的合取封闭原理，于是悖论被消解。这一言语行动视角的新方案展现了作为心智状态的信念态度与断言行动之间的鸿沟，可能成为未来研究的新生长点。

四　归纳悖论是一个悖论度逐步提高的合理相信悖论家族

这三大确证难题的严峻性是逐层深化的。任何令人满意的确证理论应该保证证据和假说的相干性，否则就会出现"非黑的非乌鸦"确证假说"所有乌鸦是黑的"这一悖谬认知境地。显然，确证悖论发现时的确证逻辑没有给出这样的认知标准。如何给出一个恰当的标准便是确证理论遇到的一大难题。即便根据某些标准，证据和假说相干，但还会遇到进一步的难题。观察报告"翡翠 a 是绿的"在直觉上与绿假说"所有翡翠都是绿的"和绿蓝假说"所有翡翠都是绿蓝的"都相干，根据事例确证理论，会得出"在将来某个时刻翡翠 x 既是绿的又是蓝的"这一悖谬结论。理性主体都认为只有绿假说得到该观察报告的真正确证。如此一来，好的确证理论必须进一步给出假说可以被确证的标准，也就是假说具有可投射性的标准。但现有的可投射性标准都遭到各种批判，这是确证理论遇到的第二大难题。显然，这一难题是前一难题的深化。最后，各种作为信念之合理性辩护的确证理论都有一个共同的基本预设，即洛克预设，而彩票悖论表明该预设会导致矛盾，从而需进一步对该预设进行辩护或对之进行修改。因此，确证之洛克预设难题最为严峻。相应地，作为对确证之难题的具体展现，确证悖论、绿蓝悖论、彩票悖论构成了一个悖论度逐步提高的合理相信悖论家族。

五　关于确证逻辑的若干设想

前面的研究表明，三大归纳悖论是确证逻辑遭遇的理论性难题。除了这三大悖论之外，不同的具体确证逻辑还有其自身的难题。本书较详细地考察事例确证逻辑和确证的各种假说—演绎模型和贝叶斯确证逻辑，重点讨论了这些最具代表性的确证逻辑所遇到的难题，特别是贝叶斯确证逻辑的旧证据问题。在此基础上提出了一些构建确证逻辑的设想。归纳确证是一项经验认识活动，对这一活动进行描述和刻画需引入行动论视角。确证逻辑是当代归纳逻辑研究的核心话题，归纳逻辑讨论个体或某类个体与属性的具有关系，而演绎逻辑讨论的是个体和个体在外延上的关系，因此在方法论上应摒弃现有确证逻辑研究中的演绎主义倾向。确证是经验认知活动，确证逻辑主要研究证据和假说之间的关系，因此，好的确证逻辑应精确刻画假说和证据在关于性上的同一性。由于主体对世界的认知目的主要是形成关于世界的规律性认识和对世界中的现象进行解释，因此，恰当的确证逻辑应能包容真理性与解释性。从根本上来说，任何辩护都应基于证据，因此确证逻辑的研究重心应转向对作为关系项的证据的本体论、认识论和逻辑的多维研究。

主要参考文献

［1］ Alan Hàjek. *Scotching Dutch Books* ［J］. Philosophical Perspectives, 19, 2005.

［2］ Alan Goldman. *A Causal Theory of Knowledge* ［J］. Journal of Philosophy, 64, 1967.

［3］ Alfred Schramm. *Evidence, Hypothesis, and Grue* ［J］. Erkenntnis, 79, 2014.

［4］ Alvin Plantinga. *Warrant and Proper Function* ［M］. *New York: Oxford University Press*, 1993.

［5］ Barry Gower. *Scientific Method* ［M］. *New York: Routledge*, 1997.

［6］ Branden Fitelson. *The Plurality of Bayesian Measures of Confirmation and the Problem of Measure Sensitivity* ［J］. Philosophy of Science, 66, 1999.

［7］ Brian Skyrms. Choice and Chance ［M］. *California: Wadsworth Publishing Company, Inc.* , 1975.

［8］ Bruno de Finetti. *The Role of Dutch Books and Proper Scoring Rules* ［J］. British Journal for the Philosophy of Science, 32, 1981.

［9］ *Carl G. Hempel. A Purely Syntactical Definition of Confirmation* ［J］. *The Journal of Symbolic Logic*, Vol. 8, 1943.

［10］ Carl G. Hempel. *A Definition of 'Degree of Confirmation'* ［J］. Philosophy of Science, Vol. 12, 1945.

［11］ Carl G. Hempel. *Studies in the Logic of Confirmation* ［J］. *Mind*, Vol. Liv, 1945.

［12］ Carl G. Hempel. *A Note on the Paradoxes of Confirmation* ［J］. *Mind*, Vol. 55, 1946.

[13] Carl G. Hempel. *Deductive – Nomological vs. Statistical Explanation* [A]. *In Minnesota Studies in Philosophy of Science. Minneapolis*, 1962.

[14] Carl G. Hempel. *Inductive Inconsistence* [A]. *Aspects of Scientific Explanation and Other Essays in the Philosophy of Science* [C]. *New York: Free Press*, 1965.

[15] Carl G. Hempel. *Turns in the Evolution of the Problem of Induction* [J]. *Synthese, Vol.46*, 1981.

[16] Carnap R. . Logical Foundations of Probability, *Chicago: University of Chicago Press*, 1950.

[17] Carnap R. . The Continuum of Inductive Methods, *Chicago: The University of Chicago Press*, 1952.

[18] Catherine Z. Elgin. *Nelson Goodman's New Riddle of Induction* [C]. *New York & London: Garland Publishing, Inc*, 1997.

[19] C. A. Hooker & D. Stove. *Relevance and the Ravens* [J]. The British Journal for the Philosophy of Science, 18, 1967.

[20] C. D. Broad. *The Philosophy of Francis Bacon* [A]. In Ethics and the History of Philosophy [M]. *London: Loutledge and Kegan Paul*, 1952.

[21] C. Kenneth. Waters. *Relevance Logic Brings Hope to Hypothetico – Deductism* [J]. Philosophy of Science, 54, 1987.

[22] Clark Glymour. *Hypothetico – Deductism is Hopeless* [J]. Philosophy of Science, 47, 1980.

[23] Clark Glymour. *Theory and Evidence* [M]. *Princeton: Princeton University Press*, 1980.

[24] Clark Glymour. Discussion: *Hypothetico – Deductivism is Hopeless* [J]. Philosophy of Science, 47, 1980.

[25] Chandler J. . Acceptance, Aggregation and Scoring *Rules* [J]. *Erkenntnis, Vol.78* (1), 2013.

[26] Chris Dorst. *Evidence, Significance, and Counterfactuals: Schramm on the New Riddle of Induction* [J]. Erkenntnis, 81, 2016.

[27] Clark Glymour. Theory and Evidence [M]. *Princeton: Princeton University Press*, 1980.

[28] Colin Howson & Peter Urbach. Scientific Reasoning: The Bayesian Approach [M]. *La Salle: Open Court*, 1989.

[29] Colin Howson. Hume's Problem: Induction and the Justification of Belief [M]. *Oxford: Clarendon press*, 2000.

[30] Cynthia. A. Stark. *Hypothetical Consent and Justification* [J]. The Journal of philosophy, 6, 2000.

[31] Dana K. Nelkin. *The Lottery Paradox, Knowledge, and Rationality* [J]. The Philosophical Review, 109, 2000.

[32] David H. Sanford. 'Grue' as a Disjunctive Predicate [A]. *In Douglas Stalker (ed.)*, Grue! The New Riddle of Induction [C]. *Chicago: Open Court*, 1994.

[33] David Makinson. *Logical questions behind the lottery and preface paradoxes: lossy rules for uncertain inference* [J]. Synthese, 186. 2012.

[34] David Miller. Critical Rationalism: A Restatement and Defence [M]. *La Salle/Chicago: Open Court*, 1994.

[35] De Finetti. Foresight: Its Logical Laws, *Its Subjective Sources* [A]. In *Kyburg and Smokler (eds.)*, Studies in Subjective Probability [C]. *New York: Krieger*, 1937.

[36] DeRose K.. *Assertion, Knowledge, and Context* [J]. Philosophical Review, *Vol.* 111 (2), 2002.

[37] D. Mayo. Error and the Growth of Experimental Knowledge [M]. *Chicago: University of Chicago Press*, 1996.

[38] Donald Gillies. Philosophical Theories of Probability, *London: Routledge*, 2000.

[39] Douglas Stalker. Grue! The New Riddle of Induction [C]. *Chicago: Open Court*, 1994.

[40] D. Stove. Mr *Gibson on Ravens and Relevance* [J]. The British Journal for the Philosophy of Science, 20, 1969.

[41] DUN Xinguo. "*Queries on Hempel's solution to the paradoxes of confirmation.*" Frontiers of Philosophy in China, 1, 2007.

[42] Edwin Hung. *The Nature of Science: Problems and Perspectives* [M].

Wadsworth Publishing Company, 1997.

[43] Eells E. & *Fitelson B. . Measuring Confirmation and Evidence* [J]. Journal of Philosophy, 2000.

[44] Elliott Sober. *No Model, No Inference: A Bayesian Primer on the Grue Problem* [A]. *In Douglas Stalker* (ed.), Grue! The New Riddle of Induction [C]. *Chicago: Open Court*, 1994.

[45] Ernest Nagel. The Structure of Science [M]. *Dianpolis: Hackett Publishing Company*, 1979.

[46] Fabrice Correia. *On the Logic of Factual Equivelence* [J]. Review of Symbolic Logic, 9 (1), 2016.

[47] Fitelson B. & Hartmann S. . *A New Garber – Style Solution to the Problem of Old Evidence* [J]. Philosophy of Science, 82 (4), 2015.

[48] F. Lad. Operational Subjective Statistic Methods [M]. *New York: John Wiley*, 1996.

[49] Florian F. Schiller. *Why Bayesians Needn't Be Afraid of Observing Many Non – black Non – ravens* [J]. Journal for General Philosophy of Science, *Vol.* 43 (1), 2012.

[50] Fraassen B. *The Problem of Old Evidence* [J]. Philosophical Analysis, 1988.

[51] Franz Huber. *Subjective Probability as Basis for Scientific Reasoning?* [J]. British Journal for the Philosophy of Science, 56, 2005.

[52] Franz Huber. *Hempel's logic of conformation* [J]. Philosophical Studies, 139, 2008.

[53] Frank P. Ramsey. *Truth and Probability* [A], In The Foundation of Mathematics [M]. *London: Routledge*, 1931.

[54] Gal Yehezkel. *The New Riddle of Induction and the New Riddle of Deduction* [J]. Acta Analytica, Vol. 31, 2016.

[55] George A. Reisch. *Pluralism, Logical Empiricism, and the Problem of Pseudo – science* [J]. Philosophy of science, 65, 1998.

[56] Gerhard Schurz. *Relevant Deduction* [J]. *Erkenntnis*, 35, 1991.

[57] G. H. Merrill. *Confirmation and Prediction* [J]. Philosophy of sci-

ence, 46, 1979.

[58] G. H. Von Wright. The Logic Problem of Induction [M]. *Oxford: Basil Blackwell*, 1957.

[59] G. H. Von Wright. Philosophical Logic [M]. *Oxford: Basil Blackwell Publisher Limited*, 1983.

[60] Gilbert. Harman. Change in View [M]. *Cambridge MA: MIT Press*, 1986.

[61] Gilbert Harman. *Simplicity as a Pragmatic Criterion for Deciding What Hypotheses to Take Seriously* [A]. In Douglas Stalker (ed.), Grue! The New Riddle of Induction [C]. *Chicago: Open Court*, 1994.

[62] Good I. J.. *The White Shoe Is A Red Herring* [J]. British Journal for the Philosophy of Science, *Vol.* 17, 4, 1967.

[63] Graham Priest. *Gruesome Simplicity* [J]. Philosophy of science, 43, 1976.

[64] G. W. Leibniz. Philosophical Papers and Letters [C], *L. Loemker* (ed.), *Dordrecht: Reidel*, 1969.

[65] Hanti Lin & K. T. Kelly. *A geo – logical solution to the lottery paradox, with applications to conditional logic* [J]. Synthese, *Vol.* 186, 2012.

[66] Hawthorne J. & Bovens L.. *The Preface, the Lottery, and the Logic of Belief* [J]. Mind, *Vol.* 108, 1999.

[67] Hawthorne J.. Knowledge and Lotteries [M]. *Oxford: Oxford University Press*, 2004.

[68] Hempel Carl G.. *Studies in the Logic of Confirmation* [J]. Mind, *Vol. LIV*, 213, 1945.

[69] Henry Kyburg. Probability and the Logic of Rational Belief [M]. *Middletown: Wesleyan University Press*, 1961.

[70] H. G. Alexander. *The Paradox of Confirmation* [J]. The British Journal for the Philosophy of Science, *Vol. IX*, 35, 1958.

[71] H. G. Alexander. *The Paradox of Confirmation—A Reply to Dr Agassi* [J]. The British Journal for the Philosophy of Science, *Vol. X*, 39, 1959.

[72] Hintikka. *The Concept of Induction in the Light of the Interrogative*

Approach to Inquiry [A]. *In John Earman* (*ed.*), Inference, Method and Other Frustrations [C]. Berkeley: *University of California Press*, 1992.

[73] H. Jeffreys. *Scientific Inference* [M]. *Cambridge: Cambridge University Press*, 1957.

[74] H. Jeffreys. Theory of Probability [M]. *Oxford: Oxford University Press*, 1961.

[75] Hollibert E. Phillips. *On Appealing to the Evidence* [J]. The Philosophical Forum, 3, 1991.

[76] Howson C.. *Bayesianism and Support by Novel Facts* [J]. The British Journal for the Philosophy of Science, 35 (3), 1984.

[77] Howson C.. *The Old Evidence Problem* [J]. The British Journal for the Philosophy of Science, 42 (4), 1991.

[78] Howson C.. *Error Probabilities in Error* [J]. Philosophy of Science, 64 (4), 1997.

[79] Howson C. & *Urbach P.* Scientific Reasoning: the Bayesian Approach [M]. *La Salle: Open Court*, 1989.

[80] H. Reichenbach. Experience and Prediction [M]. *Chicago: University of Chicago Press*, 1938.

[81] H. Reichenbach. The Theory of Probability [M]. *Berkeley: University of California Press*, 1949.

[82] Igor Douven. *A New Solution to the Paradoxes of Rational Acceptability* [J]. The British Journal for the Philosophy of Science, 53, 2002.

[83] Igor Douven. *Nelkin on the Lottery Paradox* [J]. The Philosophical Review, *Vol.* 112, 3, 2003.

[84] I. Levi. Gambling with Truth [M]. *New York: Alfred A. Knopf*, 1967.

[85] I. Levi. *Deductive Cogency in Inductive Inference* [A]. In Decisions and revisions [C]. *Cambridge: Cambridge University Press*, 1984.

[86] I. Levi. *Information and Inference* [A]. In Decisions and revisions [C]. *Cambridge: Cambridge University Press*, 1984.

[87] Israel Scheffler. The Anatomy of Inquiry [M]. *Indianapolis: Hack-*

ett, 1981.

[88] James H. Fetzer. *Probabilistic Explanation.* [J]. Philosophy of Science, *Vol.* 2, 1982.

[89] Janina Hoisiasson – Lindenbaum. *On Confirmation* [J]. The Journal of Symbolic Logic, 5, 1940.

[90] Jean Nicod. Foundation of Geometry and Induction [M]. *London*: *Routledge*, 1930.

[91] Jeffrey R. C.. *Bayesianism With A Human Face* [J]. Human Studies, 10 (4), 1983.

[92] Jerrold J. Katz. The Problem of Induction and Its Solution [M]. Chicago: *The University of Chicago Press*, 1962.

[93] J. J. Thomson. *Grue* . Journal of philosophy, 63, 1966.

[94] J. L. Mackie. *The Paradox of Confirmation* [J]. The British Journal for the Philosophy of Science, *Vol. XIII*, 52, 1963.

[95] J. L. Mackie. *The Relevance Criterion of Confirmation* [J]. The British Journal for the Philosophy of Science, 20, 1969.

[96] Joerg Tuske. *Dinnaga and the Raven Paradox* [J]. Journal of Indian Philkosophy, 26, 1998.

[97] John Earman. Testing Scientific Theories [M]. *Minneapolis*: *University of Minnesota Press*, 1983.

[98] John. Earman. Bayes or Bust? A Critical Examination of Bayesian Confirmation Theory [M]. *Cambridge*: *Massachusetts Institute of Technology*, 1992.

[99] John Earman. *Concepts of Projectivity and the Problem of Induction* [A]. *In Douglas Stalker* (*ed.*), *Grue*! *The New Riddle of Induction* [C]. Chicago: Open Court, 1994.

[100] John L. Pollock. *Laying the raven to rest*: *a discussion of Hempel and the paradoxes of confirmation* [J]. The Journal of Philosophy, 20, 1973.

[101] Jonathan Weisberg. *https*: *//plato. stanford. edu/entries/formal – epistemology/.*

[102] Jose Alberto Coffa. *Two remarks on Hempel's logic of confirmation*

[J]. Mind, 316, 1970.

[103] Joseph Ullian. *More on "Grue" and Grue* [J]. Philosophical Review, *LXLX*, 1960.

[104] Joseph Ullian. *Luck, License, and Lingo* [A]. *In Douglas Stalker* (*ed.*), Grue! The New Riddle of Induction [C]. *Chicago: Open Court*, 1994.

[105] J. R. Milton. *Induction before Hume* [J]. The British Journal for the Philosophy of Science, 38, 1987.

[106] Judith Schoenberg. *Confirmation by Observation and the Paradox of the Ravens* [J]. The British Journal for the Philosophy of Science, *Vol. xv*, 59, 1964.

[107] J. W. N. Watkins. *Between Analytic and Empiricalc Philosophy*, 33, 1957.

[108] J. W. N. Watkins. *A Rejoinder to Professor Hempel's Reply* [J]. Philosophy, 34, 1958.

[109] Kenneth Boyce. *On the equivalence of Goodman's and Hempel's paradoxes* [J]. Studies in History and Philosophy of Science, 45, 2014.

[110] Ken Gemes. *Hypothetico – Deductivism, Content, and the Natural Axiomatization of Theories* [J]. Philosophy of Science, 60, 1993.

[111] Kevin B. Korb. *Infinitely Many Resolutions of Hempel's Paradox* [A]. *In R. Fagin* (*ed.*), Theoretical aspects of reasoning about knowledge [C]. *Asilomar, CA: Morgan Kaufmann*, 1994.

[112] Keynes J.. *A Treatise on Probability, London: Macmillan*, 1921.

[113] K. R. Popper. Realism and the Aim of Science [M]. *London: Rowan and Littlefield*, 1983.

[114] Kyburg Henry E.. *Conjunctivtis* [A]. *In Marshall Swain* (*ed*), Induction, Acceptance, and Rational Belief [C]. *Dordrecht: D. Reidel Publishing Company*, 1970.

[115] Lackey J.. *The Norms of Assertion* [J]. *Nous, Vol.* 41 (4), 2007.

[116] Larry Laudan. Science and Hypothesis [M]. *Dordrecht: D. Reidel Publishing Company*, 1981.

[117] Lawrence Bonjour. The Structure of Empirical Knowledge [M]. Cambridge: *Harvard University Press*, 1985.

[118] L. Gibson. On *"Ravens and Relevance" and a Likelihood Solution of the Paradox of Confirmatio* [J]. The British Journal for the Philosophy of Science, 20, 1969.

[119] L. Jonathan Cohen, *The Probable and the Provable*, *Oxford: Oxford University Press*, 1991.

[120] Leitgeb H. , *A Way Out of the Preface Paradox* [J]. Analysis, *Vol.* 74 (1), 2014.

[121] Luc Bovens & Stephan Hartmann. Bayesian Epistemology [M]. *Oxford: Oxford University Press*, 2003.

[122] Luca Moretti. *Why the Converse Consequence Condition cannot be accepted* [J]. Analysis, 4, 2003

[123] Madison Culler. *Beyond Bootstrapping: A New Account of Evidential relevance* [J]. Philosophy of Science, 62, 1995.

[124] Maher P. . *InductiveLogicandtheRavenParadox* [J]. Philosophy of Science, 66, 1999.

[125] Makinson, D. C. . *The Paradox of the Preface* [J]. Analysis, *Vol.* 25 (6), 1965.

[126] Max Black. *The Problem of Induction. In Edwards (ed)*, The Encyclopedia of Philosophy [C]. *The Macmillan Company & The Free Press*, 1967.

[127] Mayo D. *Error and Growth of Experimental Knowledge* [J]. Journal of the Royal Statistical Society. *Series D*, 47 (2), 1998.

[128] Micheal Kruse. Are there Bayesian success stories? *The case of raven paradox*, 2000.

[129] Miller, D. W. . Critical Rationalism. A restatement and defence, *La Salle: Open court*, 1994.

[130] Miller, D. W. . *"Propensities and Indeterminism."* A. O' Hear (*eds.*), *Karl Popper: Philosophy and Problems, Cambridge: Cambridge University Press*, 1996.

[131] M. Burnyeat. *The Origins of Non – deductive Reference* [C]. *In J. Barnes.* (*eds.*) Science and Speculation [C]. *Cambridge*: *Cambridge University Press*, 1982.

[132] M. Kaplan. *A Bayesian Theory of Rational Acceptance* [A]. The Journal of Philosophy, 78, 1981.

[133] Murali Ramachandran. *A neglected response to the paradoxes of confirmation* [J]. South African Journal of Philosophy, 36 (2), 2017.

[134] Nelson Goodman. A Query on Confirmation [M]. *The Journal of Philosophy*, 43, 1946.

[135] Nelson Goodman. *Fact*, Fiction, and Forecas (t4th Edition) [M]. *Cambridge*: *Harvard University*, 1983.

[136] Nelson Goodman. *Positionality and Pictures* [J]. Philosophical Review, 69, 1960.

[137] Nicholas Rescher. Paradoxes: Their roots, range, and resolution [M]. *Chicago*: *Open Court*, 2001.

[138] Nicod J. . Foundation of Geometry and Induction [M]. *London*: *Routledge*, 1930.

[139] Niiniluoto I. . *Novel Facts and Bayesianism* [J]. The British Journal for the Philosophy of Science, 34 (4), 1983.

[140] Patrick Maher. *Subjective and Objective Confirmation* [J]. Philosophy of Science, 63, 1996.

[141] Patrick Maher. *Inductive Logic and the Raven Paradox* [J]. Philosophy of Science, 66, 1999.

[142] Patrick Maher. *The Concept of Inductive Probability* [J]. Erkenntnis, 65, 2006.

[143] Patrick Maher. *Confirmation theory* [J]. *Donald M. Borchert* (*ed.*), Encyclopedia of Philosophy, *Vol.* 2, *2nd edition*, *New York*: *Macmillan Reference*, 2006.

[144] Peter. B. M. Vranas. *Hempel's Raven Paradox*: *A Lacuna in the Standard Bayesian Solution* [J]. The British Journal for the Philosophy of Science, 55, 2004.

[145] Peter Achinstein. The Book of Evidence [M]. Oxford: *Oxford University Press*, 2001.

[146] Peter Gördenfors. *Induction, Conceptual Spaces, and AI* [J]. Philosophy of Science, 57, 1990.

[147] Peter Gördenfors. *Induction, Conceptual Spaces, and AI* [A]. *In Douglas Stalker* (ed.) Grue! The New Riddle of Induction [C]. *Open Court*, 1994.

[148] Peter Lipton. Inference to the Best Explanation [M]. *New York*: *Routledge*, 2004.

[149] Peter Turney. *A Note on Popper's Equation of Simplicity with Falsifiability* [J]. The British Journal for Philosophy of Science, 42, 1991.

[150] P. F. Ramsey. *Truth and Probability* [J]. *In Henry E. Kyburg, and Howard E. Smokler* (eds.), Studies in Subjective Probability, *New York*: *John Wiley*, 1964.

[151] P. F. Strawson. An Introduction to Logical Theory [M]. *Oxford*: *Oxford University Press*, 1952.

[152] P. Teller. *Conditionalization and Observation* [J]. Synthese, 26.

[153] Phillip J. Rody. (C) *Instances, the Relevance Criterion, and the Paradox of Confirmation* [J]. Philosophy of Science, 45, 1978.

[154] Philip Kitcher & Wesley C. Salmon. Scientific Explanation [C]. *Minneapolis*: *University of Minnesota Press*, 1989.

[155] Philose Koshy. *A Solution to the Raven Paradox*: *A Redefinition of the Notion of Instance* [J]. Journal of Indian Council of Philosophical Research, *Vol.* 34 (1), 2017.

[156] P. Horwich. Probability and Evidence [M]. *Cambridge*: *Cambridge University Press*, 1982.

[157] P. Humphreys. *Why Propensities Cannot Be Probabilities* [J]. Philosophical Review, 94, 1985.

[158] Pierre Le Morvan. *The Converse Consequence Condition and Hempelian Qualitative Confirmation* [J]. Philosophy of Science, 66, 1999.

[159] P. R. Wilson. *On the Confirmation Paradox* [J]. The British Jour-

nal for the Philosophy of Science, Vol. xv, 1964.

[160] P. Teller. *Conditionalization and Observation* [J]. Synthese, 26.

[161] *P. Vranas. Hempel's Raven Paradox: A Lacuna in the Standard Bayesian Solution* [J]. The British Journal for the Philosophy of Science, 55, 2004.

[162] Quine W. V.. *Natural Kinds* [A]. *In Douglas Stalker (ed.)*, Grue! The New Riddle of Induction [C]. *Chicago: Open Court*, 1994.

[163] R. B. Braithwaite. Scientific Explanation [M]. *Cambridge: Cambridge University Press*, 1954.

[164] Richard Foley. The Theory of Epistemic Rationality [M]. *Cambridge: Harvard University Press*, 1987.

[165] Richard Foley*The Epistemology of Belief and the Epistemology of Degrees of Belief* [J]. American Philosophical Quarterly, 29, 1992.

[166] Richard Foley. Working Without a Net [M]. *Oxford: Oxford University Press*, 1993.

[167] R. Jeffrey. *The Logic of Decision* [M]. *New York: McGraw – Hill*, 1965.

[168] R. M. Sainsbury. *Paradoxes* [M]. Cambridge: Cambridge University Press, 1988.

[169] Robert C. Koons. Realism Regained [M]. *Oxford: Oxford University Press*, 2000.

[170] Roeper, P. & H. Leblance. *Probability Theory and Probability Logic, Toronto: University of Toronto Press, xi*, 1999.

[171] Rudolf Carnap. *On the Application of Inductive Logic* [J]. Philosophy and Phenomenological Research, 8, 1947.

[172] Rudolf Carnap. Logic Foundations of Probability [M]. *Chicago & London: The University of Chicago Press*, 1962.

[173] Rudolf Carnap. *The Concept of Confirming Evidence* [A]. *In Peter Achinstein (ed.)*, The Concept of Evidence [C]. *London : Oxford University Press*, 1983.

[174] Sainsbury R. M.. Paradoxes [M]. Cambridge: *Cambridge Uni-*

versity Press, 1988.

[175] Saul A. Kripke. *Wittgenstein on Rules and Private Language* [M]. *Cambridge Mass.* : *Harvard*, 1982.

[176] Sergel Artemov. *The logic of justification* [J]. The Review of Symbolic Logic, 2008. pp. 477 – 513.

[177] Scott DeVito. A Gruesome *Problem for the Curve – Fitting Solution* [J]. The British Journal for the Philosophy of Science, 48 (3), 1997.

[178] S. F. Barker. Induction and Hypothesis [M]. *New York*: *Cornell University Press*, 1957.

[179] S. F. Barker & Peter Achinstein. *On the New Riddle of Induction* [A]. *In Catherine Z. Elgin* (ed.), Nelson Goodman's New Riddle of Induction [C]. *New York & London*: *Garland Publishing*, *Inc*, 1997.

[180] S. Haack. Philosophy of Logics [M]. *Cambridge*: *Cambridge University Press*, 1978.

[181] Sharon Ryan. *The Epistemic Virtues of Consistency* [J]. Synthese, 109, 1996.

[182] Sprenger Jan. *A Novel Solution to the Problem of Old Evidence* [J]. Philosophy of Science, 82 (3), 2015.

[183] Stephen Yablo. *Aboutness* [M]. *Princeton*: *Princeton University Press*, 2014.

[184] Suck – Jung Park. *Hypothetico – Deductivism is Still Hopeless* [J]. Erkenntnis, 60, 2004.

[185] Susanna Rinard. *A New Bayesian Solution to the Paradox of the Ravens* [J]. Philosophy of Science, 81, 2014.

[186] Suzuki S. . *The Old Evidence Problem and AGM Theory* [J]. Annals of the Japan Association for Philosophy of Science, 13 (2), 2005.

[187] T. Burge. *Epistemic Paradox* [J]. *Journal of Philosophy*, Vol. 81, 1984.

[188] Thomas R. Grimes. *Truth*, *Content*, *and the Hypothetico – Deductive Method* [J]. Philosophy of Science, 54, 1990.

[189] Timothy Williamson. *Knowledge and Its Limits* [M]. *Oxford*: *Ox-*

ford University Press，2000.

［190］Turri J.．*The Express Knowledge Account of Assertion*［J］．*Australa-sian Journal of Philosophy*，Vol. 89（1），2011.

［191］Wason P. C.．*Reasoning*［A］．*In Foss B. M. Harmondsworth*（*ed.*），New Horizon in Psychology［C］．*UK：Penguin*，1966.

［192］W. C. Salmon．*Propensities：a Discussion Review*［J］．*Erkenntnis*，14，1979.

［193］Weiner M.．Must We Know What We Say?［J］．*Philosophical Review*，Vol. 114（2），2005.

［194］Wesley C. Salmon．*Should We Attempt to Justify Induction*［J］．*Philosophical Studies*，*Vol. VIII*，1957.

［195］Wesley C. Salmon．*Confirmation and Relevance*［A］．*Peter Achinstein*（*ed.*），The Concept of Evidence［C］．*London：Oxford University Press*，1983.

［196］Wesley C. Salmon．*Scientiftc Explanation and the Causal Structure of the World*［M］．New Jersey：Princeton University Press，1984.

［197］Wolfgang Freitag．*The Disjunctive Riddle and the Grue – Paradox*［J］．Dialectica *Vol.* 70（2），2016.

［198］W. V. Quine．*Natural Kinds*［A］．In Douglas Stalker（ed.），Grue! The New Riddle of Induction［C］．Chicago：Open Court，1994.

［199］A. J. 艾那尔：《语言、真理与逻辑》，上海：上海译文出版社1981 年版。

［200］爱因斯坦：《爱因斯坦文集》第一卷，北京：商务印书馆 1976 年版。

［201］奥古斯特·孔德：《论实证精神》，北京：商务印书馆 1999 年版。

［202］A. P. 马蒂尼奇：《语言哲学》，北京：商务印书馆 1998 年版。

［203］巴里·巴恩斯等编：《科学知识：一种社会学的分析》，南京：南京大学出版社 2004 年版。

［204］保罗·贝纳塞拉夫，希拉里·普特南编：《数学哲学》，北京：商务印书馆 2003 年版。

［205］波珀：《科学发现的逻辑》，沈阳：沈阳出版社 1999 年版。

［206］波塞尔：《科学：什么是科学》，上海：上海三联书店 2002 年版。

［207］C. G. 亨佩尔：《自然科学的哲学》，上海：上海科学技术出版社 1986 年版。

［208］大卫·布鲁尔：《知识和社会意象》，北京：东方出版社 2001 年版。

［209］恩斯特·卡西尔：《人文科学的逻辑》，上海：上海译文出版社 2004 年版。

［210］汉森：《发现的模式》，北京：中国国际广播出版社 1988 年版。

［211］J. 特鲁斯蒂德：《科学推理的逻辑导论》，杭州：浙江科技出版社 1990 年版。

［212］卡尔·波普尔：《卡恩纳普思想自述》，上海：上海译文出版社 1985 年版。

［213］卡尔·波普尔：《猜想与反驳》，上海：上海译文出版社 1986 年版。

［214］卡尔·波普尔：《客观知识》，上海：上海译文出版社 2001 年版。

［215］凯伯格：《概率，合理性和分离规则》，江天骥主编：《科学哲学名著选读》，武汉：湖北人民出版社 1988 年版。

［216］克·惠更斯：《论光》，武汉：武汉出版社 1993 年版。

［217］洛克：《人类理解论》，北京：商务印书馆 1959 年版。

［218］拉瑞·劳丹：《进步及其问题》，北京：华厦出版社 1998 年版。

［219］罗素：《逻辑与知识》，北京：商务印书馆 1996 年版。

［220］罗素：《哲学问题》，北京：商务印书馆 1999 年版。

［221］罗素：《人类的知识》，北京：商务印书馆 2001 年版。

［222］鲁道夫·哈勒：《新实证主义》，北京：商务印书馆 1998 年版。

［223］鲁道夫·卡尔纳普：《科学哲学导论》，广州：中山大学出版社 1987 年版。

［224］鲁道夫·卡尔那普：《世界的逻辑构造》，上海：上海译文出版社 1999 年版。

［225］列维：《再论接受》，江天骥编：《科学哲学名著选读》，武汉：湖北人民出版社 1988 年版。

［226］迈克尔·达米特：《形而上学的逻辑基础》，北京：中国人民大学出版社 2004 年版。

［227］培根：《新工具》，北京：商务印书馆 1997 年版。

［228］彭加勒：《科学与假设》，北京：商务印书馆 1997 年版。

［229］皮埃尔·迪昂：《物理学理论的目的和结构》，北京：华夏出版社 1999 年版。

［230］彼得·F. 斯特劳森：《个体》，北京：中国人民大学出版社 2004 年版。

［231］罗姆·哈瑞：《科学哲学导论》，沈阳：辽宁教育出版社 1998 年版。

［232］R. 哈雷：《科学逻辑导论》，杭州：浙江科学技术出版社 1990 年版。

［233］斯蒂芬·里德：《对逻辑的思考》，沈阳：辽宁教育出版社 1998 年版。

［234］苏珊·哈克：《逻辑哲学》，北京：商务印书馆 2003 年版。

［235］苏珊·哈克：《证据与探究》，北京：中国人民大学出版社 2004 年版。

［236］施太格缪勒：《当代哲学主流》上、下卷，北京：商务印书馆 2000 年版。

［237］T. S. 库恩：《科学革命的结构》，北京：北京大学出版社 2012 年版。

［238］冯·赖特：《知识之树》，北京：生活·读书·新知三联书店 2003 年版。

［239］维特根斯坦：《逻辑哲学论》，北京：商务印书馆 1992 年版。

［240］威拉德·奎因：《从逻辑的观点看》，上海：上海译文出版社 1987 年版。

［241］休谟：《人类理解研究》，北京：商务印书馆 1997 年版。

［242］约翰·巴斯摩尔：《哲学百年·新近哲学家》，北京：商务印书馆 1996 年版。

［243］约翰·洛西：《科学哲学历史导论》，武汉：华中工学院出版社 1982 年版。

［244］约翰·齐曼：《可靠的知识》，北京：商务印书馆 2003 年版。

［245］伊·拉卡托斯：《科学研究纲领方法论》，上海：上海译文出版社 1999 年版。

［246］伊姆雷·拉卡托斯：《证明与反驳》，上海：上海译文出版社 1987 年版。

［247］齐硕姆：《知识论》，北京：生活·读书·新知三联书店 1988 年版。

［248］陈晓平：《归纳逻辑与归纳悖论》，武汉：武汉大学出版社 1994 年版。

［249］陈晓平，黎红勤：《对"老证据问题"的解决——从语境论的角度看》，《自然辩证法通讯》2014 年第 2 期。

［250］陈波：《逻辑哲学引论》，北京：人民出版社 1990 年版。

［251］陈波：《奎因哲学研究》，北京：生活·读书·新知三联书店 1998 年版。

［252］陈波：《逻辑哲学导论》，北京：中国人民大学出版社 2000 年版。

［253］陈波：《一个与归纳问题类似的演绎问题》，《中国社会科学》2005 年第 2 期。

［254］陈波：《逻辑的可修正性再思考》，《哲学研究》2008 年第 8 期。

［255］陈嘉明：《知识与确证：当代知识论引论》，上海：上海人民出版社 2003 年版。

［256］邓生庆：《归纳逻辑：从古典到现代类型的演进》，成都：四川大学出版社 1991 年版。

［257］洪谦：《逻辑经验主义》，北京：商务印书馆 1989 年版。

［258］江天骥：《科学哲学名著选读》，武汉：湖北人民出版社 1988 年版。

［259］江天骥：《归纳逻辑导论》，长沙：湖南人民出版社 1987年版。

［260］江天骥：《当代西方科学哲学》，北京：中国社会科学出版社 1984 年版。

［261］鞠实儿：《非帕斯卡概率逻辑研究》，杭州：浙江人民出版社 1993 年版。

［262］任晓明：《当代归纳逻辑探赜》，成都：成都科技大学出版社 1993 年版。

［263］任晓明：《逻辑是可修正的吗?》，《哲学研究》2008 年第 3 期。

［264］王路：《逻辑的观念》，北京：商务印书馆 2000 年版。

［265］王路：《"是" 与 "真" ——形而上学的基石》，北京：人民出版社 2003 年版。

［266］王路：《逻辑真理是可错的吗?》，《哲学研究》2007 年第 10 期。

［267］熊立文：《现代归纳逻辑的发展》，北京：人民出版社 2004年版。

［268］郁慕镛：《逻辑·科学·创新》，长春：吉林人民出版社 2002年版。

［269］张建军：《科学的难题——悖论》，杭州：浙江科技出版社 1990 年版。

［270］张建军、黄展骥：《矛盾与悖论新论》，石家庄：河北教育出版社 1998 年版。

［271］张建军：《逻辑悖论研究引论（修订本）》，北京：人民出版社 2014 年版。

［272］张家龙：《数理逻辑发展史》，北京：社会科学文献出版社 1993 年版。

［273］张清宇：《弗协调逻辑》，北京：中国社会出版社 2003 年版。

［274］张清宇：《逻辑哲学九章》，南京：江苏人民出版社 2004年版。

［275］张巨青：《科学理论的发现、验证与发展》，长沙：湖南人民出版社 1986 年版。

［276］张巨青:《科学逻辑》，长春：吉林人民出版社1984年版。

［277］张大松:《科学确证的逻辑与方法论》，武汉：武汉出版社1999年版。

［278］张大松:《证据选择与归纳确证》，《自然辩证法研究》2002年第11期。

［279］张志林:《因果观念与休谟问题》，长沙：湖南教育出版社1998年版。

［280］周昌忠:《西方科学方法论史》，上海：上海人民出版社1985年版。

后　记

　　本书脱胎于 2005 年我在恩师张建军教授指导下完成的博士论文《归纳悖论研究》。恩师是著名的悖论研究专家，在其谆谆教诲和热切细致的指导下，该博士论文为本书打下非常好的基础。其后十余年间，教育部人文社科基金项目"确证理论及其语用趋向与应用研究"、国家社科基金项目"归纳悖论与确证逻辑新探"的陆续资助，使得我对归纳悖论及与其密切相关的确证问题有更开阔的视野和更深刻的认识，这些成果较集中地体现在这本《确证难题的逻辑研究》中。因此，本书亦可算作作者主持的国家社科基金项目结项成果之一。

　　确证难题是归纳逻辑，或更宽泛地说，归纳哲学从发现语境转变到辩护语境之后所遇到的一系列理论性难题的总称。辩护有多种路径和结构，从而产生了多种相互交织又相互区别的主义和思潮，包括内在主义、外在主义、基础主义、融贯主义、证据主义、过程可靠论、因果论、认知运气论等，其中最早产生且最受当代形式知识论关注的策略是确证辩护策略。因此，确证难题实质是关于信念辩护（合理相信）的理论难题家族。这一难题家族中最为严峻的是通常称为归纳悖论的乌鸦悖论、绿蓝悖论和彩票悖论，还包括尼柯德－亨佩尔式（Nicod－Hempelian）事例确证理论所面临的诸多难题、假说—演绎确证理论所面临的非相干合取和非相干析取难题以及贝叶斯确证理论饱受折磨的旧证据问题。本书重点研究三大归纳悖论，同时对其他代表性难题的来龙去脉和解决方案进行较系统深入的研究。

　　本书导言部分对最严峻的确证难题，即归纳悖论，进行整体论述。概述国内外学界关于归纳悖论研究的历史与现状；论证归纳悖论是一个悖论度逐步提高的合理相信悖论家族；揭示这一悖论家族不同于语形和语义悖论而具有明显的语用性质；进而基于这些认识明确指出归纳悖论研究的主要趋向。

第一章旨在通过分析归纳悖论产生的辩护语境，揭示归纳悖论的实质。归纳悖论是在归纳逻辑从归纳发现研究范式转变到归纳辩护研究范式时发现的。归纳辩护的主要策略是：通过构建经验证据确证相关信念或假说的判据，判定待决信念是否以及多大程度上得到相关经验证据的确证（即支持），如果得到确证，该信念就得到（相应程度的）辩护。在进一步考察归纳概率确证的相关哲学问题的基础上，令人信服地表明了归纳悖论是关于信念确证的悖论。

第二章对确证悖论展开系统研究，得出确证悖论是确证的证据相干性难题的具体展现这一新颖结论。这一结论的得出基于对确证悖论发现过程的精确塑述和分析，以及对学界关于该悖论的代表性解决方案的条分缕析。进而给出了证据与假说的关于同一性这一新颖解悖方案。

第三章展开对绿蓝悖论的系统研究，得出绿蓝悖论是确证的可投射性难题这一结论。通过详细考察古德曼发现绿蓝悖论的语境，论证绿蓝悖论是亨佩尔确证悖论的深化。对绿蓝悖论的时空定位性、牢靠性、自然属性、因果性等代表性方案的批判性考察，得出了它们的共通之处是关注假说的可投射性，这就表明绿蓝悖论的实质是关于确证的可投射性难题。最后，给出了一个证据路径上的新颖消解方案，根据该方案，绿蓝假说因没有得到现有证据的确证而不具可投射性，从而不能根据其进行预测，悖论得到消解。

第四章是对彩票悖论的系统研究，得出它实质是量化确证进路的核心预设"洛克预设"所面临的理论性难题。通过分析彩票悖论的构造过程得出，它的产生依赖量化确证的核心预设——如果一个信念具有很高的信念度，那么它可合理相信，即"洛克预设"，而各代表性方案只是对该预设在实际使用中施加某些限制性条件。在对彩票悖论的结构进一步精确分析的基础上可以发现，"洛克预设"隐含一个认识论—言语行动论的桥接原理，即可合理相信的是可断言的（assertable）。由此，本章从断言的视角给出了一个言语行动论的新颖解决方案。

第五章是对代表性确证理论面临的其他典型确证难题的系统考察。主要包括亨佩尔事例确证理论面临的诸多难题，假说—演绎确证理论面临的非相干合取和非相干析取难题，以及贝叶斯确证理论的旧证据问题。通过对这些难题的成因和解决方案的考察，提出了一些构建好的确证理论必须满足的原则，并特别强调确证理论研究重心应转向证据的多维度研究。

不难看出，上述研究体现了作者关于确证难题、确证理论、甚至更宽泛的信念辩护理论研究的"证据主义"倾向。这一倾向的形成是作者多年学习和思考的结果，同时也是与恩师张建军教授多次讨论达成的"共识"。在此对恩师表达最诚挚的感谢！

在本人的学习和研究中得到了诸多学界前辈师长的关心、帮助和指导，特别是北京大学的陈波教授、中山大学的鞠实儿教授、南开大学的任晓明教授、华南师范大学的陈晓平教授、中国社科院的邹崇理研究员和杜国平研究员、南京大学的从丛教授、牛津大学的 Timothy Williamson 教授，在此对他们以及其他关心和帮助过我的人表示诚挚的敬意和谢意。我的博士生张若思和徐娟娟对本书在文字校对方面付出了辛苦，徐娟娟对旧证据问题一节贡献了自己的学术观点，在此表示感谢。

本书的部分内容曾在《哲学研究》《自然辩证法研究》《哲学动态》《自然辩证法通讯》《科学技术哲学研究》等刊物上发表，在此谨对发表这些内容的责任编辑所付出的辛劳表达谢意。

中国社会科学出版社的编辑老师们对此书进行了精心审校和加工，特致谢忱。

　　　　　　　　　　　　　　　　　　　　　　　　作者
　　　　　　　　　　　　　　　　　　　　　　2018 年 9 月